人工智能技术系列教材

"十三五"江苏省高等学校重点教材
（编号：2020-2-064）

人工智能基础与应用

宋楚平 陈正东 ◉ 主编
邵世智 姚锋刚 朱建东 张宏钦 范君 何瑛 ◉ 副主编

ARTIFICIAL INTELLIGENCE
FUNDAMENTALS & APPLICATIONS

人民邮电出版社
北京

图书在版编目（CIP）数据

人工智能基础与应用 / 宋楚平，陈正东主编. -- 北京：人民邮电出版社，2021.9（2024.6重印）
人工智能技术系列教材
ISBN 978-7-115-57036-9

Ⅰ. ①人… Ⅱ. ①宋… ②陈… Ⅲ. ①人工智能—教材 Ⅳ. ①TP18

中国版本图书馆CIP数据核字(2021)第149240号

内容提要

本书主要介绍了人工智能的基础知识和实用技术。本书共 8 章，包括“人工智能：开启智慧新时代”“Python：人工智能开发语言”“线性回归：预测未来趋势”“分门别类：帮你‘分而治之’”“物以类聚：发现新簇群”“个性化推荐：主动满足你的需求”“语音识别：让机器对你言听计从”“人脸识别：机器也认识你”。

本书以培养学生人工智能素养、人工智能思维和人工智能基本应用能力为设计理念，在内容的选取和安排上符合学生的学情特点，以问题为导向、以案例为载体、以任务为目标来构建教学内容，兼顾了人工智能的基础性、通识性、典型性和实用性。

本书侧重于介绍人工智能通识性知识和实用应用技能，可作为高职高专及中职院校人工智能公共基础课程的教材，也可作为电子信息、计算机类相关专业人工智能课程的入门教材。此外，本书还可供广大读者作为人工智能学习与实践的参考书使用。

◆ 主　　编　宋楚平　陈正东
　副 主 编　邵世智　姚锋刚　朱建东　张宏钦　范　君　何　瑛
　责任编辑　初美呈
　责任印制　王　郁　彭志环

◆ 人民邮电出版社出版发行　　北京市丰台区成寿寺路 11 号
　邮编 100164　　电子邮件 315@ptpress.com.cn
　网址 https://www.ptpress.com.cn
　三河市中晟雅豪印务有限公司印刷

◆ 开本：787×1092　1/16
　印张：13.25　　2021 年 9 月第 1 版
　字数：320 千字　　2024 年 6 月河北第 8 次印刷

定价：49.80 元

读者服务热线：(010)81055256　印装质量热线：(010)81055316
反盗版热线：(010)81055315
广告经营许可证：京东市监广登字 20170147 号

前 言 PREFACE

人工智能已经成为世界工业和经济转型的主要驱动力。世界各国正在奋力掀起人工智能革命，以期为本国经济和社会的发展带来澎湃动能，并使之不断催生出各领域的新产品、新技术和新业态。随着第四次工业革命的到来，作为新时代高职院校的学生，应该具备人工智能的思维和视野，能主动运用人工智能的方法和技术来分析和解决本专业、本行业的应用问题。

2016 年，中国工程院启动了“中国人工智能 2.0 发展战略研究”重大咨询项目，这一项目被简称为 AI 2.0。随后在 2017 年 7 月，国务院印发《新一代人工智能发展规划》，这是 21 世纪以来我国发布的第一个关于人工智能的系统性战略规划，这一规划提出了面向 2030 年我国新一代人工智能发展的指导思想、战略目标、重点任务和保障措施，明确了我国新一代人工智能发展的发展愿景：到 2020 年，人工智能总体技术和应用与世界先进水平同步，人工智能产业成为新的重要经济增长点，人工智能技术应用成为改善民生的新途径；到 2025 年，人工智能基础理论实现重大突破，部分技术与应用达到世界领先水平，人工智能成为我国产业升级和经济转型的主要动力，智能社会建设取得积极进展；到 2030 年，人工智能理论、技术与应用总体达到世界领先水平，中国成为世界主要人工智能创新中心。

2018 年 4 月，教育部印发了《高等学校人工智能创新行动计划》的通知，提出人工智能通识教育，构建人工智能多层次教育体系，人工智能的教育教学势在必行。2023 年 3 月，ChatGPT4.0 的发布，再一次激发了全世界人民对人工智能的热议，引发我们对未来社会的无限遐想。因此，在人工智能赋能各行业的背景下，高职院校的人工智能基础教育和授课内容亟待变革，以满足人工智能与行业产业深度融合带来的人才需求。为此，南京科技职业学院信息工程学院积极响应教育部号召，针对高职学生的特点，编写了本书，开启了人工智能背景下高职院校学生人工智能通识教育的探索和实践。

通过对本书的学习，学生可提升在“人工智能时代”必备的基本素养和思维能力，学会利用人工智能方法和手段去完成行业各场景下的复杂任务，掌握职业岗位所需的创新能力、问题分析能力和人工智能技术应用能力。

本书全面贯彻二十大精神，以社会主义核心价值观为引领，加强基础研究、发扬斗争精神，为建成教育强国、科技强国、人才强国、文化强国添砖加瓦。本书最大的特色是紧跟人工智能主流技术和应用趋势，基础与实践案例相结合，语言通俗易懂，代码详尽，内容图文并茂，将抽象的问题简单化，由浅入深带领学生领略人工智能的魅力。本书以人工智能典型应用案例为载体，运用 Python，加强对学生人工智能计算思维和方法的培养，以任务为驱动，抽丝剥茧，以问题为导向，递进式展开学习内容。

本书得到了全国高等院校计算机基础教育研究会立项资助（编号：2019-AFCEC-049）、“十三五”江苏省高等学校重点教材立项支持（编号：2020-2-064）、2020 年江苏高校“青蓝工程”优秀教学团队立项资助。本书由宋楚平主持编写及统稿，其中第 1 章由朱建东编写，第 2 章由张宏钦编写，第 3 章由范君编写，第 4 章、第 5 章分别由姚锋刚、何瑛编写，第 6 章由邵世智编写，陈正东提供了部分案例数据并参与了第 7 章和第 8 章的编写，张俊波提出了很多建设性建议并提供了部分技术支持，在此对各位付出的辛勤努力和提出的宝贵意见表示衷心的感谢。

由于作者水平有限，书中难免存在疏漏和不足之处，恳请广大读者提出宝贵意见，联系方式：ntscp@sina.com。

编　者

2023 年 5 月

目 录 CONTENTS

第❶章 人工智能：开启智慧新时代

人工智能（Artificial Intelligence，AI）技术正高速发展，“智能经济时代”的全新产业版图正在逐步形成。我国人工智能的商业化应用主要表现出互联网智能化、公共服务智能化、实体产业智能化三大阶段性特点，在金融、零售、电子商务、物流、教育、医疗等领域，人工智能已经实现了广泛的应用，为人们开启了一个全新的“智能生活时代”，展现出了巨大的应用前景。作为学习者，我们一是要主动思考如何将自己的专业与人工智能加速融合，提升自己的人工智能思维能力和工作效率，促进职业成长；二是要增强人工智能方面的创新意识，开辟发展新领域新赛道或者对现有工作领域实施颠覆性改革，“科技是第一生产力、人才是第一资源、创新是第一动力”讲的就是这个道理。人工智能已经来到人们身边，它的前世今生是怎样的？让我们翻开本书，开启探索人工智能之旅。

本章内容导读如图 1-1 所示。

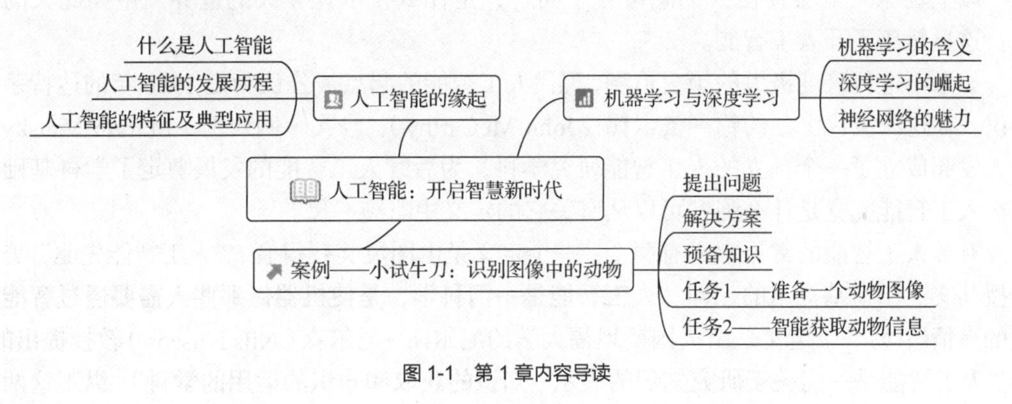

图 1-1　第 1 章内容导读

1.1 人工智能的缘起

1.1.1　什么是人工智能

看到一只活泼可爱的动物的时候，若不知道它的名字，可以如图 1-2（a）所示，拍一张它的照片，利用动物识别系统来解决疑惑。每天拿起智能手机的时候，图 1-2（b）所示的人脸识别系统会自动解锁手机。进入购物网站进行购物的时候，图 1-2（c）所示的商品推荐系统可以在第一时间推送喜欢商品的信息。又如，扫地机器人、自动驾驶汽车能减轻人们的工作压力。然而，以上这些新技术的应用，仅仅是一个开始。在新一代信息技术飞速发展的今天，有时候很难预测十年、二十年后人们的生活到底会发生哪些惊天动地的变化。

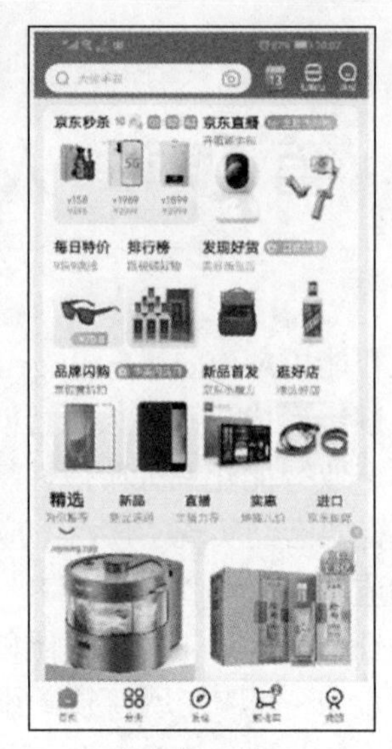

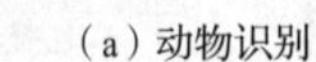
（a）动物识别

（b）人脸检测

（c）商品推荐

图 1-2　人工智能的一些应用场景

以上场景可能会促使人们思考一个问题，是什么技术让今天的世界发生如此大的变化？这显然离不开人工智能。

如果不进行跨度极大的历史追溯，现代人工智能的起点被公认为是 1956 年的达特茅斯会议。在这次会议上，约翰·麦卡锡（John McCarthy）、马文·明斯基（Marvin Minsky）等人发起成立了一个独立的人工智能研究学科，为后续人工智能的发展奠定了学科基础。那么人工智能究竟是什么呢？可以从有关它的定义中略窥一斑。

有关人工智能的常见定义有两个：一个定义是由图灵奖获得者、“人工智能先驱”美国教授马文·明斯基提出的，即“**人工智能是一门科学，是使机器做那些人需要通过智能来做的事情**”；另一个定义是由美国斯坦福大学的尼尔斯·尼尔森（Nils Nilsson）教授提出的，即“**人工智能是一门关于研究知识的表示、知识的获取和知识的运用的学科**”。纵观这两个人工智能的定义，不难看出，人工智能有一定的“智慧成分”，它能完成人需要思考才能完成的一些工作。同时，人工智能以知识的应用为归宿，通过它可以“发现”其他领域的知识，所以它具有普适性、迁移性和渗透性，这也是人们把它作为通识学科进行学习的理由。因此，掌握人工智能的基本知识不仅是对人工智能研究者的要求，也是对时代的诉求和对人自身发展的要求。

1.1.2　人工智能的发展历程

人工智能目前的发展历程分为萌芽期、启动期、消沉期、突破期和高速发展期 5 个阶段。

1. 人工智能的萌芽期

1943 年，数理逻辑学家沃尔特·皮茨（Walter Pitts）和沃伦·麦卡洛克（Warren McCulloch）建立了 MP 模型。MP 模型概括了单个神经元的形式化数学描述和网络结构方法，证明了单个神经元具有执行逻辑运算的功能，开创了人工神经网络（Artificial Neural

Networks，ANN）的时代。人们通常将 1950 年图灵测试的诞生作为人工智能启蒙的开始，图灵测试即“人工智能之父”艾伦·图灵（Alan Turing）的著名论断：如果一台机器与人开展对话而被人错误地认为是人而不是机器，那么称该机器具有一定成分的智能。同时图灵指出，人类完全有能力创造出具有真正智能的机器。在此影响下，1954 年，美国的乔治·德沃尔（George Devol）设计出了世界上第一个可编程机器人。

2. 人工智能的启动期

1956 年夏天，美国达特茅斯学院举行了历史上第一次人工智能研讨会，这被认为是人工智能诞生的标志。会上，时任麻省理工学院教授的约翰·麦卡锡首次提出了“人工智能”这个概念，艾伦·纽厄尔（Allen Newell）和赫伯特·西蒙（Herbert Simon）则展示了其编写的逻辑理论机器。

1966 年～1972 年，美国斯坦福国际研究所研制出机器人 Shakey，这是首个应用人工智能技术的移动机器人。

1966 年，美国麻省理工学院（Massachusetts Institute of Technology，MIT）的魏泽鲍姆（Weizenbaum）发布了世界上第一个聊天机器人 ELIZA，图 1-3 所示为它的对话程序界面，它的智能之处在于它能通过脚本理解简单的自然语言，并能与人进行类似人类之间的互动。

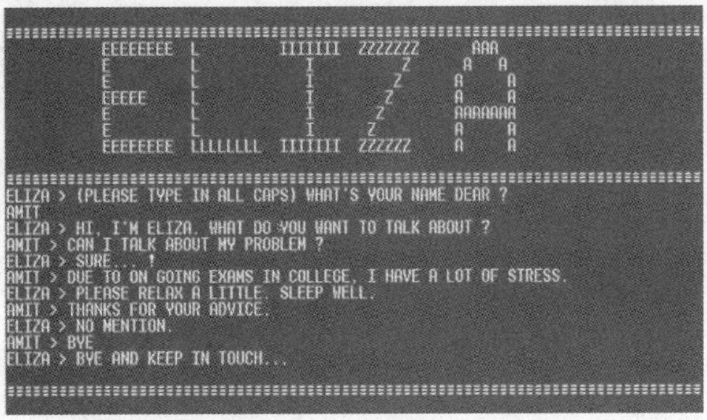

图 1-3　ELIZA 对话程序界面

1968 年，美国加州斯坦福研究所的道格拉斯·恩格尔巴特（Dr. Douglas C. Engelbart）发明了计算机鼠标，提出了文字编辑器、超链接、图文混排等概念，特别是超链接在后来成为了现代互联网的根基。

3. 人工智能的消沉期

20 世纪 70 年代初，人工智能的发展遭遇了瓶颈。当时计算机有限的内存和处理速度不足以解决任何实际的人工智能问题。人们要求人工智能程序对这个世界的认识与儿童无异，但研究者们很快发现这个要求太高了。在当时没人能够做出存储智能信息的巨大数据库，也没人知道一个程序怎样才能学习如此丰富的信息。由于缺乏进展，一些对人工智能提供资助的机构（如英国政府、美国国防部高级研究计划局和美国国家科学委员会等）逐渐停止了对人工智能研究的资助，导致人工智能的发展一度进入严冬。

4. 人工智能的突破期

1981 年，日本启动人工智能计算机项目计划，其他国家也纷纷开始为人工智能领域的研究提供大量资金。

1982 年，第一个成功的商用专家系统 R1 开始在美国 DEC（Digital Equipment Corporation，美国数字设备公司）运转，每年为该公司节省上千万美元成本，以专家系统为代表的人工智能产品得到市场认可。

1986 年，美国发明家查尔斯・赫尔（Charles Hull）制造的人类历史上首个 3D 打印机“横空出世”，重新刷新了人们对人工智能的认识。

5. 人工智能的高速发展期

1997 年 5 月 11 日，国际象棋世界冠军加里・卡斯帕罗夫（Garry Kasparov）在与一台名叫“深蓝”的 IBM 开发的计算机经过 6 局规则比赛对抗后，最终拱手称臣。卡斯帕罗夫在前 5 局 2.5：2.5 打平的情况下，于第 6 局决胜局中，仅仅走了 19 步，就败给了“深蓝”。图 1-4 所示为当时的对弈场景，右边为“深蓝”操作者。人类用自己所创造的工具击败了人类，并且是在人类引以为傲的智慧领域，由此引发了一场有关人类创造物与自身关系的深层讨论。

图 1-4 “深蓝”挑战卡斯帕罗夫

2011 年，沃森（Watson）作为 IBM 公司开发的使用自然语言回答问题的人工智能程序参加美国智力问答节目，打败两位人类冠军，赢得了 100 万美元的奖金，这表明沃森有储备知识和运用知识的能力。

2013 年，深度学习算法被广泛运用在产品开发中，各人工智能实验室相继成立，探索深度学习领域，借此为用户提供更智能的产品体验；很多科技公司开始收购语音和图像识别公司，推广深度学习平台；百度公司创立了深度学习研究院，不久后推出了全球领先的人工智能服务平台。

图 1-5 所示为 AlphaGo 挑战李世石现场。2016 年 3 月 15 日，AlphaGo 与围棋世界冠军李世石的人机大战的最后一场落下了帷幕。在第 5 场经过长达 5 个小时的搏杀，最终李世石与 AlphaGo 的总比分定格在 1：4，以李世石认输而结束。这一次的人机大战让人工智能正式被全世界熟知，整个人工智能市场也像是被引燃了“导火线”，开始了新一轮爆发式增长。

图 1-5 AlphaGo 挑战李世石现场（左边的人替代 AlphaGo 落棋）

现如今，人工智能技术高速发展，特别是最近十年来，我国的人工智能应用产业全面开花。

2010 年～2014 年，在“AI to Consumer”的消费互联网领域，天猫和淘宝“千人千面”的商品推荐、腾讯公司的人工智能医学影像分析、字节跳动公司的“你关心的才是头条”、滴滴的早晚高峰拼车、饿了么的骑手智能派单等智能化应用，都是线上“数据富矿”催生的“智能平台”模式，并进一步实现了“人工智能的基础设施化”，智能云平台、智能超算集群等纷纷落地实现了商业化输出。

2014 年至今，在“AI to Government”的智能政务领域，政府作为需求方，将人工智能融入铁路公路、机场港口、轨道交通、园区地产等基础设施领域，逐步实现社会基础设施的“智能化改造”，并在政务、教育、医疗等公共服务领域应用人工智能算法，深入挖掘公共数据资源，提升公职人员的服务效能。同时，国家加大政府对人工智能开放平台、芯片、智能制造的基础研发政策扶持力度，加大投入产业引导基金，孵化了一批科创企业。

2018 年开始，“AI to Business”逐渐兴起，人工智能与零售业、制造业、农业（种植业、养殖业）、物流供应链等行业深度融合。尽管受到多变的国际形势的影响，但具有创新精神的我国大中小规模企业都在探索独特的“智能商业”转型路径，以商汤科技公司为代表的诸多我国人工智能独角兽企业，以机器视觉、交互语音、自然语言处理（Natural Language Processing，NLP）等人工智能超算平台为支撑，逐步赋能百业，在公共服务之外寻求新的价值增长点。人工智能广告、增强现实（Augment Reality，AR）直播、智能制造、人工智能养猪等初期标杆案例显示出各产业智能化的巨大发展空间。

由此，可总结出人工智能的大致发展历程，如图 1-6 所示。

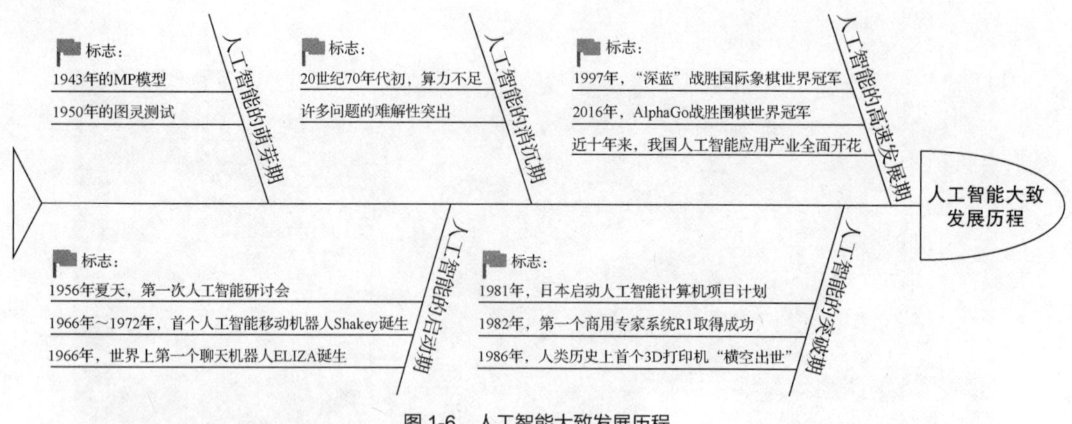

图 1-6　人工智能大致发展历程

1.1.3　人工智能的特征及典型应用

1. 人工智能的特征

可以借助前文人工智能的定义来衡量一个对象、一个物体、一种应用具有的人工智能的功能，即它具有以下特征。

（1）像人一样思考。即它是有头脑的机器，可以进行与人类思维活动类似的活动，诸如决策、问题求解和学习等。

（2）像人一样行动。即它能替代人类来进行需要智能的技艺的工作，甚至能完成人类更擅长的事情。

可见，具有人工智能的机器能合理地思考、合理地行动。人工智能所涉及的知识涵盖数学、神经科学、心理学、计算机工程和控制理论等，如图 1-7 所示。

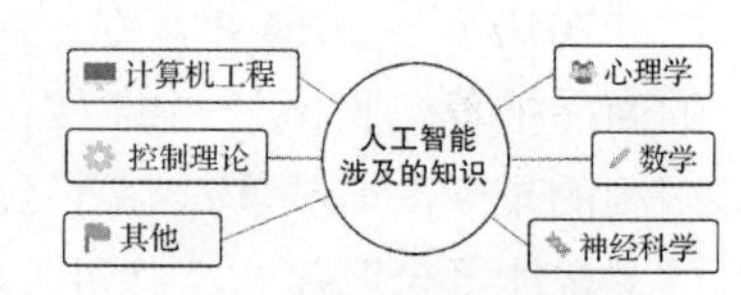

图 1-7　人工智能涉及的知识范围

由此可见，人工智能是一个相对复杂的系统工程，包含了各学科的方方面面。但对于注重人工智能实践应用层面的人而言，掌握人工智能相关的概念和基本原理无疑是一件非常令人满足的事情，也非常有助于成长和发展。

2. 人工智能的典型应用

自人工智能“横空出世”以来，从 1966 年世界上第一个聊天机器人 ELIZA，到后来的专家系统（如 DENDRAL 系统，该系统根据输入质谱仪的测量数据，自动输出给定物质的化学结构；我国科学家于 1978 年研制出国内第一个中医肝病诊治专家系统），再到后来轰动一时的战胜曾经的围棋世界冠军李世石的 AlphaGo，不断发展的人工智能应用一次又一次地点燃人们对人工智能的热情和期盼，世界主要国家高度重视人工智能的发展。美国是第一个将人工智能发展上升到国家战略层面的国家，英国通过《在英国发展人工智能》等政策文件加速人工智能技术的应用，日本于 2015 年制定了《日本机器人战略：愿景、战略、行动计划》，我国也发布了《新一代人工智能发展规划》，提出部署构筑我国人工智能的先发优势，加快建设创新型国家和世界科技强国。由此，人工智能进入了发展高潮。

随着人工智能进入新时代，近年来，其已广泛应用到各行业、各领域，为企业、行业的创新应用和人们生活的升级注入了新的动力，一些典型的应用如下。

（1）自动驾驶

拥挤的城市里，很多人会感觉开车麻烦。交通高峰打不到车、地铁太拥挤、骑自行车不安全，出行难成为现代城市发展面临的“通病”。如果有了自动驾驶，上述问题可能就会迎刃而解。也许在未来 10 年，普通人也可以利用身边的手机呼叫一辆图 1-8 所示的自动驾驶汽车，将人们安全送达目的地。

图 1-8 自动驾驶汽车

到目前为止，自动驾驶“群雄逐鹿”的研究局面已经形成，包括苹果等国外科技公司都瞄准了这个方向，我国的百度、上海汽车等公司也正在开展自动驾驶研究。自动驾驶技术主要有两条研究路线：一条是“渐变”路线，即在现有汽车的基础上新增一些自动驾驶功能，如通过添加传感器收集车载数据来实现对路况的分析，辅助安全驾驶；另一条是“革命”路线，即颠覆传统的汽车功能、结构，实现自动驾驶，依靠车载激光雷达、视频感知、卫星定位、电脑控制等来实现自动驾驶，自动驾驶涉及的主要软、硬件如图 1-9 所示。

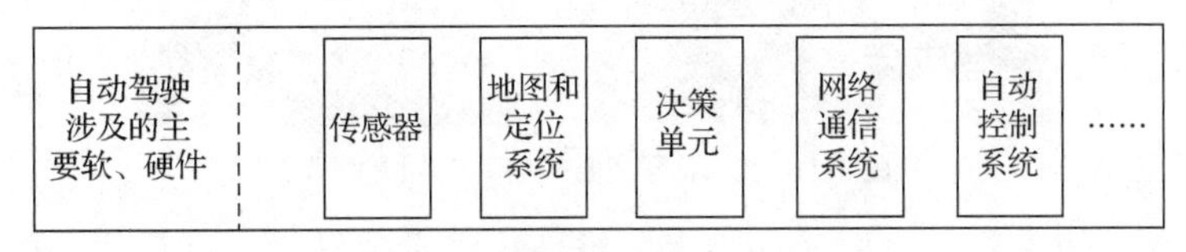

图 1-9 自动驾驶涉及的主要软、硬件

自动驾驶不仅是驾驶技术本身的变革，它的发展还可能产生多米诺骨牌效应，对其他行业产生巨大影响。如在汽车生产行业，企业可能会将“汽车销售”转化为“销售服务一体化”；在保险行业，由于自动驾驶或能减少车祸的发生，汽车保险的定义、资金流向和产业结构也可能发生巨大的变化；对于交通和安全管理部门来说，驾照的发放和违章处理也可能被取消或重新定义。这一切，都会对人们的生活产生较大的影响，未来值得拭目以待。

（2）人脸识别

人脸识别也称人像识别、面部识别，是基于人的脸部特征信息进行身份识别的一种生物识别技术。人脸识别涉及的技术主要包括计算机视觉、图像处理等。图 1-10 所示为人脸识别机。

图 1-10　人脸识别机

人脸识别技术的研究始于 20 世纪 60 年代，之后，随着计算机技术和光学成像技术的发展，人脸识别技术水平在 20 世纪 80 年代得到不断提高。在 20 世纪 90 年代后期，人脸识别技术进入初级应用阶段。目前，人脸识别技术已广泛应用于多个领域，如金融、司法、公安、边检、航天、电力、教育、医疗等。有一个关于人脸识别技术应用的有趣案例：警方利用人脸识别技术在张学友演唱会上多次抓到了在逃人员。例如，2018 年 4 月 7 日，张学友南昌演唱会开始后，场内一名听众被警方带离现场。实际上，他是一名逃犯，安保人员通过人脸识别系统锁定了在场内的他。2018 年 5 月 20 日，在张学友嘉兴演唱会上，于某通过安检门时被人脸识别系统识别出是逃犯，随后被警方抓获。随着人脸识别技术的进一步成熟和社会认同度的提高，其将应用在更多领域，给人们的生活带来更多改变。

（3）医学图像处理

医学图像处理是目前人工智能在医疗领域的典型应用，它的处理对象是通过各种不同成像机理所形成的医学影像，如临床医学中被广泛使用的核磁共振成像、超声造影成像等。图 1-11 所示为医生在全息医学图像的指导下实施手术的场景。

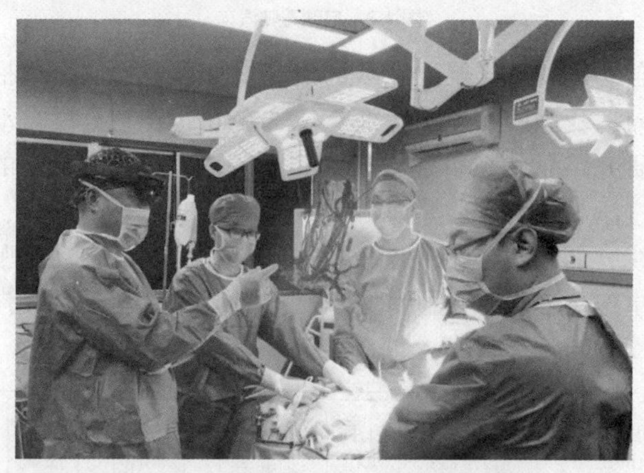
图 1-11　全息医学图像支持医疗手术的场景

传统的医学图像诊断，主要通过观察二维切片图发现异常，这往往需要医生具有丰富的临床经验。而利用计算机图像处理技术，可以对医学图像进行图像分割、特征提取、定量分析和对比分析等工作，进而完成病灶识别与标注、针对肿瘤放疗环节的影像的靶区自动勾画，以及手术环节的三维影像重建等。

医学图像处理可以辅助医生对异常区域及其他目标区域进行定性甚至定量分析，从而大大提高医疗诊断的准确性和可靠性。另外，医学图像处理在医疗教学、手术规划、手术仿真、各类医学研究、医学二维影像重建中也起到重要的辅助作用。

（4）机器人

机器人很早就出现在科幻电影中，1959 年诞生了世界上第一台工业机器人。如今，随着计算机、微电子、人工智能等信息技术的迅猛发展，机器人的智能化程度越来越高，其应用范围从传统的工业制造快速扩展到家庭服务、医疗、教育和军事等领域，并在这些领域大显神通，图 1-12 所示为一些在工业自动化、科学研究和安防巡检行业的应用机器人。

图 1-12 一些机器人在各行业中的应用

现在的机器人与过去的机器人的区别在于：现在的机器人可以更好地与人互动，具有更高的感知能力。

所谓机器人，是指由仿生元件组成并具备运动特征的机电设备，它具有操作物体和感知周围环境的能力。作为一种典型的机电一体化、数字化设备，机器人的技术附加能力很高，应用范围广，对未来生产和社会生活起着越来越重要的作用。那么，机器人是由哪几个部分构成的呢？图 1-13 所示为机器人的基本组成系统。

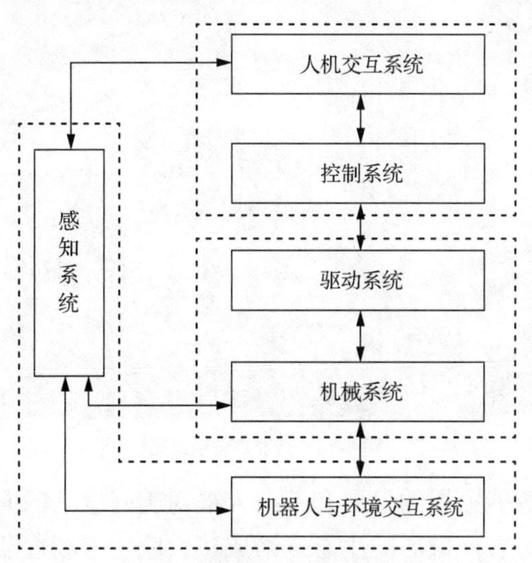

图 1-13 机器人的基本组成系统

由图 1-13 可知，机器人主要由感知系统、人机交互系统、控制系统、驱动系统、机械系统、机器人与环境交互系统 6 个部分构成。

① 感知系统：由内部、外部传感器模块组成，可获取内、外部环境中有价值的信息。智能传感器的使用提高了机器人的机动性、适应性和智能化水准。对于一些特殊的信息，传感器比人类的感知系统更灵敏。

② 人机交互系统：是人与机器人进行联系和参与机器人控制的系统，主要包括指令给定装置和信息显示装置。

③ 控制系统：根据机器人的作用指令程序以及传感器反馈回来的信号，支配机器人的执行机构去完成规定的运动和功能。

④ 驱动系统：给机器人各个关节处安装传动装置，可以使机器人运动起来。

⑤ 机械系统：由机械构件和传动机构组成。如工业机器人的机械本体类似于具备上肢机能的机械手，由手部、腕部、臂、机身等组成。

⑥ 机器人与环境交互系统：是实现机器人与外部环境中的设备相互联系和协调的系统。机器人与外部环境中的设备集成为一个功能单元，如加工制造单元、装配单元等。

（5）智能家居

图 1-14 所示为智能家居示意图。近年来，随着人工智能技术的赋能，智能家居产业迅速发展，家居生态趋于成熟，智慧新生活已经走进千家万户。如 2016 年，国外某公司发布人工智能管家 Jarvis，这个管家不仅可以调节室内环境、安排会议行程、定时做早餐、自动洗衣服、辨别并招待访客等，甚至可以与家里的小朋友聊天。2014 年一款智能蓝牙喇叭 Echo 问世，它接受用户的语音指令后，就能控制家电产品、联络打车，或帮用户在电商平台采购物品。海尔公司推出的 U-home 是海尔智能家居生活解决方案，它以人工智能为技术支撑，将所有的家居设备通过信息传感设备与网络互连，用户可通过打电话、发短信、上网等方式与家中的电气设备互动。

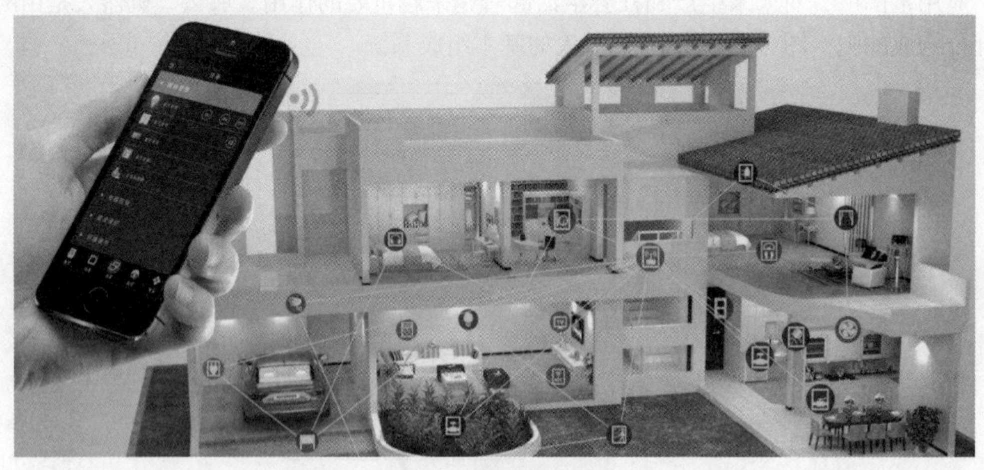

图 1-14　智能家居示意图

不难看出，伴随着智能家居的发展和消费人群对美好生活的向往，目前已经有了对智能家居单品的稳定需求。智能家居的生态逐渐成熟，应用市场逐渐扩大，其应用场景将在家庭安全防护、改善生活环境的基础上，向家庭医疗健康、节能环保、娱乐教育等领域扩展，不断渗透到家居生活的方方面面，引领互联互通、智能智慧的新生活。

综上所述，我国人工智能产业市场巨大，总体的发展趋势如下。

（1）研发创新能力需要进一步加强。我国总体研发创新能力仍落后于世界先进水平，与美国、德国、日本等制造强国仍有较明显的差距，需要加强人才培养和研发力量以及持续投入研发时间。

（2）智能升级势不可挡。随着国内劳动人口增长缓慢，劳动力成本提高，人口红利会随之消失，较有效的应对方法是对制造业进行自动化改造。在政府和企业的智能改造升级过程中，机器人市场会持续火爆。

（3）服务机器人将被大面积应用。当下人口老龄化趋势明显、劳动力成本提高，人们对高质量服务体验的刚性需求增多。在这样的发展背景驱动下，保姆机器人、客服机器人、无人银行、无人机、导游机器人等一大批服务机器人会有更大的发展空间，或将成为未来机器人的主力军，市场份额不可估量。

1.2 机器学习与深度学习

1.2.1 机器学习的含义

机器学习（Machine Learning，ML）专门研究计算机模拟或实现人类的学习行为，以获取新的知识或技能，重新组织已有的知识结构使之不断改善自身的性能。机器学习最基本的做法，就是使用算法解析数据并从中学习，然后对真实世界中的事件做出决策和预测。与传统的为完成特定任务、硬编码的软件程序不同，机器学习使用大量的数据来“训练”，通过各种算法从数据中学习如何完成任务。例如，邮箱里有自动垃圾邮件分类程序，它的工作就是收到一封邮件后，通过查看内容判断它是否为垃圾邮件。那么，它是如何判断的呢？首先需要一堆邮件，提取判断邮件正常与否的特征数据（如关键词、词频等），并对其中的普通邮件和垃圾邮件进行标注；随后，可以通过某种算法来构建一个模型，然后用数据进行训练，得到一条回归曲线，收到一封邮件后，判断它与曲线的距离，如果远离正常邮件回归曲线，则认为是垃圾邮件。构建的模型从数据中学习以判断垃圾邮件，这就是机器学习。垃圾邮件分类过程如图 1-15 所示。

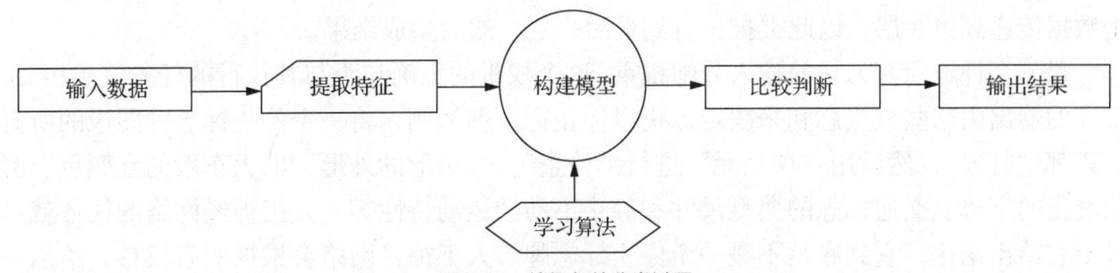

图 1-15 垃圾邮件分类过程

机器学习源于早期的人工智能领域。传统的人工智能算法包括决策树学习、推导逻辑规划、聚类、分类、回归、强化学习和贝叶斯网络等（当然除此之外还有很多）。

机器学习较成功的应用领域是计算机视觉领域，但仍需要大量的手工编码来完成工作。人们需要手工编写分类器、边缘检测滤波器，以便让程序能识别拍摄到的物体从哪里开始，到哪里结束；编写形状检测程序来判断检测对象是不是有 8 条边；编写分类器来识别字母序列“S-T-O-P”。使用以上这些手工编写的程序，人们可以开发算法来感知图像，判断图像是不是一个停止标志牌。这个算法的效果尚可，但并不完美，特别是遇到云雾天，标志牌变得不那么清晰可见的，或者被树遮挡住一部分时，算法就可能难以成功了。这就是为什么相当长的一段时间内，计算机视觉的处理能力一直无法接近人眼的处理能力，它比较僵化，比较容易受环境条件的干扰。随着时间的推进，机器学习算法的发展改变了一切。

1.2.2 深度学习的崛起

2017 年 4 月 6 日，人工智能系统与真人对打的扑克赛事——“冷扑大师”对“中国龙之队”德克萨斯扑克牌表演赛在海南生态软件园开赛。“冷扑大师”相对于 AlphaGo 的不同之处在于，前者不需要提前背大量牌谱，也不局限于在公开的具有完美信息的场景中进行运算，而是从零开始，基于扑克游戏规则针对游戏中的对手劣势进行自我学习，并通过博弈论来衡量和选取最优策略。这是“冷扑大师”在比赛后程越来越凶悍，让人类玩家难以抵挡的原因之一。经过为期 5 天的角逐，“冷扑大师”对“中国龙之队”德克萨斯扑克牌表演赛在海南生态软件园完美收官，人工智能系统“冷扑大师”最终以 792327 总记分牌的战绩完胜并赢得 200 万元人民币奖金。

“冷扑大师”人工智能系统又一次加深和提高了人工智能在人们心中的印象和地位。那么究竟是什么神奇的力量支撑了人工智能，使其具有如此高的“智商”和巨大的威力呢？

在此，就不得不提到深度学习，它是人工智能发展的高级阶段产物，是人工智能的幕后英雄，是人工智能背后的算法支持。

深度学习的“横空出世”，将机器学习的预测能力提高到一个空前的高度。人工神经网络是早期机器学习中的一个重要的算法，历经数十年的风风雨雨。人工神经网络的原理受人类大脑的生理结构——互相交叉相连的神经元的启发。但与大脑中一个神经元可以连接一定距离内的任意神经元不同，人工神经网络具有离散的层，每一次只连接符合数据传播方向的其他层。例如，可以把一幅图像切分成图像块，将其输入人工神经网络的第 1 层，在第 1 层的每一个神经元都把数据传递到第 2 层，第 2 层的神经元也是完成类似的工作，把数据传递到第 3 层，以此类推，直到最后一层，然后生成结果。

每一个神经元都为它的输入分配权重，这个权重的正确与否与其执行的任务直接相关。最终的输出由这些权重总和来决定。仍以停止标志牌为例，将一个停止标志牌图像的所有元素都“打碎”，然后用“神经元”进行“检查”：八边形的外形、旧火车般的红颜色、鲜明突出的字母、交通标志的典型尺寸和静止不动的运动特性等。人工神经网络的任务就是针对它给出结论，它到底是不是一个停止标志牌。人工神经网络会根据所有权重，给出一个经过“深思熟虑”的猜测——概率向量。

在标志牌识别的例子里，系统可能会给出这样的结果：所识别的对象有 86%的可能是一个停止标志牌，有 7%的可能是一个限速标志牌，有 5%的可能是一只挂在树上的风筝等。然后，系统告知人工神经网络此结论是否正确。即使是这个例子，也算是比较超前的了。其实在人工智能出现的早期，人工神经网络就已经存在了，但当时人工神经网络对于智能的贡献微乎其微。其主要问题是，即使是最基本的人工神经网络，也需要大量的运算，人工神经网络算法的运算需求难以得到满足。

不过，还是有一些研究团队——以多伦多大学的杰弗里·欣顿（Geoffrey Hinton）教授为代表——坚持研究，实现了以超算为目标的并行算法的运行与概念证明。但直到 GPU（Graphics Processing Unit，图形处理器）得到广泛应用，这些努力才有了成效。回过头来看这个停止标志牌识别的例子。人工神经网络是被调制、训练出来的，还很容易出错，它最需要的就是训练，需要成百上千甚至几百万个图像来训练，直到神经元的输入的权重都被调制得十分精确，无论是雾天、晴天还是雨天，每次都能得到正确的结果。只有这个时候，才可以说人工神经网络成功地自学习到一个停止标志牌的样子。

再来看另外一个例子，吴恩达（Andrew Ng）教授实现了人工神经网络学习识别猫。吴恩达教授的突破在于，他把这些人工神经网络从基础上显著地扩大了。其层数非常多，“神经元”也非常多，然后给系统输入海量的数据来训练。在吴恩达教授这里，他使用了约 1000 万个网络视频中的图像，并为深度学习加入了“深度”（deep）。这里的“深度”是说人工神经网络中众多的层。现在，经过深度学习训练的图像识别技术，在一些场景中甚至可以比人做得更好：从图 1-16 所示的识别猫，到通过血液测试检测早期癌症，再到识别核磁共振图像中的肿瘤，都是深度学习的杰出表现。AlphaGo 先是学会了如何下围棋，然后与自己下棋进行训练。它训练自己的人工神经网络的方法就是不断地与自己下棋，反复地下，永不停歇，这种学习能力和专注力是人类无法比拟的。

图 1-16　利用深度学习从视频中识别猫

由以上的叙述中，不难总结出人工智能、机器学习和深度学习的关系，三者之间的关系如图 1-17 所示。

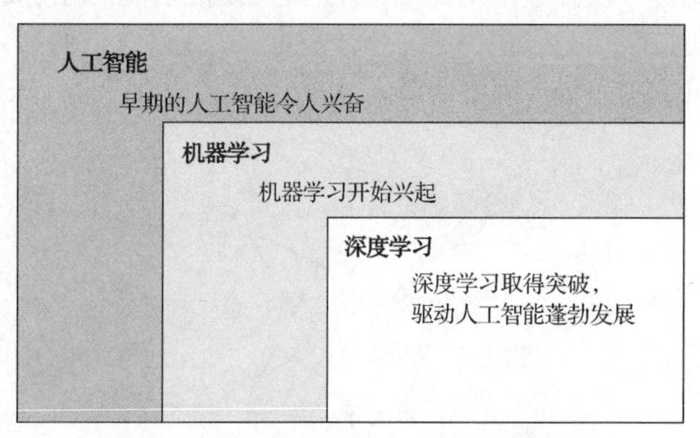

图 1-17　人工智能、机器学习和深度学习的关系

由此可见，机器学习属于人工智能的一个分支，是一种实现人工智能的方法，也是人工智能的基础。机器学习主要是设计和分析一些可以让计算机自动“学习”的算法。深度学习是机器学习研究中的一个新的领域，其动机在于建立、模拟人脑进行分析学习的人工神经网络，它模仿人脑的机制来解释数据，如图像、声音、文本等，是一种基于人工神经网络的深度学习的技术。

1.2.3 神经网络的魅力

无论是机器学习，还是深度学习，都离不开神经网络（neural network）。它起源于人们对生物体神经网络的认知，生物神经网络是由神经元、突触等组成的，大量的神经元通过无数的突触连接在一起构成一个大规模的神经网络，能处理人的思维和记忆。

人们通过模仿生物神经网络的工作原理构建人工神经网络，其中的神经元模型早期被称为感知机，后来所有的感知机连接起来，形成网络。人工神经元的结构如图 1-18 所示。

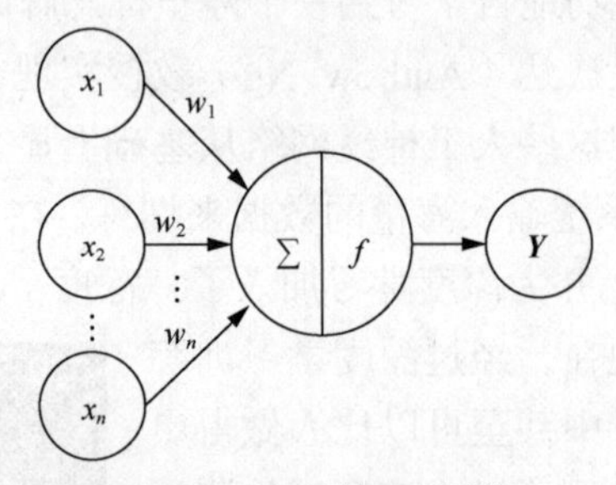

图 1-18　人工神经元的结构

图 1-18 中，（$x_1,x_2,\cdots,x_n$）是输入向量，（$w_1,w_2,\cdots,w_n$）是对应的权重向量，f 是激活函数，加权和为：

$$S=x_1w_1+x_2w_2+\cdots+x_nw_n$$

然后经过线性或者非线性函数进行激活：

$$\boldsymbol{Y}=f(S+b)$$

上式中 b 为偏置变量，$\boldsymbol{Y}$ 是输出向量。

把多个神经元组成一层神经网络，并增加神经网络的层数，就构成一个多层神经网络，如图 1-19 所示。其中，x_n 是输入层的第 n 个神经元，y_m 是隐含层的第 m 个神经元，z_p 是输出层的第 p 个神经元，o_p 是神经网络的第 p 个输出分量。

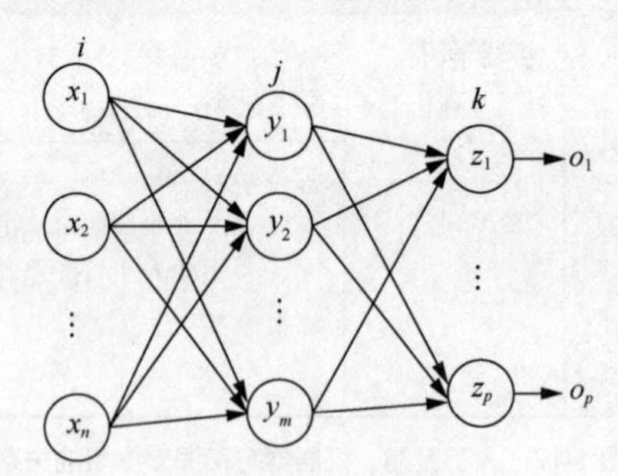

图 1-19　多层神经网络

理论已经证明，通过增加神经网络的层数和改变激活函数，并利用相应学习算法不断迭代改变损失误差，就可以用多层神经网络来拟合任意函数，解决线性和非线性问题，也就是通过增加网络的深度和宽度来提高神经网络模型的健壮性和预测的准确性。因此，多层神经网络结构的出现，及其相关算法的完善，为人工智能的普及和应用做出了突破性贡献。

1.3 案例——小试牛刀：识别图像中的动物

1.3.1　提出问题

动物世界千奇百怪，对于普通游客而言，当在动物园看到一种陌生的动物时，可能急切地想了解这种动物的名称、分布范围、生活习性等信息。当然，可以通过动物园的铭牌来获取这些信息，但如果铭牌模糊或信息不全，那有没有一种快捷的方式帮助人们解决这些问题呢？幸运的是，5G技术和人工智能的普及，为解决类似问题提供了无限可能。大家可以试想，如果在动物园与一个小动物不期而遇，给它拍个照，利用人工智能技术可快速识别图像的能力来辨别眼前的小动物，就可以改变游客或动物学家认识或研究动物的方式，这着实是一件令人愉悦的事情。

下面就利用智能云服务，来开始识别动物之旅，体验人工智能的魅力。

1.3.2　解决方案

为了识别图像上的动物，一种简便的方法是利用一些智能云服务，如百度智能云、华为云人工智能等提供的动物识别功能，对上传的图像进行识别，帮助人们进一步了解图像上的动物。

问题的解决方案流程如图1-20所示。

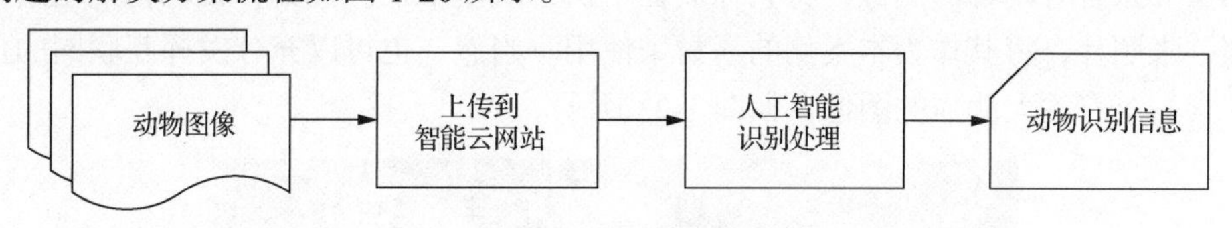

图1-20　解决方案流程

1.3.3　预备知识

百度智能云是百度公司提供的公有云平台，于2015年正式开放运营。百度智能云秉承“用科技力量推动社会创新”的目标，不断将百度公司在云计算、大数据、人工智能方面的技术向社会输出。“世界很复杂，百度更懂你”，2016年，百度公司正式对外发布了“云计算+大数据+人工智能”三位一体的云计算战略。百度智能云推出了40余款高性能云计算产品，天算、天像、天工三大智能平台，分别提供智能大数据、智能多媒体、智能物联网服务，为社会各个行业提供安全、高性能、智能的计算和数据处理服务，让智能的云计算成为社会发展的新引擎。百度智能云提供的部分服务如图1-21所示。

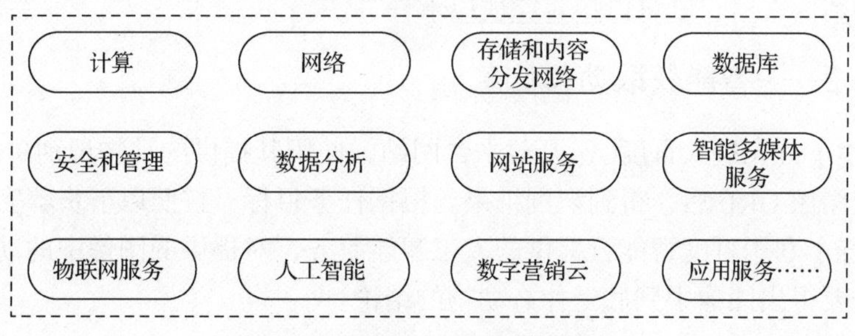

图1-21　百度智能云提供的部分服务

其中，人工智能服务是本书主要应用的服务，它提供的部分功能如图 1-22 所示。

图 1-22　人工智能服务提供的部分功能

利用百度智能云平台上的人工智能开放平台，以及百度公司研发的开源深度学习框架 PaddlePaddle，还有人工智能开发语言 Python，就可以开启人工智能的篇章，踏上创新的应用之旅。

1.3.4　任务 1——准备一个动物图像

【任务描述】准备一张你感兴趣的动物的图片，建议你用身边的手机把动物拍摄下来，然后将拍摄的图像存放在电脑上或云盘里。根据任务目标，按照以下步骤完成任务 1。

【任务目标】在本地保存一个动物图像，或者保存含有动物图像的统一资源定位符（Uniform Resource Locator，URL）。

【完成步骤】

拍摄一张含有动物的图像，将它存放在手机里或电脑上。例如，在动物园里给国宝大熊猫照一张照片，将其作为本案例的素材来使用。当然，也可以充分发挥互联网的作用，从中搜索一个有关大熊猫的图像，如图 1-23 所示。

图 1-23　大熊猫图像

有了动物图像素材，就可以接着完成以下任务。

1.3.5　任务 2——智能获取动物信息

【任务描述】首先进入百度 AI 开放平台网站，使用其提供的动物识别功能，上传准备的动物图像或图像 URL 后，得到识别结果。根据任务目标，按照以下步骤完成任务 2。

【任务目标】利用百度智能云提供的人工智能服务，对提供的图像中的动物进行识别，识别任务就是要得出图像中到底是什么动物的结论。

【完成步骤】

1. 访问百度动物识别网站

进入百度 AI 开放平台网站动物识别界面，如图 1-24 所示。

图 1-24　动物识别界面

2. 图像上传

单击图 1-24 中的“功能演示”按钮，上传在任务 1 中准备好的图像或粘贴含有动物图像的 URL，稍等片刻，就得到图 1-25 所示的识别结果。

图 1-25　识别结果

由识别结果可知，该动物是一只大熊猫的可能性最大，可信度为 97.2855%。细心的读者可能会问一些问题。该结果的依据到底是什么？识别行为是如何开展的？哪些因素会影响最终的识别结果？这种识别方式，能否嵌入自己的应用程序中？如果可以，又该如何操作呢？带着这些问题，将进入第 2 章的学习。

本章小结

人工智能是研究如何通过机器来模拟人类认知能力的学科。最新的人工智能，突出从数据中学习和在行动中学习。通过60多年的曲折发展和科学家的不懈努力，人工智能的春天终于到来，并得到迅猛的发展，在智能制造、安全驾驶、机器人和智能服务等方面得到成功的应用。

人工智能这一新兴学科的科技浪潮正在深刻改变人们的生活和思维方式。尽管人工智能涉及的知识面广，但随着开源平台的推出和智能构件的高度封装，已经大大降低了人们使用人工智能的门槛，使得人们能享受它带来的红利和它在其他行业的创新应用的成果。人工智能的发展展现了一个振奋人心的前景，那就是更美好生活的大门等待人们用人工智能的钥匙去开启。

课后习题

一、考考你

1. 下列关于人工智能的说法中，_____是错误的。

   A. 人工智能是一门使机器做那些人需要通过智能来做的事情的学科

   B. 人工智能主要研究知识的表示、知识的获取和知识的运用

   C. 人工智能是研究机器如何像人一样合理思考、像人一样合理行动的学科

   D. 人工智能是研究机器如何思维的一门学科

2. 20世纪80年代属于人工智能发展的_____期。

   A. 萌芽　　B. 启动　　C. 突破　　D. 高速发展

3. _____不属于人工智能的特征。

   A. 像人一样思考　　B. 像人一样行动

   C. 具有决策、问题求解和学习能力　　D. 涉及多种学科

4. 机器学习的主要特点是_____。

   A. 通过各种算法从大数据中学习如何完成任务

   B. 像人一样开展自主学习

   C. 具有人类神经网络的功能

   D. 能对真实世界中的事件做出决策和预测

5. 深度学习的深度是指_____。

   A. 机器学习的能力比较强　　B. 构成神经网络的隐藏层比较多

   C. 神经网络中的输出层比较多　　D. 构成神经网络的输入层比较多

二、亮一亮

用手机拍摄一张你不知道名称的植物的图片，并利用相关的开放的图像识别平台或植物识别程序，查询植物名称等相关信息。

应用指南：

（1）用你的手机拍摄一张比较清晰的植物图片；

（2）将植物图片上传到 QQ 空间，并记下 URL；

（3）利用百度识图、华为云在线识图或者 360 识图等来尝试识别图片中的植物；

（4）对比各种识图平台的返回信息的异同，你能从中发现哪些因素可能会影响图像识别的结果？植物识别背后的基本原理是什么？

三、帮帮我

上网或到图书馆等查阅相关资料，围绕“人工智能在你学习的专业中已有哪些应用？”“你最想利用人工智能来解决什么问题？”“你打算如何将人工智能与专业学习相结合？”等主题展开讨论以进一步明晰思路，最终写成 Word 文档形式的阐述报告。

第❷章 Python：人工智能开发语言

通过前面的学习，可以知道人工智能已经成为国家战略和全世界科技竞争的主要阵地，每个人自然不能身居其外。为适应跨界创新的需求和全面贯彻新发展理念，不同层次、不同专业的学生都需要具备人工智能开发的基本思维、能力和方法，这就要求大家掌握一种高效、简洁、易用的计算机语言来开发应用程序和设计人工智能产品，让人工智能“落地开花”。Python 无疑是较好的选择，因为无论是谷歌公司的 TensorFlow 机器学习库，还是百度公司研发的 PaddlePaddle 人工智能学习平台等主流人工智能框架，都支持 Python 开发。下面就开启学习之旅，去感受当下学习 Python 的流行语：人生苦短，就用 Python。

本章内容导读如图 2-1 所示。

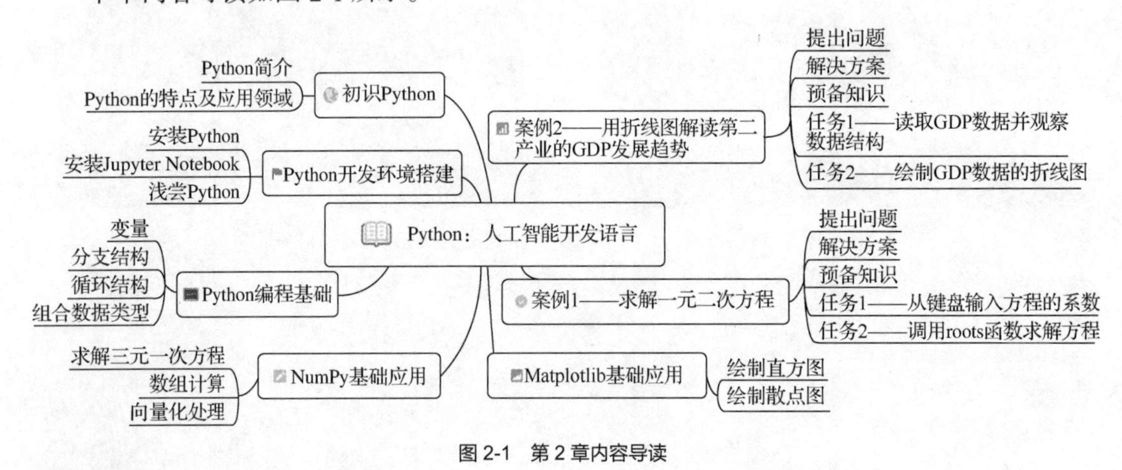

图 2-1 第 2 章内容导读

2.1 初识 Python

2.1.1 Python 简介

Python 由荷兰人吉多·范罗苏姆（Guido van Rossum）于 1989 年设计，后一直由开源核心团队开发和维护，从 Python 2.x 到 Python 3.x，截至 2020 年 12 月，最新的版本是 Python 3.9.1。它是一种高层次的，结合了解释性、编译性、互动性的面向对象的脚本语言。用 Python 设计的程序具有很强的可读性，相对于其他计算机语言，Python 具有更有特色的语法结构。例如，它是解释型语言，可以交互直接执行，也支持面向对象的编程技术，特别适合初学者使用。它支持开发广泛的应用程序，如从简单的文字处理到浏览器再到游戏等。

随着人工智能的兴起，Python 在人工智能界大显身手，这主要得益于它的简单易用、简洁优美、开发效率高等特点。由于它开源，因此 Python 已经被移植在许多平台上，Python 程序无需修改就可以在不同平台上运行。特别是 Python 强大的人工智能专用第三方库，用少量的代码就能实现复杂的数据挖掘和分析功能，因此 Python 稳坐人工智能语言“头把交椅”是实至名归。

自 2017 年首次登顶后，Python 蝉联三届“最受欢迎的编程语言评选”冠军。Python 受欢迎的原因是，它在很大程度上受到大量可用的专用第三方库的影响，特别是在人工智能领域，如 Keras 库，其是深度学习开发人员使用的重量级工具，Keras 库提供了 TensorFlow 的接口、CNTK（Computational Network ToolKit，计算网络工具包）和 Theano 深度学习框架及工具包。深度学习并不是 Python 自发布以来的唯一应用领域，随着微控制器计算能力的急剧提高，嵌入式版本的 Python，如 CircuitPython 和 MicroPython 在控制器领域越来越受欢迎。因此，对于新手来说，如果想学一种更简单、更灵活的技术和人工智能编程语言，Python 就是极佳选择。

2.1.2 Python 的特点及应用领域

Python 目前在各个领域得到广泛的应用，其特点及应用领域如下。

1. Python 的特点

Python 是目前流行且发展非常迅猛的编程语言，人工智能市场的火热，使得该语言如日中天。这得益于该语言具有的以下鲜明特点。

（1）易入门。它是非常容易入门的语言，Python 代码非常接近人使用的自然语言，让人在理解上没有太多障碍，符合人的认知规律，使用户在编写程序的过程中不必考虑过多的计算机语言细节，能将更多的时间用于解决问题。

（2）开源。全世界有许多优秀的程序员和科研团队加入 Python 开发，持续推动 Python 的二次开发和功能扩展。另外，由于其开源，普通用户不必付费使用 Python，大大降低了学习门槛和成本。

（3）跨平台。由于 Python 开源，它已移植到多个操作系统或平台，包括 Linux、Windows、OS/2、Solaris、Android、iOS 等，Python 程序无需修改代码或只需修改少量与系统相关的代码就可以在上述操作系统或平台上运行无阻。

（4）是胶水语言。Python 以一种简单且强大的方式既支持面向过程开发，也支持面向对象开发，并且可以和其他任何语言结合使用，像胶水一样将各种语言模块黏合起来，构建符合开发要求的应用程序，为各种应用程序的开发提供便利。

（5）有丰富的第三方库。Python 标准库很庞大，它可以帮助人们处理各种事物或操作，包括正则表达式、文档生成、单元测试、线程、数据库、网页浏览器、通用网关接口（Common Gateway Interface，CGI）、文件传输协议（File Transfer Protocol，FTP）、电子邮件、可扩展标记语言（Extensible Markup Language，XML）、XML 远程方法调用（XML Remote Procedure Call，XML-RPC）、超文本标记语言（HyperText Markup Language，HTML）、WAVE 文件（Waveform Audio File Format，波形音频文件格式）、密码系统、图形用户界面（Graphical User Interface，GUI）、Tk（Tkinter）和其他与系统有关的操作。只要安装了 Python，所有上述功能都是可用的。除了功能齐全的标准库以外，Python 还有许多其他高质量的第三方库，如 wxPython、Twisted 和 Python 图像库等，使用这些第三方库不仅提高了开发效率，而且保证了应用程序的健壮性。

2. Python 的应用领域

Python 广泛应用于数据挖掘、机器学习、神经网络、深度学习等人工智能领域，是这些领域的主流语言，相关的第三方库有 NumPy、SciPy、Matplotlib、Keras、MXNet 等。人工智能和大数据应用程序的普及，使得 Python 在科学计算、智能挖掘、图像绘制方面大展身手，得到了广泛的支持和应用。

（1）云计算。Python 也是云计算方面应用最广的语言之一，如在 OpenStack、百度智能云上的云计算框架就是由 Python 开发的。Python 是从事云计算工作的人员需要掌握的一门编程语言，如果想要深入学习并二次开发云计算应用，就需要具备 Python 的相关知识和技能。

（2）系统运维。Python 也是运维人员必须掌握的语言。如运维人员利用其标准库中的软件包 pywin32 就能够轻松访问 Windows 应用程序接口。又如，利用 Python 编写的管理脚本能更轻松地管理 Linux，在可读性、代码重用方面比普通的 Shell 脚本更有优势。

（3）Web 应用程序开发。利用 Python 的 Internet 模块和第三方框架 Django、web2py 和 Zope 等，可以快捷开发 Web 应用程序。如豆瓣等知名网站，都是使用 Python 开发的，可见 Python 不同凡响。

“工欲善其事，必先利其器”，下面就为掌握 Python 这个利器做好准备工作。

2.2 Python 开发环境搭建

2.2.1 安装 Python

Python 是一种高层次的，结合了解释性、编译性、互动性的面向对象的脚本语言。要利用 Python 进行应用开发，首先要结合操作系统类型搭建相应的开发环境，然后才能进行应用开发。整个开发环境的搭建主要分为下载 Python 安装文件和安装 Python 两个步骤。

1. 下载 Python 安装文件

Python 可以被移植到许多操作系统，如 Windows、Linux、mac OS 等。用户进入 Python 官网下载页面，如图 2-2 所示，下载所需的安装文件。

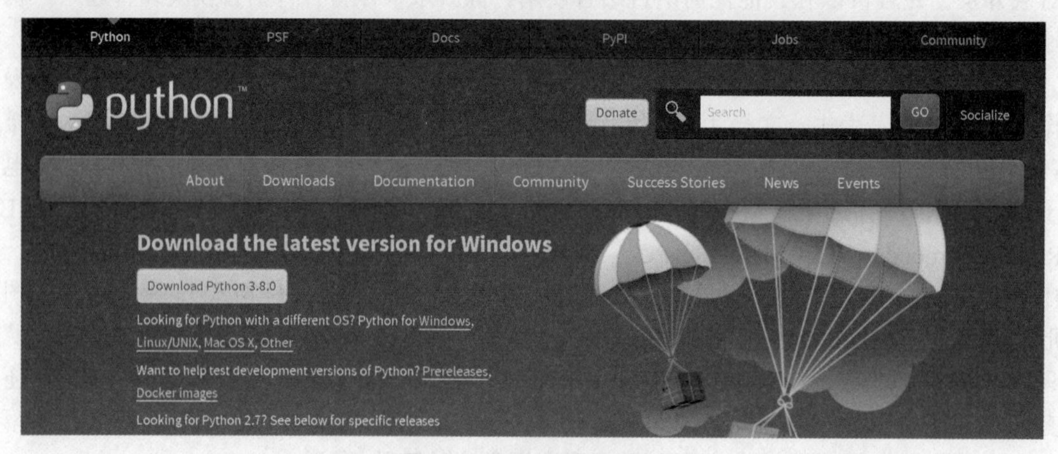

图 2-2　Python 官网下载页面

根据操作系统的类型，下载最新的安装文件进行安装，针对不同的操作系统有不同的安装方法，下面以 Windows 为例简单说明 Python 安装文件的下载和安装步骤。

打开浏览器访问 Windows 版 Python 下载网站，如图 2-3 所示。

用户可以下载不同版本的 Python 和不同安装类型的安装文件，此处选择下载 Python 3.7.9 的可执行安装文件，如图 2-4 所示。

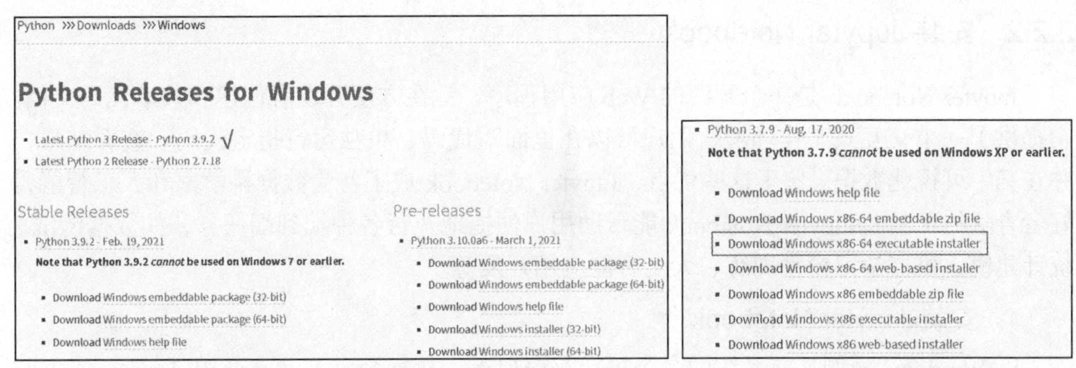

图 2-3　Windows 的 Python 安装文件下载页面　　图 2-4　选择可执行的安装文件

保存下载的安装文件，以备下一步安装。

2. 安装 Python

下载完安装文件后，双击下载包，进入 Python 安装向导。安装非常简单，只需要按提示进行操作，直到安装完成即可。在图 2-5 所示的安装设置界面中，勾选“Add Python 3.7 to PATH”复选框，将 Python 的可执行文件路径添加到环境变量 PATH，以方便启用各种 Python 开发工具。

然后单击“Install Now”选项，进行下一步的安装，安装成功提示界面如图 2-6 所示。

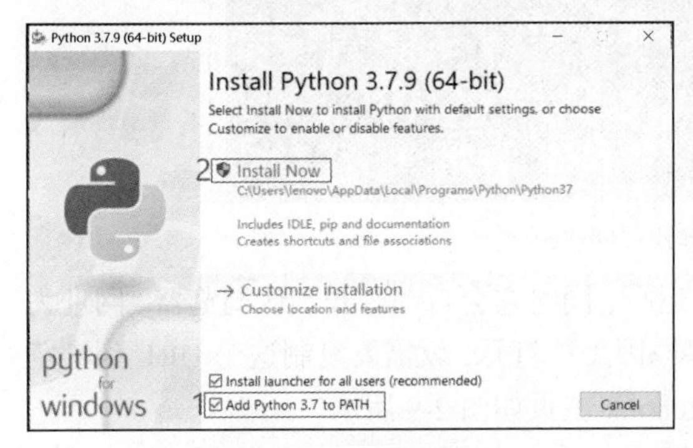

图 2-5　安装设置界面

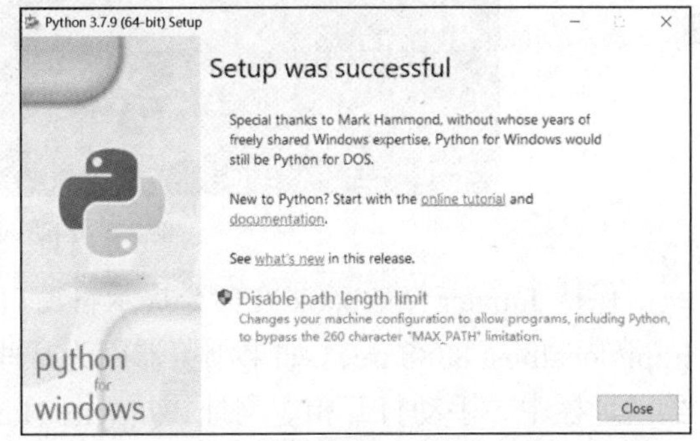

图 2-6　Python 安装成功提示界面

Python 安装完成后，在 Windows 的“开始”菜单中就能看到图 2-7 所示的 4 项快捷菜单命令。

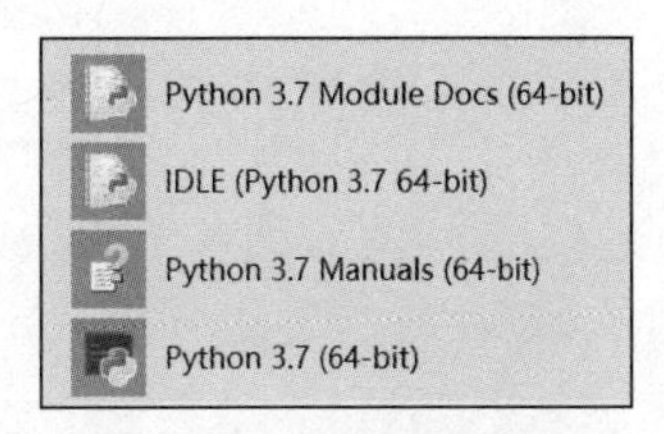

图 2-7　Python 快捷菜单命令

图 2-7 中 4 项命令的含义如下。

（1）Python 3.7 Module Docs (64-bit)：内置服务式的 Python 模块帮助文档。

（2）IDLE (Python 3.7 64-bit)：Python 自带的集成开发环

境（Integrated Development and Learning Environment，IDLE）。

（3）Python 3.7 Manuals (64-bit)：Python 帮助文档。

（4）Python 3.7 (64-bit)：Python 解释器。

至此，整个 Python 的运行环境安装结束，但还需要安装一个高效的开发工具 Jupyter Notebook。

2.2.2 安装 Jupyter Notebook

Jupyter Notebook 是一个开源的 Web 应用程序，旨在方便开发者创建和共享代码文档。它提供了一个交互式工作环境，用户可以在里面写代码、单独运行指定代码、查看结果，并在其中可视化数据。鉴于这些优点，Jupyter Notebook 成了备受数据科学家和人工智能爱好者青睐的工具。Jupyter Notebook 能帮助用户便捷地执行各种端到端任务，如数据清洗、统计建模、机器学习模型训练、人工智能应用开发等。

1. 安装 Jupyter Notebook

以 Windows 为例，在系统的命令提示符窗口下，执行命令 pip3 install Jupyter 来安装 Jupyter Notebook（建议将 pip 库镜像地址设置为国内站点）。

2. 启动 Jupyter Notebook

安装完成后，如果要启动 Jupyter Notebook，只需在控制台输入命令 jupyter notebook，如图 2-8 所示。

```
命令提示符 - jupyter notebook
C:\Users\lenovo>jupyter notebook
[I 18:33:42.268 NotebookApp] [jupyter_nbextensions_configurator] enabled 0.4.1
[I 18:33:42.269 NotebookApp] Serving notebooks from local directory: E:\jupyter-notebook
[I 18:33:42.269 NotebookApp] The Jupyter Notebook is running at:
[I 18:33:42.269 NotebookApp] http://localhost:8888/?token=7e9ea35ebeef9ec91866a7b7b7b4879cf1e2c3a30e43e979

[I 18:33:42.269 NotebookApp]  or http://127.0.0.1:8888/?token=7e9ea35ebeef9ec91866a7b7b7b4879cf1e2c3a30e43
e979
[I 18:33:42.269 NotebookApp] Use Control-C to stop this server and shut down all kernels (twice to skip co
nfirmation).
[C 18:33:42.351 NotebookApp]

    To access the notebook, open this file in a browser:
        file:///C:/Users/lenovo/AppData/Roaming/jupyter/runtime/nbserver-10160-open.html
    Or copy and paste one of these URLs:
        http://localhost:8888/?token=7e9ea35ebeef9ec91866a7b7b7b4879cf1e2c3a30e43e979
     or http://127.0.0.1:8888/?token=7e9ea35ebeef9ec91866a7b7b7b4879cf1e2c3a30e43e979
```

图 2-8　启动 Jupyter Notebook

保持 Jupyter Notebook 在命令提示符窗口运行，同时它会自动打开默认浏览器，网址为 http://localhost:8888/tree。如果浏览器因为某些原因无法打开，就需要复制这个 URL 到浏览器地址栏中，手动打开相应网址，Jupyter Notebook 主页如图 2-9 所示。

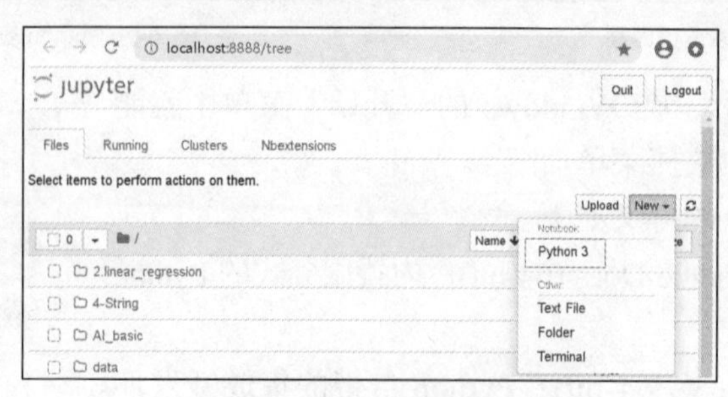

图 2-9　Jupyter Notebook 主页

单击下拉按钮“New”，在出现的下拉列表中选择需要创建的文件类型和一个 Terminal 虚拟终端，包括“Text File”纯文本类型、“Folder”文件夹和“Python 3”运行脚本 3 种文件类型。至此，整个开发环境搭建完毕，用户可以利用 Jupyter Notebook 这个工具披荆斩棘，开启人工智能学习之旅。

2.2.3 浅尝 Python

利用 Jupyter Notebook 这个集成开发学习环境就可以小试牛刀，体验一下 Python 的开发魅力。由于 Python 是一种脚本语言，因此首先在 Jupyter Notebook 中编写 Python 脚本源程序，然后调用 Python 解释器解释执行源程序，最后得到执行结果。下面，以计算三角形的面积为例，具体介绍在 Jupyter Notebook 环境下，如何编写和运行 Python 源程序。

【引例 2-1】用 Jupyter Notebook 编写一个 Python 源程序，计算三角形的面积。

引例 2-1

（1）引例描述

输入三角形的 3 条边，用海伦公式计算由这 3 条边构成的三角形的面积。

（2）引例分析

首先用 3 个变量保存从键盘输入的 3 条边的值，然后按下列海伦公式计算三角形面积，将其保存到变量 s 中，最后输出变量 s 的值，即完成任务。

$$s=\sqrt{e(e-a)(e-b)(e-c)}\text{，其中 }e=\frac{a+b+c}{2}$$

（3）引例实现

① 新建一个脚本源程序。在 Jupyter Notebook 主页新建一个文件夹 chapter2，然后打开该文件夹，在其中新建一个名为 case2-1 的 Python 3 脚本源程序，如图 2-10 所示。

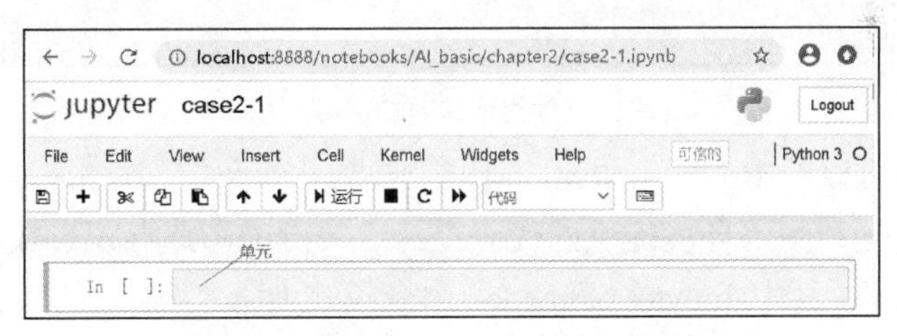

图 2-10 新建名为 case2-1 的脚本源程序

② 编写源代码。在图 2-10 所示的单元中，编写如下源代码。

```
1  #example2-1
2  '''
3  计算三角形的面积
4  '''
5  import math
6  a=eval(input("输入三角形 a 边长:"))
7  b=eval(input("输入三角形 b 边长:"))
8  c=eval(input("输入三角形 c 边长:"))
9  if a+b<=c or a+c<=b or b+c<=a:
```

```
10          print("3 条边不构成三角形")
11  else:
12        e=(a+b+c)/2
13        s=math.sqrt(e*(e-a)*(e-b)*(e-c))
14        print('该三角形的面积 S={:.2f}'.format(s))
```

上述源代码中：代码行 1 的“#”为单行注释符；代码行 2～4 的三引号“'''”及文字表示多行注释；代码行 5 表示导入 math 模块，以便后面调用方法 sqrt 来计算平方根；eval 是类型转换方法，将键盘输入的字符串转换成数值类型；if…else 是分支语句，来判断 *a*、*b*、*c* 这 3 个数是否构成三角形，如果构成三角形，则在代码行 13 计算其面积 *s*；最后调用方法 print 按字符串格式输出计算结果，print 方法中的{:.2f}是格式占位符，表示按保留 2 位小数的浮点数格式输出面积 *s*。

③ 运行源程序。按“Ctrl+Enter”组合键，或单击上方的“运行”按钮来运行该源程序。按提示输入 3 条边的值，运行结果如图 2-11 所示。

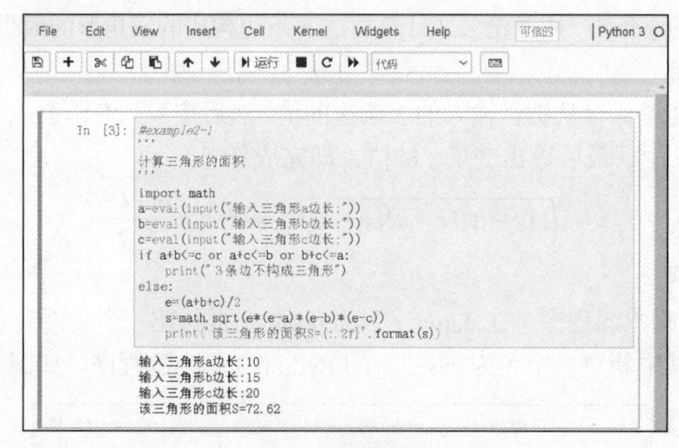

图 2-11　运行结果

由上述源程序可以看出，学习 Python 比较容易，上手快。在 Jupyter Notebook 环境下编写源程序，能充分利用该环境提供的代码提示、关键词彩色标识、快捷键和程序调试等功能，提高编程效率。其中 Jupyter Notebook 命令模式（命令模式下单元框线是蓝色的，按“Esc”键可切换命令模式或编辑模式）和编辑模式（编辑模式下单元框线是绿色的）下常用的快捷键及其功能分别如表 2-1 和表 2-2 所示。

表 2-1　Jupyter Notebook 命令模式下常用的快捷键及其功能

快捷键	功能
A	在上方插入新的单元
B	在下方插入新的单元
D（双击）	删除选中单元
Z	撤销已删除的单元
Shift+↑或者↓	选中多个单元
Shift+M	合并选中单元

表 2-2 Jupyter Notebook 编辑模式下常用的快捷键及其功能

快捷键	功能
Ctrl+Home	跳到单元的开始位置
Ctrl+S	文件存盘
Ctrl+Enter	运行本单元
Shift+Enter	运行本单元，并在下方插入一个新的单元

2.3 Python 编程基础

掌握计算机语言的基本语法格式和程序结构是编写源代码的基本要求。下面就从变量、分支结构、循环结构和组合数据类型 4 个方面来了解 Python 的编程基础。

2.3.1 变量

变量是编程的起点，程序需要将数据存储到变量中，变量是计算机内存的存储位置的表示，也叫内存变量。变量用标识符来命名，也就是每个变量都有自己的名字，但命名变量的时候不能让变量名字与 Python 保留的关键字冲突，关键字是 Python 中有特殊用途的某些单词。在 Jupyter Notebook（后文所有的运行环境中没有特别说明的，均指 Jupyter Notebook）中按图 2-12 所示运行相应代码，可显示 Python 的关键字。

```
help('keywords')

Here is a list of the Python keywords.  Enter any keyword to get more help.

False               class               from                or
None                continue            global              pass
True                def                 if                  raise
and                 del                 import              return
as                  elif                in                  try
assert              else                is                  while
async               except              lambda              with
await               finally             nonlocal            yield
break               for                 not
```

图 2-12 Python 的关键字

变量在命名时遵循以下规则。

（1）变量所使用的标识符可以由字母、数字和下画线“_”组成，但不能以数字开头。

（2）标识符严格区分大小写，没有长度限制。

（3）变量名要符合“见名知意”的原则，以提高代码的可读性。

变量在 Python 内部是有类型的，如 int、float、str 等类型，但是在编程时无需关注变量类型，所有的变量都无须提前声明，赋值后就能使用。另外，可以将不同类型的数据赋值给同一个变量，所以变量的类型是可以随时改变的，可以用函数 type 来查看变量的类型。

2.3.2 分支结构

程序是由若干语句构成的，其目的是实现一定的计算或处理功能。程序在执行过程中，会按照顺序从开始位置依次执行，但碰到条件控制语句时，会选择不同的分支结构执行。分支结构的执行流程如图 2-13 所示。

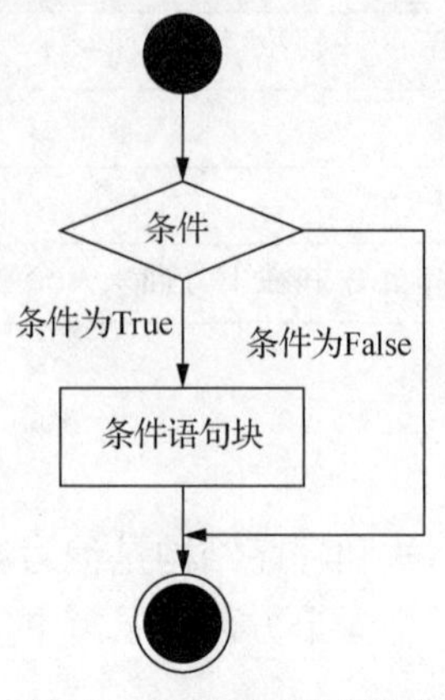

图 2-13　分支结构的执行流程

如果条件为 True，则执行条件语句块；否则，会绕过条件语句块，执行其他语句。

在 Python 中，使用以下语法来表示分支结构。

```
if condition_1:
    statement_block_1
elif condition_2:
    statement_block_2
else:
    statement_block_3
```

注意：

（1）每个条件后面都要使用英文冒号“:”，表示接下来是满足条件后要执行的条件语句块。

（2）使用缩进来划分条件语句块，相同缩进数的语句在一起组成条件语句块。

（3）elif 分支可以有多条。如果只有 if 语句，则称其为单分支结构；如果有其他情况，则称其为多分支结构。

引例 2-2

【引例 2-2】判断狗对应于人类的年龄。

（1）引例描述

输入狗的实际年龄，按下列公式计算狗对应于人类的年龄。

$$y=\begin{cases}14 & (x=1)\\ 22+5(x-2) & (x\geqslant 2)\end{cases}$$

上式中 x 表示狗的实际年龄，y 表示狗对应于人类的年龄。

（2）引例分析

使用 3 个分支对应狗的实际年龄的 3 种情况：狗的年龄小于等于 0，或者等于 1，或者大于 1。然后根据上述公式计算狗对应于人类的年龄。

（3）引例实现

实现的代码如下。

```
1  age = int(input("请输入你家狗狗的年龄: "))
2  if age <= 0:
3      print("你是在逗我吧!")
4  elif age == 1:
5      print("相当于 14 岁的人。")
6  else:
7      human = 22 + (age -2)*5
8      print("对应于人类的年龄: ", human)
```

执行上述代码，输入狗的实际年龄，运行结果如图 2-14所示。

```
age = int(input("请输入你家狗狗的年龄: "))
if age <= 0:
    print("你是在逗我吧! ")
elif age == 1:
    print("相当于 14 岁的人。")
else:
    human = 22 + (age -2)*5
    print("对应于人类的年龄: ", human)

请输入你家狗狗的年龄: 5
对应于人类的年龄:  37
```

图 2-14　运行结果

可以尝试输入不同的狗的实际年龄，来了解其对应于人类的年龄，从而验证不同分支是否都可以执行。如果想多次反复计算不同狗的实际年龄对应于人类的年龄，那又该如何实现呢？这时要用到下面的循环结构。

2.3.3　循环结构

循环结构是程序中一种常见的结构，它是指在一定条件下，反复执行某段程序代码的控制结构。反复执行的程序代码称为循环体。Python 的循环结构包括 while 循环和 for 循环两种类型。

1. while 循环

while 循环的执行流程如图 2-15 所示。

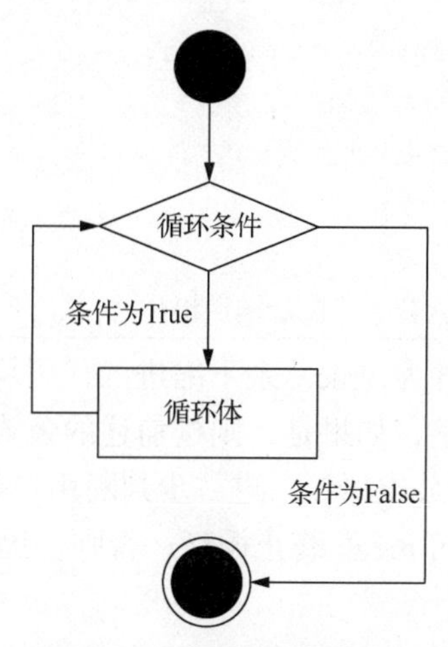

图 2-15　while 循环的执行流程

由此可见，while 循环先判断循环条件是否成立。如果循环为 True，则执行循环体，循环体执行完毕后再转向循环条件，计算并判断是否继续循环；如果循环条件为 False，则执行 while 语句后面循环体外的语句。

while 循环的一般语法格式如下。

```
while 循环条件(condition):
    执行语句(statements)…
```

【引例 2-3】多次反复计算狗对应于人类的年龄。

（1）引例描述

多次反复计算不同狗的年龄对应于人类的年龄，直到用户按“Q”键退出。

引例 2-3

（2）引例分析

在【引例 2-2】的基础上，将相应代码作为循环体来使用，如果用户输入的是数字，则计算狗对应于人类的年龄；如果输入的是“Q”键，则退出程序；如果出现其他情况则提示用户“请输入数字，按 Q 键退出！”。

（3）引例实现

实现的代码如下。

```
1   while True:
2       age=input("请输入你家狗狗的年龄: ")
3       if age.isdecimal():
4           age=int(age)
5           if age <= 0:
6               print("你是在逗我吧!")
7           elif age == 1:
8               print("相当于 14 岁的人。")
9           else:
10              human = 22 + (age -2)*5
11  print("对应于人类的年龄: ", human)
12      elif age.upper()=='Q':
13          print('计算结束! ')
14          break
15      else:
16          print('请输入数字，按 Q 键退出! ')
```

代码行 1 的代码的循环条件为 True，余下缩进的代码均为循环体。代码行 3 的代码判断从键盘输入的年龄是否为数字，如果是，则按前述的公式计算狗对应于人类的年龄；如果非数字，则执行代码行 12 的分支语句，进一步判断用户是否按下“Q”键；如果是，就输出“计算结束!”，并通过语句 break 终止循环；否则，提示用户“请输入数字，按 Q 键退出!”，继续进入下一次循环。

2. for 循环

for 循环是 Python 中更常用的一种循环。因为在人工智能的数据处理方面，这些数据往往是以序列、数组或矩阵的形式存放的，数据本身的结构、大小是有规律的，所以往往采用 for 循环来遍历数据集合中的元素。for 循环的执行流程如图 2-16 所示。

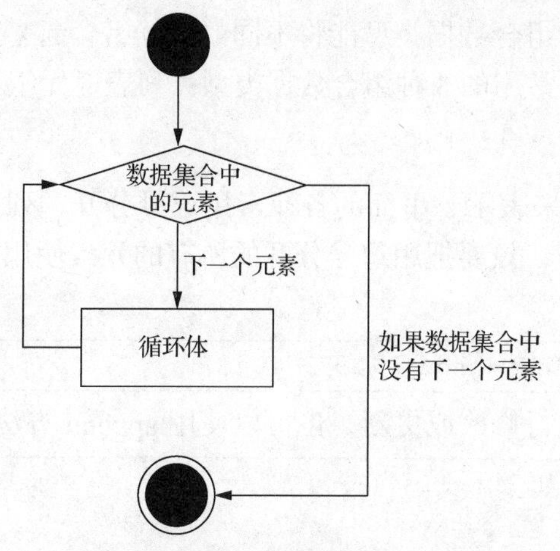

图 2-16 for 循环的执行流程

for 循环的语法格式如下。

```
for <variable> in <sequence>:
    <statements>
```

【引例 2-4】计算 1+2+3+…+100 之和。

（1）引例描述

从 1 开始累加，计算 1～100 所有整数之和。

（2）引例分析

首先要产生一个 1,2,…,100 的整数序列，然后通过 for 循环依次取出每一个元素，将它们累加起来，最后输出累加结果。

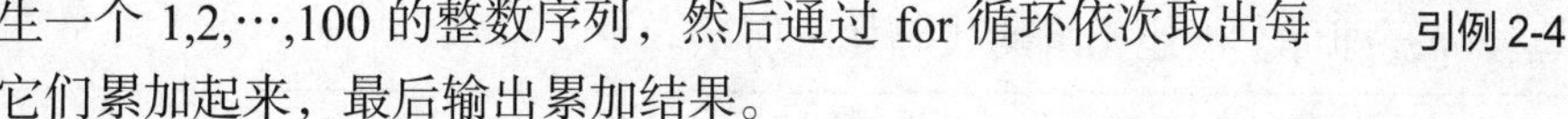

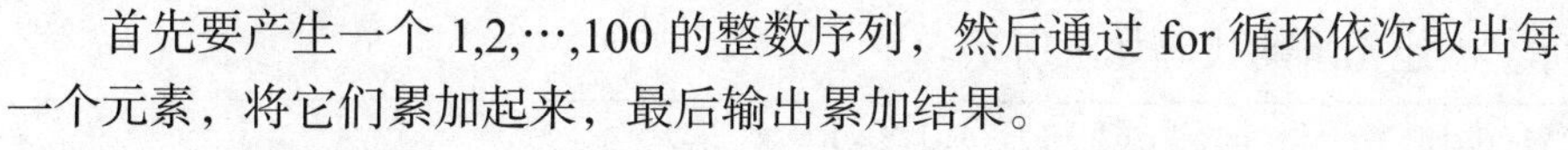

引例 2-4

（3）引例实现

实现的代码如下。

```
1   sum=0
2   for i in range(101):
3       sum+=i
4   print('1～100 的累加和=',sum)
```

代码的执行结果如图 2-17 所示。

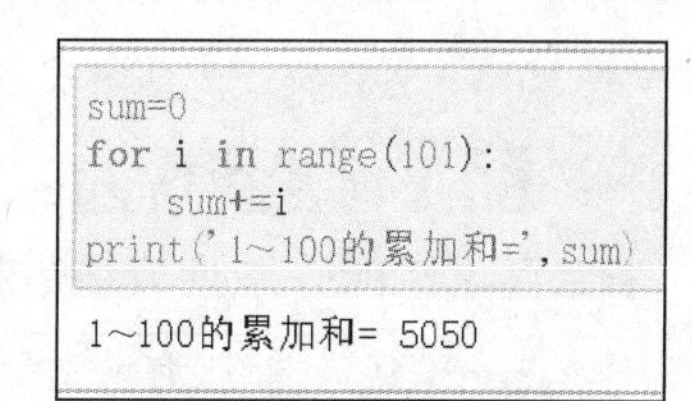

图 2-17 代码的执行结果

可见 for 循环提供了一种简便的提取序列元素的方法。在遍历元素的过程中，不需要考虑循环条件，甚至不需要理解元素是如何取出的，当所有元素遍历结束后，它会自动结束循环，所以相对于 while 循环，for 循环更简单、有效。代码行 2 中的函数 range 是 Python 的一个内置函数，其参数为 n，用于创建一个整数列表，列表的元素默认从 0 开始，到 n-1 结束。

2.3.4 组合数据类型

Python 除了具有整数、浮点数等基本的数据类型外，还提供了列表、元组、字典和集合等组合数据类型。通过组合数据类型能将不同的数据组合起来，实现更复杂的数据表示和数据功能。下面了解最常用的 3 种组合数据类型：列表、元组和字典。

1. 列表

列表用方括号“[]”来表示，里面的各元素用逗号分开，列表的各元素可以是不同的数据类型。创建一个列表，只要把用逗号分开的所有的元素使用方括号括起来即可，如下所示。

```
list1 = ['百度', 'nanjing', 1997, 20.57]
```

可以对列表的元素进行修改或更新，也可以使用 append 方法来添加元素，如下所示。

```
print ("第 3 个元素为: ", list1[2])
list1[1] = '南京'    #更新第 2 个元素
list1.append('中国')     #增加一个新的元素
```

操作后的列表 list1 的内容如图 2-18 所示。

```
['百度', '南京', 1997, 20.57, '中国']
```

图 2-18 列表 list1 的内容

2. 元组

Python 的元组与列表类似，不同之处在于元组的元素不能修改，可以把它看作特殊的列表。元组使用圆括号“()”表示。创建元组很简单，只需要在圆括号中添加元素，并使用逗号隔开即可。创建元组的代码如下所示。

```
tup1 = ('百度', 'nanjing', 1997, 20.57)
```

虽然元组中的元素是不被允许修改的，但可以对元组进行连接组合，如下面代码所示。

```
tup2 = ('华为', '5G 技术')
tup=tup1+tup2
```

连接组合后 tup 的内容如图 2-19 所示。

```
('百度', 'nanjing', 1997, 20.57, '华为', '5G技术')
```

图 2-19 连接组合后 tup 的内容

无论是列表还是元组，都可以看作保存混合数据的容器。例如，可以利用下面的形式来保存学生的一系列成绩数据。

```
records=[['张海',68,89,91],['李慧',67,80,88],['王霞',78,89,82]]
```

每一条学生的成绩数据用一个列表来表示，也就是列表的元素可以是列表，同样，列表的元素也可以是元组。用列表形式保存学生成绩数据，如图 2-20 所示。

```
[['张海', 68, 89, 91], ['李慧', 67, 80, 88], ['王霞', 78, 89, 82]]
```

图 2-20 用列表形式保存学生成绩数据

可见，用上述形式的列表可以保存样本集数据，列表的一个元素就是一个样本的特征值，这就是序列类型变量在人工智能数据处理方面频繁出现的原因。

3. 字典

字典是另一种可变容器模型，可存储任意类型的对象，它可以看作由键值对构成的列表。字典的每个键与值用冒号“:”分隔，每个键值对之间用逗号分隔，整个字典包括在花括号“{}”中，一个简单的字典实例如下所示。

```
dict = {'张海':['男',18,'南京'],'李慧':[ '女',21,'武汉'],'王霞':[ '女',19,'苏州']}
```

在该字典中，用姓名作为字典的键，要保证姓名是唯一的，如果姓名不唯一，可以使用学生的学号作为键，总之要保证字典里的键是唯一的。

在搜索字典时，首先查找键，键找到后就可以直接获取该键对应的值，这是一种高效、实用的查找方法。例如，要找字典 dict 中李慧的个人信息，代码及执行结果如图 2-21 所示。

修改和添加字典可以通过如下形式的代码来完成。

```
dict['张海'] = ['男',20,'上海']  # 更新字典值
dict['方佳'] = ['女',18,'广州']  # 添加键值对
```

更新后的字典 dict 的内容如图 2-22 所示。

```
dict['李慧']
['女', 21, '武汉']
```

图 2-21 代码及执行结果

```
dict
{'张海': ['男', 20, '上海'],
 '李慧': ['女', 21, '武汉'],
 '王霞': ['女', 19, '苏州'],
 '方佳': ['女', 18, '广州']}
```

图 2-22 更新后的字典 dict 的内容

字典在使用过程中，要注意以下几点。

（1）字典中不允许同一个键出现两次。创建字典时，如果同一个键被赋值两次，只保留后一个值。

（2）字典的键必须不可变，键可以用数字、字符串或元组来充当，但用列表就不行。

2.4 NumPy 基础应用

人工智能的应用，离不开大量数值计算，NumPy 是 Python 的一个扩展库，支持大量的维度数组与矩阵运算，此外也针对数组运算提供大量的数学函数库，与 pandas、Matplotlib 并称数据分析“三剑客”。正是这些扩展库的存在和发展，不断推动着人工智能应用的持续开发和进步。

2.4.1 求解三元一次方程

Python 作为机器学习和深度学习的主流编程语言，为人工智能具体应用提供了丰富的库函数，也就是很多第三方库的支持。NumPy 是专用于科学计算和数据分析的基础的库，其中包含了大量的工具，可以实现矩阵运算、求特征值、解线性方程、向量乘积和归一化

计算等功能，这些功能为图像分类、数据聚类等人工智能基础应用提供了计算基础。

NumPy 不是 Python 内置的第三方库，要通过下列方式安装后才可以使用。进入“命令提示符”窗口，使用 Python 自带的用于安装第三方库的 pip3 工具，执行以下命令。

```
pip3 list
```

该命令列出当前系统中已经安装的第三方库，执行结果如图 2-23 所示。

如果结果列表中没有找到 NumPy，说明它还没有安装，需要继续执行以下命令。

```
pip3 install numpy
```

执行命令后，就能从网络上自动下载相关文件并安装 NumPy 到系统中，安装过程如图 2-24 所示。

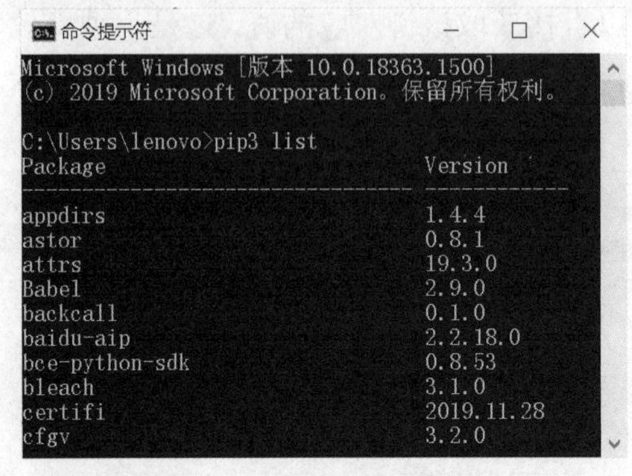

图 2-23 pip3 list 命令执行结果

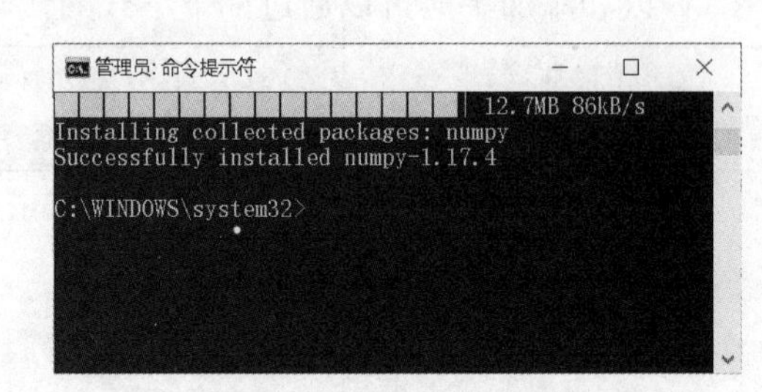

图 2-24 NumPy 的安装过程

安装完成后，就可以领略一下 NumPy 的功能。

引例 2-5

【引例 2-5】利用 NumPy 库求解下列三元一次方程组。

（1）引例描述

求解下列三元一次方程组。

$$\begin{cases} x+2y+z=7 \\ 2x-y+3z=7 \\ 3x+y+2z=18 \end{cases}$$

（2）引例分析

首先按 x、y、z 的次序将各未知变量的系数排成一个 3×3 的矩阵，同时将方程中对应的常数项也排成一个 1×3 的矩阵，如图 2-25 所示。

```
[[ 1  2  1]
 [ 2 -1  3]——系数矩阵
 [ 3  1  2]]

[ 7  7 18]—— 常数矩阵
```

图 2-25 矩阵样式

然后利用 NumPy 库中的 linalg 模块就可以求解该三元一次方程组。

（3）引例实现

实现的代码如下。

```
1   import numpy as np
2   A=np.mat([[1,2,1],[2,-1,3],[3,1,2]])
3   b=np.array([7,7,18])
4   x=np.linalg.solve(A,b)
```

```
5   print(x)
```

上述代码中，代码行 1 中的 np 是导入库 NumPy 的一个别名，代码行 2 利用 np 中的函数 mat 生成一个二维矩阵 ***A***，代码行 3 的代码表示利用函数 array 生成一个一维数组 b，代码行 4 的代码表示调用 linalg 模块中的 solve 函数求解三元一次方程组。

执行上述代码，求解结果如图 2-26 所示。

读者可以将 x=7、y=1、z=−2 的值分别代回原方程组，以验证结果是否正确，或执行以下命令。

```
np.dot(A,x)
```

执行结果如图 2-27 所示。观察该执行结果是否与常数项数组 b 一致。

```
[ 7.  1.  -2.]
```

图 2-26 三元一次方程组求解结果

```
np.dot(A, x)
matrix([[ 7.,  7., 18.]])
```

图 2-27 矩阵乘积运算结果

2.4.2 数组计算

数组是 NumPy 中最基础的数据结构，N 维数组对象是 ndarray，它是一系列同类型元素的集合，以 0 开始表示集合中元素的索引。ndarray 是用于存放同类型元素的多维数组，类似于一个用来存放元素的多行多列表格。数组在人工智能的数据处理方面得到了广泛的应用。例如，在深度学习中，神经元之间的连接关系往往采用数组形式的参数来表示，还有对大数据的统计分析，也常常采用数组特性进行排序、去重和统计计算等。使用 NumPy 提供的数组操作，比使用常规的 Python 数组操作有更高的效率和更简洁的编程代码。

【引例 2-6】统计鸢尾花花萼长度的最大值、最小值、平均值、标准差、方差等。

引例 2-6

（1）引例描述

利用机器学习中常用的鸢尾花植物数据集 iris 来统计花萼长度的最大值、最小值、平均值、标准差和方差。

（2）引例分析

首先利用 NumPy 从数据集文件 iris.csv 中读取数据，提取花萼长度数据，然后对花萼长度数据进行统计计算。

（3）引例实现

实现的代码如下。

```
1   import numpy as np
2   iris_data=np.loadtxt("./data/iris.csv",delimiter=",",skiprows=1)
3   print(type(iris_data))
4   print(iris_data.shape)
5   print('花萼长度的最大值:',np.max(iris_data[:,1]))
6   print('花萼长度的最小值:',np.min(iris_data[:,1]))
```

```
7  print('花萼长度的平均值:',np.mean(iris_data[:,1]))
8  print('花萼长度的标准差:',np.std(iris_data[:,1]))
9  print('花萼长度的方差:',np.var(iris_data[:,1]))
```

上述代码中，代码行 2 中的函数 loadtxt 用于加载文件，文件中数据项采用逗号分隔，参数 skiprows=1 指定跳过第一行数据。代码行 3 中的 type 函数用于检查数据对象的类型。代码行 4 中的 shape 函数返回数据对象 iris_data 的大小，后面的代码依次调用 np 的相关函数统计花萼长度的特征数据。

执行上述代码，结果如图 2-28 所示。

```
<class 'numpy.ndarray'>
(150, 5)
花萼长度的最大值: 4.4
花萼长度的最小值: 2.0
花萼长度的平均值: 3.0573333333333337
花萼长度的标准差: 0.434410967735494б
花萼长度的方差: 0.1887128888888889
```

图 2-28　花萼长度的统计结果

由统计结果可以看到，数据对象 iris_data 是一个多维数组类型，大小为 150 行×5 列。根据统计的特征数据，可以进一步对特征数据进行分析和可视化处理，得出一些重要的结论，如对鸢尾花特征数据进行分类统计可能会发现一些新的品种等，后文将对这些内容做专题讨论。

2.4.3　向量化处理

在第 1 章谈到，深度学习是人工智能的一个重要研究方向。在深度学习过程中，需要对原始的数据进行逐层特征变换，此过程常常面临大量的向量和矩阵计算，就是将高度复杂的计算转化成相对简单的向量乘积的计算。显然，当数据量巨大时，如果采用传统的计算方法势必浪费大量计算时间，而利用 NumPy 提供的向量化处理方法则能减少计算耗时。

数据集 iris 中一组萼片的长度和宽度、花瓣的长度和宽度可以分别用 x_1、x_2、x_3、x_4 表示，第一组数据记为 5.1、3.5、1.4、0.2。为了方便对数据快速处理和使用，Python 把类似的数据视作一个整体放在“{}”中，记为 $\{x_1, x_2, \cdots, x_{n-1}, x_n\}$，这组数据在数学上被称为向量（vector）。NumPy 对向量操作做了算法上甚至硬件级别的优化，接下来的引例能展示其在计算速度上的优势。

引例 2-7

【引例 2-7】用向量化和非向量化这两种不同方法计算房屋单价。

（1）引例描述

house_data 是某城市房屋的面积和售价的数据集，请分别用传统遍历方法（非向量化方法）和向量化方法计算房屋的单价（万元/平方米），并对比计算用时的差距。

（2）引例分析

首先将数据集导入 Python 数组 house_data 中，将 house_data 的第一列、第二列数据分别存到数组 vec1、vec2 中，分别用传统遍历和向量化的方法计算房屋单价，用 time.time 函数统计计算用时，最后输出计算用时，对比两种方法的计算效率。

（3）引例实现

先用如下代码读入房屋数据。

```
1  import numpy as np
2  import time
3  house_data=np.loadtxt("./data/house_data.txt",delimiter=",")
4  vec1=house_data[:,0]
5  vec2=house_data[:,1]
```

代码行 2 导入时间包，代码行 4 和代码行 5 将所有行的第一列、第二列数据分别保存到数组 vec1、vec2 中，然后分别采用两种方法计算所有房屋的单价。

① 采用非向量化方法计算。

实现的代码如下。

```
1  t_start=time.time()
2  vec3=np.zeros(len(vec1))
3  for i in range(len(vec1)):
4      vec3[i]=vec2[i]/vec1[i]
5  t_end=time.time()
6  print("非向量化耗时:"+str((t_end-t_start)*1000000)+"微秒")
```

代码行 1 和代码行 5 记下开始和结束的时间，代码行 2 用 zeros 函数产生初始值为 0 的指定数量元素的一维向量（数组），代码行 3 和代码行 4 采用传统遍历方法逐个计算每套房屋的单价。

② 采用向量化方法计算。

实现的代码如下。

```
1  t_start=time.time()
2  v3=vec2/vec1
3  t_end=time.time()
4  print("向量化耗时:"+str((t_end-t_start)*1000000)+"微秒")
```

代码行 2 直接采用向量除法来计算房屋的面积，可以看出，该方法在代码量上要少得多，那效率如何呢？两种计算方法的耗时结果对比如图 2-29 所示。

```
非向量化耗时:997.0664978027344微秒    向量化耗时:0.0微秒
```

图 2-29　两种计算方法的耗时结果对比

观察计算结果可以看出，对含有 870 个房屋数据的数据集进行计算，向量化方法的耗时明显要少于非向量化方法的耗时，前者的效率比后者高几百倍以上。如果待计算数据集中的数据不是几百条，而是上百万条，这种效率的差距可能将更加明显。所以，在海量数据的人工智能计算方面，如长时间的深度学习训练中，采用向量化计算能显著提升程序的执行效率，节省宝贵的计算时间。

2.5 Matplotlib 基础应用

Matplotlib 是一个 Python 2D 绘图库，它能以多种硬复制格式和跨平台的交互式环境生成高质量的图形。Matplotlib 尝试使容易的事情变得更容易，使困难的事情变得简单。Matplotlib 只需几行代码就可以生成图表、直方图、功率谱、条形图、误差图、散点图等，为大数据的可视化和人工智能的图形化分析提供大量绘图函数。下面就来一睹它的风采。

2.5.1 绘制直方图

Python 的第三方库 Matplotlib 提供了丰富的绘图功能，在正式绘图之前，需要在 cmd 命令窗口中执行如下命令来安装 Matplotlib。

```
pip3 installmatplotlib
```

安装完 Matplotlib 后，就可以在 Jupyter Notebook 中使用它强大的绘图功能进行数据的可视化处理了。在数据的可视化处理过程中，要根据具体的数据可视化分析要求，选用不同的绘图函数来分析数据特征值间的关系、查看变量的变化趋势、了解数据的整体分布情况等，去真正读懂数据，为数据深度分析和数据决策提供图形化的信息。下面就以绘制直方图为例，来进一步了解此类图形能带来哪些数据解读信息。

引例 2-8

【引例 2-8】用直方图描述 2017 年～2018 年各季度第一产业的 GDP 情况。

（1）引例描述

第一产业的 GDP 保存在 GDP.csv 文件中，用 Matplotlib 绘制第一产业 GDP 的直方图，并进行对比分析。

（2）引例分析

首先利用 NumPy 将文件数据读入二维数组，作为绘图函数的数据源使用，然后用 Matplotlib 的直方图绘图函数 bar 将数组中第一产业的数据以柱状图形式进行展现。

（3）引例实现

实现的代码如下。

```
1  import numpy as np
2  import matplotlib.pyplot as plt
3  plt.rcParams['font.family'] = 'SimHei'   # 将全局的字体设置为黑体
4  GDP_data=np.loadtxt("./data/GDP.csv",delimiter=",",skiprows=1)
5  quarter=GDP_data[8:16,0].astype(int)
6  plt.bar(height=GDP_data[8:16,1],x=range(len(GDP_data[8:16,1])),
   label='第一产业 GDP',tick_label=quarter)
7  plt.legend()
8  plt.show()
```

代码行 3 将全局的字体设置为黑体；代码行 5 将数组值转换成整数；代码行 6 绘制柱状图，其高度用参数 height 来指定，即二维数组中第一列的值，柱状图 x 轴坐标用第一产业的数据所处季度表示，参数 label 是图例标签，参数 tick_label 是 x 轴标签。代码行 7 显示图例，代码行 8 显示图形。

第一产业各季度 GDP 数据示意图如图 2-30 所示。

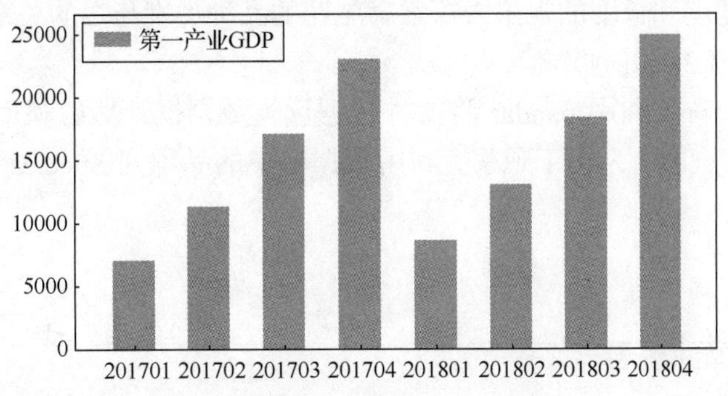

图 2-30　第一产业各季度 GDP 数据示意图

由图 2-30 可以直观地看出，在 8 个季度中，2018 年第 4 季度的 GDP 值最大，最小值出现在 2017 年的第 1 季度，最大 GDP 约是最小 GDP 的 3 倍。另外，每年 4 个季度的 GDP 都呈现出不断上升的趋势，且不同年份对应的各季度的 GDP 也同样呈现出上升的趋势。由此可见，通过图形的方式对数据进行可视化处理，能直观解读数据的变化趋势，为数据统计和分析提供一种便捷手段。

2.5.2　绘制散点图

散点图利用一系列的散点将两个变量的联合分布情况描绘出来，可以从图形分布中推断一些信息，如两个变量间是否存在某种有意义的关系。散点图是统计分析中常用的一种手段，特别是在分类统计图形中，它可以算得上是“中流砥柱”。当数据以恰当的方式在散点图中展示出来时，就可以非常直观地观察到某些趋势或者模式，也就可以揭示变量之间的关系。下面，以鸢尾花数据集为例，利用 seaborn 库的散点图尝试揭示鸢尾花花瓣的宽度和长度之间的关系。

seaborn 在 Matplotlib 的基础上进行了更简便的封装，从而方便直接传参数调用绘图功能，能绘制出更加引人注意的图表，并有助于更好地分析数据。seaborn 官网主页如图 2-31 所示。

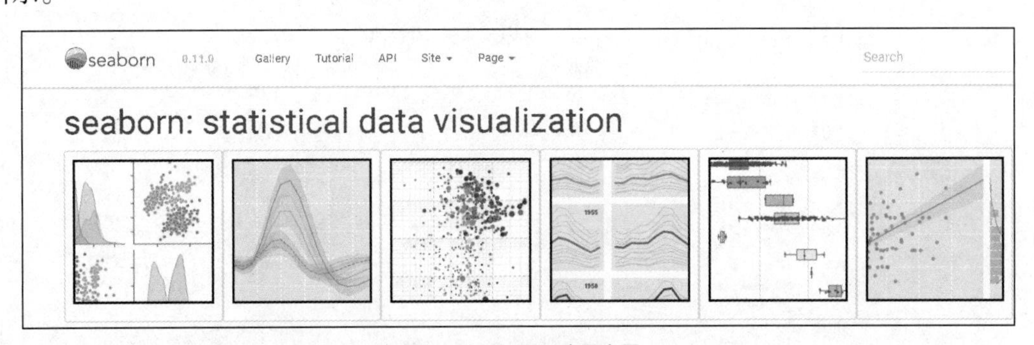

图 2-31　seaborn 官网主页

使用 pip3 install seaborn 命令安装完 seaborn 后才能使用其绘图功能。

引例 2-9

【引例 2-9】用散点图分析鸢尾花花瓣的宽度和长度之间的关系。

（1）引例描述

鸢尾花有关花瓣和花蕊的数据保存在 iris.csv 文件中，这里试图从花瓣的宽度和长度的视角去探索鸢尾花的品种类别与之的关系。

（2）引例分析

首先利用 pandas 将文件数据读入数据框，然后利用 seaborn 的关系图函数 relplot 绘制散点图。为便于观察，利用数据框中的品种列 Species 来区分颜色和散点样式。

（3）引例实现

实现的代码如下。

```
1  import pandas as pd
2  import matplotlib.pyplot as plt
3  import seaborn as sns
4  iris=pd.read_csv("./data/iris.csv")
5  sns.set(style="whitegrid",font="simhei",font_scale=0.9)
6  sns.relplot(x="Petal.Length", y="Petal.Width", hue="Species",
   palette=["r","b","g"],style="Species", data=iris);
7  plt.show()
```

代码行 1 中的 pandas 是人工智能学习中处理数据的高效工具，pandas 是基于 NumPy 创建的，它纳入了大量库和一些标准的数据模型，提供了高效操作大型数据集所需的工具，关于它的更详细的使用方法，将在后文中深入学习。以上代码中，relplot 函数的参数 hue 和 style 分别表示使用不同的颜色和样式区分 Species 维的数据，以便观察不同品种鸢尾花的花瓣维度的分布情况。不同种类鸢尾花花瓣的宽度和长度之间的关系如图 2-32 所示。

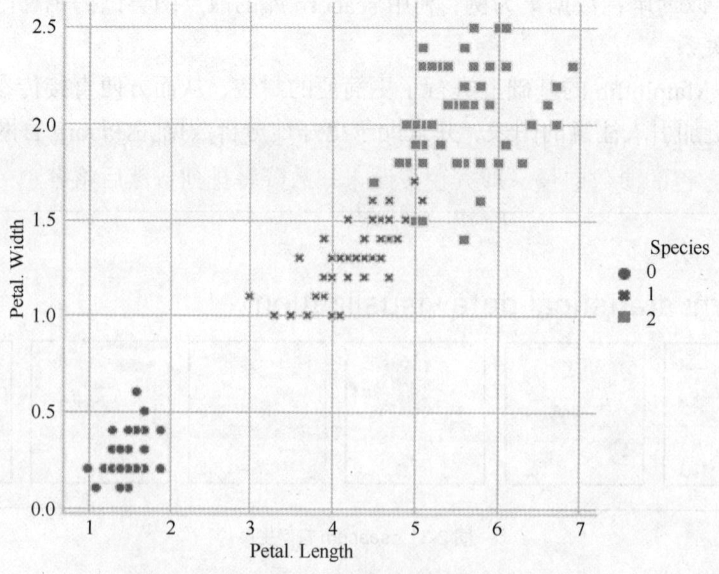

图 2-32　不同种类鸢尾花花瓣的宽度和长度之间的关系

由图 2-32 不难看出，鸢尾花的花瓣宽度和长度之间有很强的相关性，3 个不同种类的鸢尾花的散点图分布在不同的区域，由此可以推断：可尝试利用鸢尾花花瓣的宽度和长度的散点位置来判定某朵鸢尾花是属于{0,1,2}中的哪一种。因此，根据实际情况合理使用 seaborn 提供的各种图形，能够绘制出各种有吸引力的统计图表，方便用户直观了解统计数据或发现数据背后隐藏的规律。

2.6 案例 1——求解一元二次方程

2.6.1 提出问题

一些增长率问题、病毒传播问题、图形面积问题和降价增件的销售利润问题等，都可以通过求解一元二次方程的方法来解决。Python 作为一种面向数据处理和人工智能的语言，在这方面有独特的优势吗？能否通过简洁的编程语句实现方程求解呢？答案无疑是肯定的。

2.6.2 解决方案

一元二次方程求根的方法通常可表示为下列公式。

$$x_1, x_2 = -b \pm \frac{\sqrt{b^2 - 4ac}}{2a}$$

上式中 a、b、c 分别是 x^2、x^1、x^0 的系数，可以据此来编程计算方程的根，但此方法编程量相对较大，对编程新手而言实现起来有一定难度。因此，运用 Python 封装好的方程求解函数，能轻松解决此类问题，解决方案的流程如图 2-33 所示。

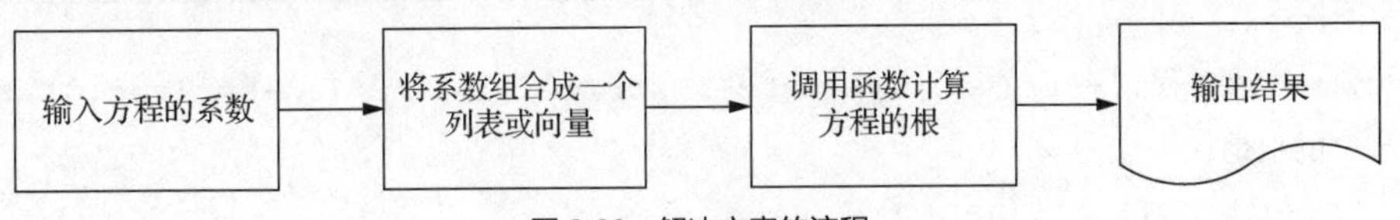

图 2-33 解决方案的流程

2.6.3 预备知识

NumPy 的函数 roots 用来求方程的根（复数根或实数根都可以）或函数的零解，其参数是一个定义方程的参数向量，即方程按照未知数降幂排列，然后将各项的系数依次填入一个向量，该向量作为参数输入函数 root，就可以返回方程的解。

如果方程有实数根，函数返回一个一维数据，里面的元素均是方程的根。如果方程没有实数根，则返回 $a+bj$ 形式的复数根。

2.6.4 任务 1——从键盘输入方程的系数

【任务描述】求解一个一元二次方程，根据前面的解决方案和预备知识，按照以下步骤完成任务 1。

2.6 任务 1

【任务目标】按未知数降幂的次序输入方程的系数，并保存起来。

【完成步骤】

按未知数的降幂次序从键盘输入方程的系数，将它们存放在一个列表里，代码如下。

```
1   vec=[]
2   for i in range(2,-1,-1):
3       val=eval(input('请输入 x^'+str(i)+'的系数:'))
4       vec.append(val)
```

代码行 1 定义一个空的列表，代码行 2 从 2 开始循环计数，每次减 1，到 0 结束。代码行 3 接受键盘的输入字符，并将其转换成数值类型赋值给变量 val。代码行 4 将变量 val 添加到列表 vec 中。这样，就得到了一个保存有方程系数的向量 vec。代码执行结果如图 2-34 所示。

```
请输入x^2的系数:2
请输入x^1的系数:-1

请输入x^0的系数: -6
```

图 2-34 代码执行结果

2.6.5 任务 2——调用 roots 函数求解方程

2.6 任务 2

【任务描述】利用 NumPy 提供的科学计算函数 roots 对任务 1 中的一元二次方程求解。

【任务目标】求解指定方程的根，并输出。

【完成步骤】

导入 NumPy，调用库中专门计算方程根的函数 roots，将任务 1 中保存了方程系数的向量 vec 用作函数参数，计算方程的根，然后输出，实现代码如下。

```
1   import numpy as np
2   str1='方程:'+str(vec[0])+'x^2+'+str(vec[1])+'x^1+'+str(vec[0])+
    '的根是:'
3   result=np.roots(vec)
4   print(str1,'',result)
```

代码行 2 构建一个描述方程的字符串，代码行 3 求由向量 vec 构成的方程的解。代码执行结果如图 2-35 所示。

```
方程:2x^2+-1x^1-6的根是:  [ 2.   -1.5]
```

图 2-35 代码执行结果

由此可见，利用 NumPy 提供的函数，能非常方便地计算出方程的根，为问题求解提供简便可靠的方法。

2.7 案例 2——用折线图解读第二产业的 GDP 发展趋势

2.7.1 提出问题

当拿到大量关于 GDP 的数据时，如何从这些表面看起来杂乱无章的数据中解读出一些有价值的信息呢？显然，如果能将这些数据以图形的方式展现出来，如将这些数据以随时间（或另一个变量）而变化的关系在图上绘制出来，将能直观地帮助人们更深入洞悉数据背后可能隐藏的一些有用信息。因此，需要找到一种简单而有效的方法来绘制这样的图形，去了解数据的变化趋势。折线图正是这样一种工具，它能较好地展现均匀分布的一系列数据，并显示数据的变化趋势。

2.7.2 解决方案

由于 GDP 数据保存在 GDP.csv 文件中，因此首先需要利用 pandas 将这些数据读取出来。用 pandas 读取数据非常简单、高效，它返回相当于矩阵类型的数据，但允许数据不限于数值类型，能较好处理 GDP.csv 文件中存在的字符串类型的季度数据。然后将读取的数据框作为绘图函数的数据源，调用 seaborn 的折线图函数绘制出 GDP 数据随季度变化的趋势，即完成数据的图形显示，本案例问题解决方案的流程如图 2-36 所示。

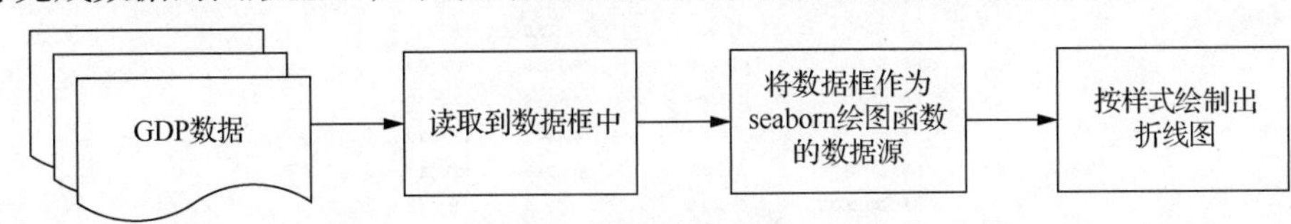

图 2-36 解决方案的流程

2.7.3 预备知识

seaborn 中有大量的绘图函数，其中 relplot 函数用于可视化统计量间的关系，该函数的常用参数如表 2-3 所示。

表 2-3 relplot 函数的常用参数

参数名	含义
x	*x* 轴数据
y	*y* 轴数据
hue	在某一维度上，用颜色区分
style	在某一维度上，用不同形式的线区分，如点线、虚线等
size	控制数据点大小或者线条粗细
col	列上的子图
row	行上的子图
kind	kind='scatter'（默认），图形样式有点图、折线图等
data	数据源

2.7.4 任务 1——读取 GDP 数据并观察数据结构

2.7 任务 1

【任务描述】以图形方式展示近 4 年我国第二产业 GDP 发展趋势，根据前面的解决方案和预备知识，按照以下步骤完成任务 1。

【任务目标】读取文件中的 GDP 数据，并观察数据结构。

【完成步骤】

利用 pandas 来读取 CSV 类型文件数据，将其存放在数据框变量中，代码如下。

```
1  import pandas as pd
2  import matplotlib.pyplot as plt
3  import seaborn as sns
4  GDP_data=pd.read_csv("./data/GDP.csv")
```

代码行 4 中的数据框变量 GDP_data 保存从文件中读取的数据，其内容如图 2-37 所示。

从图 2-37 中可以看出，数据框以类似表格的形式来保存数据，每列的数据类型可以不同，可以通过指定列名的方式来获取整列数据，也可以灵活对部分行、部分列进行切片，获取想要范围内的部分数据，具体方法将在后文进行介绍。

	quarter	primary industry	secondary industry	third industry
0	201804	24934.2	104178.1	124486.4
1	201803	18223.6	93264.7	118007.1
2	201802	13001.8	91441.4	114852.1
3	201801	8574.4	77116.7	112229.0
4	201704	22992.9	95626.6	113729.5
5	201703	17075.8	84758.0	106810.4
6	201702	11344.9	82653.8	103879.0
7	201701	7005.9	69704.3	101493.2
8	201604	21728.2	85792.9	102356.1
9	201603	17542.3	75639.0	96156.3
10	201602	12556.0	73730.7	93592.1
11	201601	8312.7	61385.1	91269.4
12	201504	21376.1	78502.9	91841.8
13	201503	17173.1	71665.3	86965.4
14	201502	11852.2	71147.4	84874.9
15	201501	7373.2	60724.7	82495.9

图 2-37　数据框变量 GDP_data 的内容

2.7.5　任务 2——绘制 GDP 数据的折线图

2.7 任务 2

【任务描述】运用 seaborn 提供的绘图函数绘制 GDP 数据的折线图。

【任务目标】选用 relplot 函数绘制 GDP 数据的折线图，并观察 GDP 发展趋势。

【完成步骤】

使用 seaborn 的 relplot 函数来绘制折线图，具体代码如下。

```
1  sns.set(style="whitegrid",font="simhei",font_scale=0.7)
2  GDP_data['quarter']=GDP_data['quarter'].astype(str)
3  g=sns.relplot(x="quarter",y="secondary industry",kind="line",
   data=GDP_data)
4  g.fig.set_size_inches(8,4)
5  plt.show()
```

代码行 1 指定绘图样式；代码行 2 将数据框中的列 quarter 重置为字符串类型；代码行 3 绘制折线图，x 轴数据是数据框 GDP_data 中的 quarter 列，y 轴数据是 secondary industry 列，图形样式是线图 line；代码行 4 指定图形的大小是 8 英寸×4 英寸（1 英寸=2.54cm）。这样就用短短几行代码绘制出了 GDP 数据随季度变化的趋势。第二产业的 GDP 发展趋势如图 2-38 所示。

由图 2-38 可以清晰地看到，每年的第二产业 GDP 呈现逐年上升的趋势，且在每年的第 1 季度到第 2 季度增长较快，而第 2 季度到第 3 季度增长比较平缓，其中的原因值得经济、市场等相关领域专家深入探究。

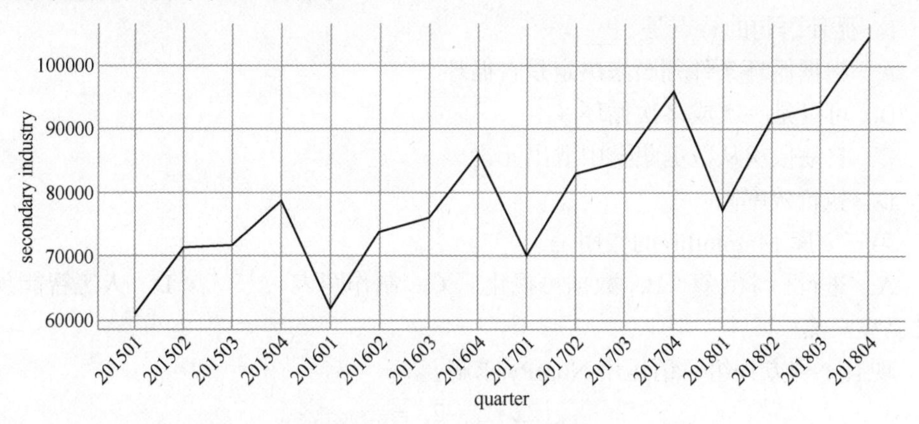

图 2-38 第二产业的 GDP 发展趋势

本章小结

Python 是人工智能开发的首选语言之一，它的出现为深入洞悉人工智能算法、实现人工智能服务提供了一种利器。目前，Python 编程技术是当下十分火热的技术之一，这主要归功于大数据和人工智能在商业、政务和教育等各行各业的推广应用。人工智能已经在越来越多的领域发挥巨大威力，如在线语音翻译、自动汽车驾驶、采用“刷脸支付”的无人超市等，这些应用场景的落地最终要靠编程来实现。Python 的“横空出世”是人工智能技术发展的必然产物，它为高效处理及分析海量数据、实现人工智能决策和管理提供了语言支持。作为一种人工智能开发语言，学习它的目的是让自己能利用所学知识来解决实际问题，如合理而清晰地对大数据进行可视化处理，快捷地对海量数据进行统计分析，将常见的深度学习模型应用到具体场景中等，这些都要求学习者具有扎实的 Python 编程基础和相关的第三方库知识，在实践过程中不断提升自己的动手能力和创造力，以获得最佳的学习效果。

课后习题

一、考考你

1. Python 成为人工智能开发首选语言的主要原因是_____。
   A. 简单易学，容易掌握
   B. 开源，不需要单独付费
   C. 跨平台性，能在不同操作系统上运行
   D. 丰富、强大的人工智能第三方库
2. 在 Jupyter Notebook 中执行当前单元代码并在下方添加一个新单元的快捷键是_____。
   A. Enter　　B. Shift+Enter　　C. Ctrl+Enter　　D. Alt+Enter

3. _____不属于大数据分析和处理的“三剑客”。

A. seaborn　　B. pandas　　C. NumPy　　D. Matplotlib

4. for 循环语句的特点是_____。

A. 根据循环条件判断来决定是否循环

B. 可以是一次或多次循环

C. 自动依次从数据集合中取出元素

D. 执行效率高

5. 第三方库 Matplotlib 的作用是_____。

A. 进行科学计算　B. 数据可视化　C. 制作图表　D. 人工智能预测

二、亮一亮

1. 现有下列方程组，请运用 NumPy 求解。

$$\begin{cases} 2x + y - 2z = -3 \\ 3x + z = 5 \\ x + y - z = -2 \end{cases}$$

2. 将 GDP.csv 文件中的第三产业数据用柱状图进行可视化。

三、帮帮我

设计一个体重指数（Body Mass Index，BMI）计算程序，据此来判断一个人的胖瘦。BMI（单位：kg/m^2）的计算公式如下。

$$BMI = \frac{体重（kg）}{身高（m）的平方}$$

胖瘦判断标准如表 2-4 所示。

表 2-4　胖瘦判断标准　　单位：kg/m^2

BMI 范围	胖瘦
BMI<18.5	偏瘦
18.5≤BMI<24	正常
24≤BMI<28	偏胖
BMI≥28	肥胖

程序的执行结果如图 2-39 所示。

```
请输入你的身高(米)1.72
请输入你的体重(千克) 75
你的BMI=25.35, 结论: 偏胖! 请控制饮食!
```

图 2-39　程序的执行结果

第❸章 线性回归：预测未来趋势

数学关系能帮助人们理解身边生活的方方面面。只有用普遍联系的、全面系统的、发展变化的观点观察事物，才能把握事物发展规律。体重与摄入的热量是有关系的、一个人的收入与他的教育投入可能是息息相关的、运动员平时的训练成绩基本上决定了他正式比赛时获奖的概率。这些关系如果能用确切的数学表达式表达出来，那将非常有助于理解它们，并可以参考逻辑清晰的数学表达式来调整行为方式，以期望得到更好的结果。然而，要想从某个现象中确定一个数学表达式并不是一件轻松的事情，那是否可以让机器帮助人们找到它呢？的确，机器学习有这种能力，它可以通过学习数据得到一个线性模型，来实现对未来数据的预测。下面就开始挑战机器学习中典型的应用——线性回归。

本章内容导读如图 3-1 所示。

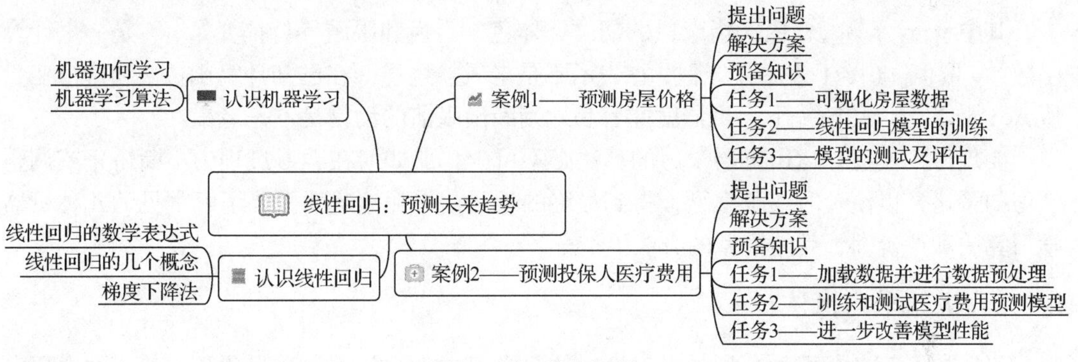

图 3-1 第 3 章内容导读

3.1 认识机器学习

3.1.1 机器如何学习

要让机器听人们的话，按照人们的意图去完成一些任务，就必须首先让机器会学习，就像呱呱落地的婴儿一样，在妈妈的指导下，去逐渐认识这个世界，学会自我生存和掌握解决问题的能力。机器学习就是利用经验数据和算法（一种学习方法）来反复训练机器，让它获得一种处理数据的优化方案（模型），然后机器可以利用这个模型对新输入的数据进行处理，得到预测结果。这样，机器通过学习就具备了可以自主获得事物规律的能力。机器学习的一般流程如图 3-2 所示。

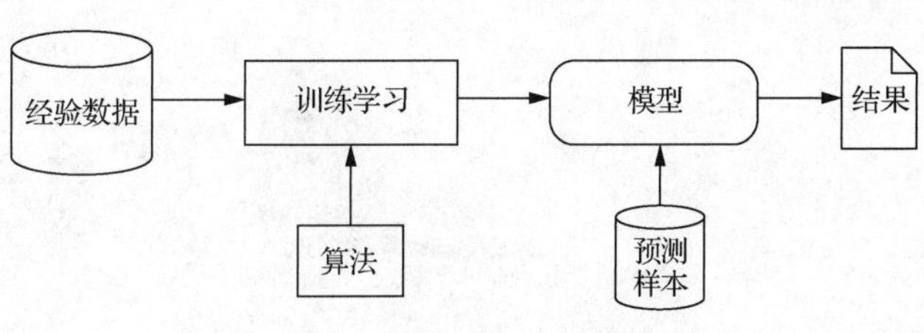

图 3-2 机器学习的一般流程

（1）经验数据。经验数据是指来自生活、工作、生产等领域的，累积到一定规模的有潜在价值的数据。数据量越大，机器能够学习的东西就越多，也更容易发现数据中隐藏的有价值的规律或模式。例如，教机器识别什么是老鼠，可能会让机器反复查看不同的老鼠实物图像，告诉机器，这个样子的动物就是老鼠。那么，如何更好地描述老鼠，让机器记住这个样子呢？这就需要对老鼠这个样本提取一些特征，如告诉机器，老鼠有长长的胡须、体毛多呈灰褐色、有一对门齿和一双黑豆般的眼睛等。所以，要让机器可以学习，大量有描述特征的数据必不可少。

（2）算法。机器在对经验数据进行训练学习的过程中，必须有一定章法，或者说，要告诉机器开展有效学习的策略，这个章法或策略就称为算法。譬如，机器思考如何去识别老鼠的过程，就是一种算法。机器在算法的指导下，基于大量经验数据不断迭代地训练学习，才有可能发现一种已知变量与预测值之间的关系。

（3）模型。机器学习的目标，就是要找到一个表达式，该表达式能根据未来的解释变量计算并得出预测目标变量。这个经训练学习得到的表达式称为模型。例如，函数公式或关系表达式就是常见的模型。机器经过多次训练后，就可以根据下列表达式快速判别今后出现的动物是不是老鼠。

$$y = f(x_1, x_2, x_3, \cdots, x_n)$$

其中 $x_1, x_2, x_3, \cdots, x_n$ 依次指老鼠的胡须、体色、门齿和眼睛等特征变量，f 是一个计算函数，y 取值[1|0]，1 表示是老鼠，0 表示不是老鼠。这样，在已知计算函数 f 和特征变量值 $x_1, x_2, x_3, \cdots, x_n$ 的前提下，机器就能容易地判断出眼前的动物是不是老鼠。

要想得到模型，运用机器学习的算法必不可少，那如何在学习过程中不断矫正或调整学习的策略，以便及时纠正模型，得到最终的学习结果呢？这就需要了解常见的几种机器学习算法和评价训练后的模型的方法。

3.1.2 机器学习算法

机器学习面向数据的分析与处理，以监督学习、无监督学习和强化学习等为主要研究问题，提出一系列的模型和计算方法。下面就介绍几种机器学习算法的基本概念和思想。

1. 监督学习

监督学习是机器学习中最重要的一类算法，机器学习中的绝大多数算法属于监督学习。所谓监督学习，是指机器在有已知输入值 x_i 和输出值 y 的经验数据（样本）的情况下开展的学习。当输出值 y 的集合是有限集合时，该学习问题为分类。如输出值 y=[0|1|2]，就认为该预测样本为 0 类或 1 类或 2 类。若输出值 y 是数值类型的连续值，则该学习问题为回归类型。以图 3-3 为例，基于该样本集建立一个二分类模型，将图中的猫和老鼠分类。

图 3-3　样本集

此处的监督学习，就是在已知动物样本的属性 x_i=[胡须，体色，门齿…]、输出值 y=[猫|老鼠]的情况下，让机器利用某种算法建立输入值 x_i 和输出值 y 的函数关系的过程。当模型训练结束后，只要告诉机器某动物（此处仅限猫或老鼠）的属性 x_i，它就能较为准确地判断出此动物是猫还是老鼠。由此可见，这种学习方法有以下几个特点。

（1）训练的数据有标签（label）。即训练样本的输出是样本的标签。

（2）样本的特征和标签已知。简单地说，在训练前就知道输入和输出的值。

（3）学习的目的就是建立一个将输入准确映射到输出的模型。

监督学习包括数字预测和分类两大类，前者主要包括线性回归、k 近邻和梯度提升（Gradient Boosting），后者主要包括逻辑回归、决策树、k 近邻、支持向量机、随机森林等。

2. 无监督学习

顾名思义，无监督学习就是指机器在学习过程中不受监督，学习模型不断提高自我认知和不断巩固，最后进行自我归纳来达到学习目的。在现实生活中，常常遇到这样的场景：面对有些问题缺乏足够的先验知识，难以对问题的答案进行人工标注；或者即便可以标注，但成本太高。因此，希望机器能代替人们完成此类工作，如将所有的样本自动分为不同的类别，再由人对这些类别进行标注，有可能发现其中新的类别。如图 3-4 所示，有一组不同形状和颜色的图形，对这些图形没有进行任何标注，也就是机器事先并不知道这些图形的形状、大小和颜色。把这些图形数据输入无监督学习的模型，模型就会试图去理解图形的内容，将相似的图形放在一起，如机器学习模型可能将这些图形按不同规则聚集到不同的类别中，3 种不同的分类结果如图 3-5 所示。

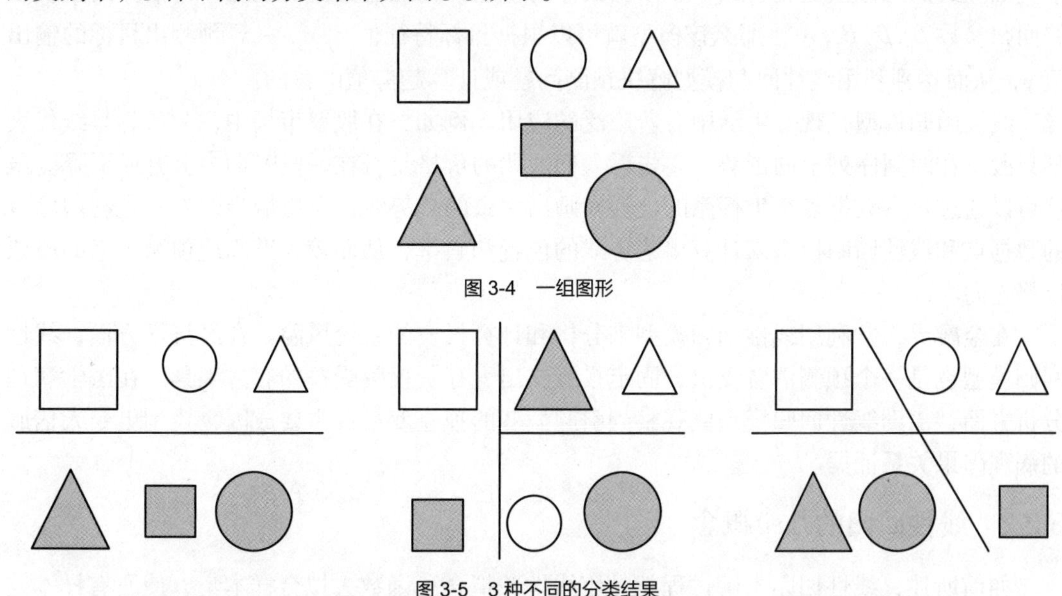

图 3-4　一组图形

图 3-5　3 种不同的分类结果

无监督学习相对于监督学习而言，有以下特点。

（1）无需大量的标注数据，从而可减少大量的人力、物力和财力。

（2）以更接近人类的学习方式不断自我发现、学习和调整，有利于发现事物的内在联系，找到新的模式或新的知识。

常见的无监督学习算法有聚类、关联规则分析等。

除了监督学习和无监督学习外，机器学习还有半监督学习和强化学习等算法，它们都又被称为弱监督学习算法，在此不对有关概念和基本理论做详细的阐述，更多内容可查阅相关资料。下面就利用监督学习中一种简单的常用算法——线性回归，来具体介绍如何利用机器学习解决现实生活中的问题。

3.2 认识线性回归

3.2.1 线性回归的数学表达式

线性回归（linear regression）是一种通过拟合自变量 x_i 与因变量 y 之间的最佳线性关系，来预测目标变量的方法。所谓的线性关系就是单个 x_i 与 y 之间的关系可以用一条直线近似表示，线性回归的数学表达式如下。

$$y=\beta_0+\beta_1x_1+\beta_2x_2+\cdots+\beta_nx_n$$

如果上式中只包括一个自变量 x 和一个因变量 y，且二者的关系可用一条直线近似表示，则这种回归分析被称为一元线性回归分析。如果回归分析中包括两个或两个以上的自变量 x_i，且因变量 y 和自变量 x_i 之间是线性关系，则称其为多元线性回归分析。

在线性回归问题中，x_i 为问题的特征值，如研究人的身高 h 与营养摄入量 a、锻炼强度 b 和睡眠时长 c 的关系，其中 a、b、c 就是特征值，也叫自变量，h 是因变量。试图找出一个类似上式的线性函数表达式，以该函数作为模型，在经验数据的训练下，估算出该模型的回归参数 $\beta_0,\beta_1,\beta_2,\cdots$，那么该模型就可以根据目标特征值 $x_1,x_2,\cdots,x_n$ 预测出目标的输出值 y，从而达到利用线性回归模型解决预测问题或计算趋势值的目的。

线性回归模型在现实生活中有着广泛的应用。例如，在股票市场中，一条趋势线代表某只股票在时间序列上的走势，它告诉人们股票的价格是否在一段时期内上升或下降。虽然可以通过观察数据点在坐标系的位置来画出大致的趋势线，但更恰当的方法是利用已有的数据点和线性回归模型来计算出趋势线的位置和斜率，从而较为准确地预测未来的股票价格走向。

在金融界，常利用线性回归模型来分析和计算投资的系统风险。在经济学方面，线性回归模型也是一个预测消费支出、固定投资支出、存货投资受益的有力工具。在医学病理分析方面，借助线性回归模型能观察到引起病变的独立变量或主要成因，找到更令人信服的病理因果关系证据。

3.2.2 线性回归的几个概念

如前所述，线性回归求解过程就是用线性（拟合）函数去拟合样本集，使所有样本与拟合函数之间的误差最小。图 3-6 所示为一家贸易公司的广告投入与销售额之间关系的散点图，图中直线就是要拟合的函数图形，目标是找到一条处于合理位置的直线，使所有圆点到直线的距离的平方和最小。

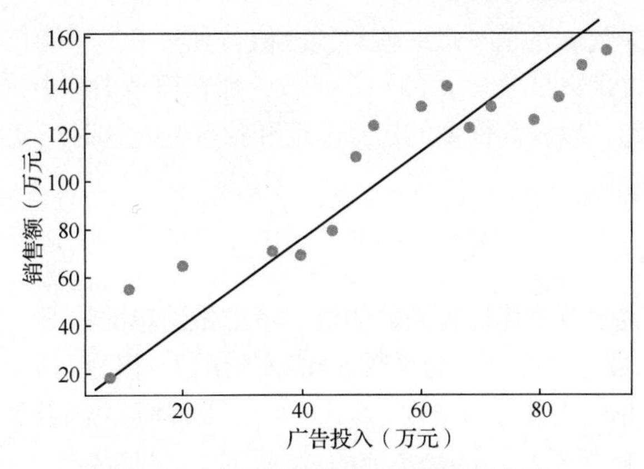

图 3-6 广告投入与销售额之间关系的散点图

显然，此处找直线的问题其实就是求函数 $y=\beta_0+\beta_1 x$ 中的系数 β_0、β_1 的问题，在不断寻找 β_0、β_1 的过程中，必须有一种判断标准来决定何时停止迭代寻找。在线性回归中，通常使用一种被称为普通最小二乘（Ordinary Least Squares，OLS）的估计方法，使得 y 的预测值 $\hat{y}$ 和真实值之间的垂直距离的平方和最小，用下式表示。

$$\mathrm{SSE}=\sum_{i=1}^{n}\left(\hat{y}_i-y_i\right)^2$$

SSE 表示一种总的误差，也叫损失函数（lost function），它在一定程度上反映了线性回归方程以外其他因素的影响，从而导致一定的误差，这种误差是无法避免的。正如公司的销售额与广告投入有很大的关联，但这种关联不是绝对的，一些其他的因素，如产品本身的质量、服务水平等因素也会对销售额有一些影响，这也是误差产生的原因。除此之外，拟合也与样本的质量有关，试想一下，如果图 3-6 上的圆点本身分布波动太大，则说明个别样本的变化有些偶然因素，样本的整体质量不高，从而导致拟合误差。样本的波动用下式表示。

$$\mathrm{SST}=\sum_{i=1}^{n}\left(y_i-\overline{y}\right)^2$$

SST 表示样本中所有因变量 y 的真实值与其平均值 $\overline{y}$ 的差的平方和，其值越大，说明原始的样本本身具有越大的波动，这种波动反映了因变量的整体偏差。那如何评价求出的线性回归模型的好坏程度呢？在统计学中用下列式子来判断线性回归方程的拟合程度。

$$R^2=1-\frac{\mathrm{SSE}}{\mathrm{SST}}$$

R^2 称为判断系数或拟合优度。由上式可知，线性回归方程以外的其他因素引起的误差 SSE 越小，R^2 就越接近 1，表示此线性回归方程可以很好地解释因变量的变化；反之，如果 SSE 越大，接近总体偏差 SST，R^2 就越接近 0，说明此问题可能不适合采用线性回归模型解决，因为因变量与自变量此时并不存在线性关系。

细心的读者可能会问，在求解线性回归方程的过程中，已经知道了利用损失函数就可以决定何时停止求解迭代，那如何去调整方程的系数 β 呢？不难看出，模型训练的过程，其实就是在不断调整参数 β 的值，最终使得预测值与真实值尽可能相等，损失函数尽可能越来越小。因此，损失函数是关于 β 的一个函数，那在模型训练中，如何去不断改变 β，尽可能快地找到最优解，以提高模型的运算速度和精度呢？这时，就要了解模型训练的一种优化算法：梯度下降法。

3.2.3 梯度下降法

机器学习的目标就是最小化损失函数的值。考虑最简单的情况，假设线性回归方程为 $y=b+wx$，则损失函数 L 可以理解为系数 b 和 w 的函数，记为 $L(b,w)$，此处的 b、w 也可以推广为一个向量，如 $\boldsymbol{b}=(\beta_0)$、$\boldsymbol{w}=(\beta_1,\beta_2,\cdots,\beta_n)$。因为损失函数是一个凸函数（此处不证明），所以寻找损失函数 $L(b,w)$ 的最小值的过程，实际就是按照某种方向，不断去微调 b 和 w 的值，一步一步尝试找到这个最小值。正如图 3-7 所示，一个人站在山顶，他试图花最短的时间到达谷底。显然，如果他每次都能沿山坡最陡峭的方向往山坡下降的地方走，并不时地调整自己下山的步长，就能以最短的时间到达谷底。

图 3-7　下山示意图

由此可见，这个人在到达谷底的过程中，需要不断做两件事：一是始终沿最陡峭的方向下山；二是根据下山的速度来调整步长，刚开始时，可以将步长增大些，当逐渐接近目标时，则可适当减小步长，因为稍不留神有可能会错过谷底。其中，最陡峭的方向其实就是某处的梯度方向，梯度表示某一函数在该点处的变化率最大。对单变量的实值函数而言，梯度就是导数；而对于一个线性函数，梯度就是直线的斜率。步长又称为学习率 α。所以，把上述沿梯度方向逐步寻找损失函数最小值的方法称为梯度下降法。

在应用梯度下降法求解损失函数最小值的过程中，对于线性回归方程 $y=b+wx$ 而言，首先要初始化参数对 (b,w)。一般是给它们一个很小的数，因为损失函数是凸函数，所以无论从曲线的哪个点开始，只要沿着梯度方向，反复按下式对 w_i 进行更新取值（只考虑 w），损失函数最终都可以收敛到最小值或接近最小值。

$$w_i = w_i - \alpha \frac{\partial}{\partial w_i} L\left(w_i\right)$$

由上式不难看出，学习率 α 决定了 w_i 变化的幅度，也决定了梯度下降的速率和稳定性，其大小需要由外界指定，不能由机器自身学习得来。如果 α 取值太小，像人的步长太短一样，到达谷底就要花很长时间，导致学习效率低；如果 α 取值太大，虽然学习效率高，就像人的步长大一样，能很快接近谷底，但最后这个人可能一步跨过了谷底，导致始终难以到达谷底，也就是始终找不到损失函数的最小值。因此，通常的做法如图 3-8 所示，让步长由大到小。

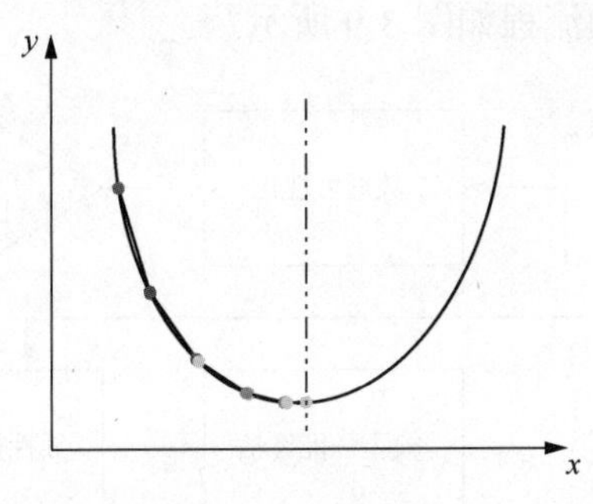

图 3-8 步长由大到小

在沿着梯度方向寻找损失函数最小值的过程中，为了平衡大小步长的优、缺点，可以在一开始的时候先大步走，以提高效率，而一旦所到达点的斜率逐渐减小，函数梯度下降的趋势会越来越缓，此时再逐步调小步长，以避免因步长过大而跨过谷底，从而最终找到最小值或接近最小值。

至此，不难得出利用线性回归模型解决实际问题的一般步骤。

（1）根据问题构建一个线性回归模型，即构建一个函数。

（2）利用已标注的样本数据对模型进行训练，训练过程中使用梯度下降法调整模型参数 β_i，利用损失函数评价训练如何结束。

（3）重复步骤（2），直至找到损失函数的最小值。

（4）利用验证集去测试模型的精度或拟合度，评价指标常为均方误差（Mean Squared Error，MSE）。

（5）如果对预测结果不满意，则需要改进模型（如加大训练集、改变学习率 α 等）。

（6）回到步骤（2），重新训练模型，直至获得满意的模型。

（7）利用自变量 x_i 和满意的模型去计算预测值 y，从而解决预测问题。

3.3 案例 1——预测房屋价格

3.3.1 提出问题

房屋是家的缩影，中国人对房屋有一种特别的情愫，这与我国的传统文化有关，如“金碧辉煌”“亭台楼阁”“栋梁之材”“不蔽风雨”等成语都与房屋有关，拥有一套属于自己的房屋是许多人梦寐以求的事情。如果能从房屋交易的历史记录中发现某种规律，来预测未来房屋价格的走势，这无论是对普通的购房者，还是对房屋中介公司而言，都非常有吸引力。那如何才能找到这种规律呢？不妨让机器学习代替人们找到这个问题的答案。

3.3.2 解决方案

首先利用掌握的 Matplotlib 知识，对房屋价格进行可视化分析，看房屋价格走势是否符合线性回归模型的变化趋势。如果符合，则采用机器学习提供的线性回归模型对数据进行训练，并测试模型的精度。当训练出合适的模型后，就相当于找到了一个明确的关于房屋面积与价格的数学表达式，然后就可以利用它来预测未来某套房屋的价格，帮助购房者做出合理的选择。解决方案的流程如图 3-9 所示。

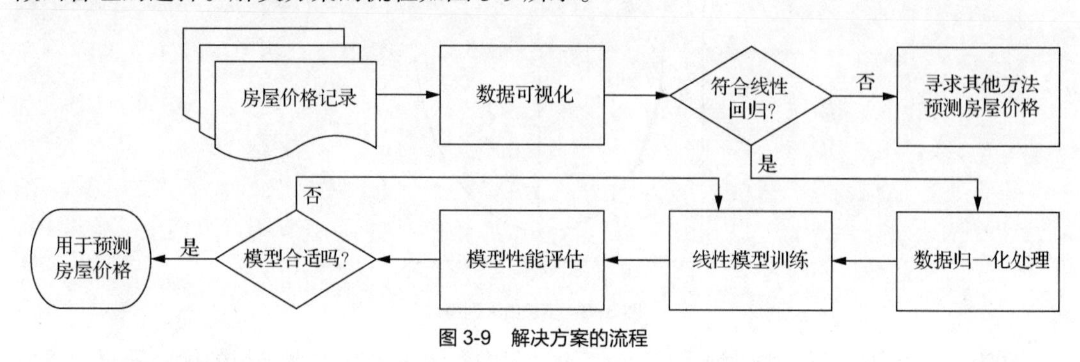

图 3-9　解决方案的流程

3.3.3　预备知识

1. 数据归一化

使用样本数据训练模型前，需要对数据进行处理。例如，有个别样本数据点偏离其他数据点较大，远离求解点的拟合直线，这些数据点有可能是收集误差或测量误差。因此，为了缩小样本数据取值的差异范围，提高数据质量，就要用到一种常见方法：归一化。

归一化是指把数据变换成(0,1)或者(−1,1)范围内的小数，主要是为了方便数据处理，提高计算速度。或者把有量纲表达式变成无量纲表达式，便于不同单位或量级的指标进行比较和加权。数据归一化方法主要有以下两种。

（1）min-max 标准化（min-max normalization）

该方法也称为离差标准化，是对原始数据的线性变换，使结果值映射到 0～1 之间。转换公式如下。

$$x' = \frac{x - x_{\min}}{x_{\max} - x_{\min}}$$

其中 x' 为归一化后的值，$x_{\min}$ 为样本数据的最小值，$x_{\max}$ 为样本数据的最大值。该方法的缺陷就是当样本有新数据加入时，可能导致 $x_{\min}$ 和 $x_{\max}$ 的变化，导致需要重新计算归一化值。

（2）0 均值标准化（Zero-score standardization）

这种方法基于原始数据的均值（mean）和标准差（standard deviation）进行数据的标准化处理。经过处理的数据符合标准正态分布，即均值为 0，标准差为 1。转化公式如下。

$$x' = \frac{x - \mu}{\sigma}$$

上式中的 μ 为所有样本数据的均值，σ 为所有样本数据的标准差。

当样本数据的特征值个数较多时，可能存在不同特征值的取值范围差异较大，如有两个特征值 x_1、x_2，$x_1 \in (1,10)$，$x_2 \in (100,5000)$，如果不对原样本数据进行归一化处理，就会由于特征值量纲的影响，造成机器学习的效率和精度的降低。尽管本次样本数据的特征值只有房屋面积，不存在取值范围的差异问题，但考虑到归一化处理后模型的收敛速度和算法效果，后面仍要对样本数据进行归一化处理。

2. 线性回归模型如何训练

在准备好数据后，下一步就是构建模型。本案例的数据集只有房屋的面积和价格两种，即线性回归模型中，只有一个自变量 x（面积），模型的输出值是价格 y。因此，模型的假设函数表达式如下。

$$y' = \varphi_0 + \varphi_1 x_1$$

y' 就是要预测的值，模型要学习的参数是 φ_0、φ_1。建立好这个假设函数表达式后，在后续模型学习过程中，需要给模型一个学习的目标，让它在学习达到目标后停止学习，使得学习得到的参数 φ_0、φ_1 尽可能地让预测值 y' 接近真实值 y。在此，使用前文提到的均方误差，其表达式如下。

$$\text{MSE} = \frac{1}{m}\sum_{i=1}^{m}\left(y_i' - y_i\right)^2$$

上式中 m 是样本的个数，y_i' 是第 i 个样本的预测值，y_i 是第 i 个样本的真实值，则均方误差是 m 个样本预测结果误差平方和的平均值。

有了模型的定义，就按照以下步骤对模型进行训练和测试。

（1）初始化参数，包括 φ_0、φ_1、学习率 α 和迭代次数 n。如通常按 0 均值、1 方差的正态分布随机取值给 φ_0、φ_1 赋初值，学习率 α 通常取值为 0.01、0.001。迭代次数 n 可根据学习率大小、数据规模大小、预测精度要求做合理的选择，太小了可能导致学习程度不够，得不到目标模型；太大了可能导致训练时间过长，迟迟得不到结果。

（2）将样本数据输入模型，计算损失函数。

（3）利用学习优化算法，如梯度下降法处理损失函数，寻找损失函数的最小值，并在此过程中依次更新模型的参数。

（4）不断重复步骤（2）、步骤（3），直到模型收敛于损失函数的最小值或训练迭代次数达到设定值 n。

3.3 任务 1

3.3.4　任务 1——可视化房屋数据

【任务描述】预测房屋价格是最经典的线性回归应用案例之一。房屋的样本数据如表 3-1 所示。

表 3-1　房屋的样本数据

序号	面积/m²	价格/万元
0	98.87	599.0
1	68.74	450.0
……	……	……
869	97.00	600.0

样本数据有两列，一列是房屋的面积，一列是价格。显然，面积是自变量 x，价格是因变量 y。目标是看能否利用线性回归模型来预测某一面积房屋的价格，为购房者或其他

客户提供价格参考。首先，需要简单直观地了解数据集中面积和价格之间是否存在线性关系。为此，新建文件 3-3_task1.ipynb，根据任务目标，按照以下步骤完成任务 1。

【任务目标】绘制出房屋数据散点图，观察数据是否符合线性回归规律。

【完成步骤】

1. 绘制散点图

先从数据集文件 house.txt 中读取数据，将一行数据的值(面积,价格)作为一个点的坐标值(x,y)，然后用散点函数绘制出所有点的分布图。

源代码如下。

```
1  %matplotlib inline
2  import numpy as np
3  import pandas as pd
4  import matplotlib.pyplot as plt
5  df=pd.read_csv('data\house.txt',sep=',',header=0)
6  plt.scatter(df['area'],df['price'],c='b')
```

上述代码行 1 是 Jupyter Notebook 的一个魔法函数，能在不调用显示图表函数的情况下直接在单元中显示由 Matplotlib 生成的图形。代码行 5 读取 CSV 文件，由于文件的第 0 行是数据列名称，因此指定 header=0。代码行 6 中的 c='b'指定散点的颜色是蓝色。

按“Ctrl+Enter”快捷键执行上述代码，房屋数据散点图如图 3-10 所示（直线是人为后加上去的）。

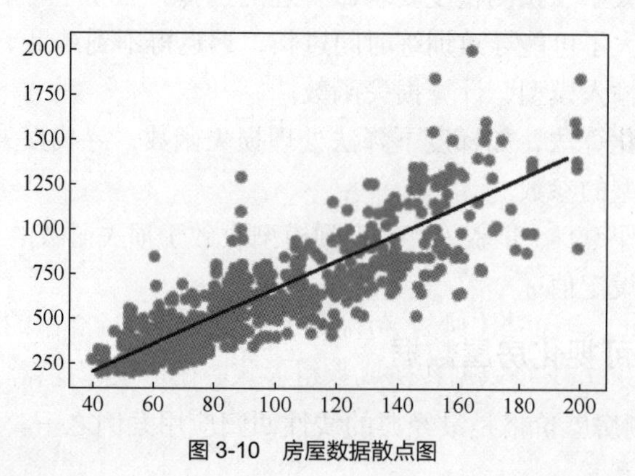

图 3-10　房屋数据散点图

2. 观察数据分布规律

由图 3-10 可以看出，房屋整体样本数据呈现出线性分布的态势（见直线标识），所有样本点基本均匀分布在直线周围。因此，完全可以尝试使用线性回归模型来解决房屋价格预测的问题。

3.3 任务 2

3.3.5　任务 2——线性回归模型的训练

【任务描述】首先要构建一个线性回归模型，然后利用数据对它进行训练和测试。训练的目的就是让该模型拟合数据，让数据尽量分布在一条直线上。测试的目的就是评估训练的效果，验证模型在测试集上是否能获得较高的性能。为此，根据任务目标，按照以下步骤完成任务 2。

【任务目标】构建线性回归模型，对它进行训练。

【完成步骤】

1. 数据的归一化处理

为消除不同量纲数据带来的影响，尽量提高模型训练精度，对房屋样本数据按照 min-max 标准化方法进行归一化处理。实现代码如下。

```
df=(df-df.min())/(df.max()-df.min())
```

经过上述代码处理后，df 数据范围为 0～1，有利于后续模型的训练和测试。将房屋样本数据归一化处理后的结果如图 3-11 所示。

	area	price
0	0.367674	0.220801
1	0.179208	0.137931
2	0.307437	0.132369
3	0.557328	0.321468
4	0.134797	0.137931
...	...	...
865	0.310315	0.321468
866	0.591293	0.360400
867	0.305936	0.296440
868	0.121599	0.087875
869	0.355977	0.221357

870 rows × 2 columns

图 3-11　房屋样本数据归一化后的结果

2. 产生训练集和测试集

在归一化处理房屋样本数据后，为了更好地训练和评估模型，通常将数据分成两份，一份是用于训练模型的训练集，另一份是用于评估模型的测试集。显然，当样本数据足够多时，两份数据集的比例可以为 1：1，因为无论对于训练还是测试而言，大量的数据都有利于模型参数调整和降低测试误差。本次样本数据只有 870 个，考虑到用更多的数据来训练模型可得到更可信的模型，同时兼顾一定的测试误差，将训练集和测试集的比例分配为 4：1，代码如下。

```
1   train_data=df.sample(frac=0.8,replace=False)
2   test_data=df.drop(train_data.index)
3   x_train=train_data['area'].values.reshape(-1, 1)
4   y_train=train_data['price'].values
5   x_test=test_data['area'].values.reshape(-1, 1)
6   y_test=test_data['price'].values
```

代码行 1 中的 train_data 是比例为 80%的训练集，代码行 2 中的 test_data 是剩余 20%的测试集。在代码行 3～6 中将数据转换成数组形式，便于矩阵计算。这样，数据处理已完毕，接下来就可以构建并训练模型了。

3. 构建并训练模型

采用机器学习库 scikit-learn 中的随机梯度下降（Stochastic Gradient Descend，SGD）回归模型函数 SGDRegressor 来构建模型，并利用归一化后的数据对它进行训练。如果没有安装 scikit-learn 机器学习库，请在 cmd 命令窗口下执行以下命令，来安装该第三方库。

```
pip3 install scikit-learn
```

安装好 scikit-learn 机器学习库后，编写如下代码，构建模型并对它进行训练。

```
1   from  sklearn.linear_model import SGDRegressor
2   from sklearn.externals import joblib
3   model=SGDRegressor(max_iter=500,learning_rate='optimal',eta0=0.01)
```

```
4  model.fit(x_train,y_train)
5  pre_score=model.score(x_train,y_train)
6  print('score=',pre_score)
7  print('coef=',model.coef_,'intercept=',model.intercept_)
8  joblib.dump(model,'.\sava_model\SGDRegressor.model')
```

代码行 1～2 分别导入随机梯度下降回归模型函数 SGDRegressor 和轻量级管道 joblib 库，代码行 3 构建线性回归模型，代码行 4 开始训练模型。随机梯度下降算法的主要思想是：从样本中随机抽出一组，训练后按梯度更新一次，然后再抽取一组，再更新一次，在样本量极大的情况下，可能不用训练完所有的样本就可以获得一个损失值在可接受范围之内的模型。此处的随机是指在每次迭代过程中，样本都要被随机打乱，以有效减少样本之间造成的参数更新抵消问题。该模型的优点是训练速度快；但缺点也很明显，即准确率低，并不是全局最优，不易于并行实现。本次训练的迭代次数是 500，学习率初值是 0.01，在学习过程中自动优化更新，其他训练系数采用默认值。

代码行 5～6 计算并输出模型训练后的预测准确率得分，又叫判定系数，模型的 score 方法返回的值小于等于 1,它反映了因变量 y 的波动有多少百分比能被自变量 x 的波动所描述，即表征因变量 y 的波动中有多少百分比可由控制的自变量 x 来解释。得分越高，则线性回归方程的拟合度越高，说明 x 对 y 的解释程度越高，自变量引起的波动占总波动的百分比越高，观察点在回归直线附近越密集。

代码行 7 分别输出模型训练后的自变量系数和截距，即线性回归方程中的 φ_i 和 φ_0。代码行 8 保存训练后的模型到指定文件处，以便随后能及时调用这个训练好的模型。

执行上述代码，结果如图 3-12 所示。

```
score= 0.6870686356092912
coef= [0.56521099] intercept= [0.03738598]

['.\\sava_model\\SGDRegressor.model']
```

图 3-12　模型训练结果

由训练结果可知，模型的预测准确率得分为 0.687，训练得到的线性回归方程为 $y = 0.03738598 + 0.56521099x$。

3.3.6　任务 3——模型的测试及评估

3.3 任务 3

【任务描述】在模型训练完成后，接着要利用测试集对模型的训练效果进行评估，评估的基本思想如下。

（1）在模型上用测试集 x_test 计算出预测集 y_pred。

（2）计算测试集 x_test 和预测集 y_pred 两者之间的损失误差，此处采用均方误差作为评估模型的指标，来评估预测值和真实值之间的差距。

（3）如果评估结果比较理想，就可以利用该模型进行房屋价格的预测；如果评估结果不够理想，可以对模型进行进一步优化，如增加训练样本的数量、去除一些异常值，或者想办法增加训练样本的特征个数等。

【任务目标】对训练后的房屋价格预测模型进行测试，并评估模型效果。

【完成步骤】

1. 计算均方误差

在训练好的模型上运用测试集 x_test 得到预测集 y_pred；然后利用测试样本的真实值 y_test 和对应的预测集 y_pred 来计算损失 MSE，以此作为模型的评估标准。实现代码如下。

```
1  model=joblib.load('.\sava_model\SGDRegressor.model')
2  y_pred=model.predict(x_test)    #得到预测集
3  print('测试集准确率得分=%.5f'%model.score(x_test,y_test))
4  MSE=np.mean((y_test - y_pred)**2)
5  print('损失 MSE={:.5f}'.format(MSE))
```

代码行 1 加载前文训练好的模型，代码行 2 得到预测集，代码行 3 计算测试集的准确率得分，代码行 4 计算损失 MSE，此损失值通过代码行 5 输出。代码执行后的结果如图 3-13 所示。

```
测试集准确率得分=0.70548
损失MSE=0.00678
```

图 3-13 代码执行后的结果

由图 3-13 可以看出，测试集的均方误差约为 0.007，测试集准确率得分为 0.70548，说明房屋价格的波动因素中约 70%可由面积的波动来解释，拟合度还是不错的。

2. 绘制预测效果图

为直观了解预测效果，在真实样本散点图上绘制出预测回归线，观察真实样本与预测回归线的整体分布是否趋于一致，然后对比真实值与预测值的分布折线图的拟合情况如何。总之，当得到理想的模型后，就可以利用该模型对提供的自变量 x 预测出对应的 y，从而完成房屋价格的预测工作。绘图代码如下。

```
1  plt.rcParams['font.sans-serif'] = ['SimHei']
2  plt.figure(figsize=(10,4))
3  ax1=plt.subplot(121)
4  plt.scatter(x_test,y_test,label='测试集')
5  plt.plot(x_test,y_pred,'r',label='预测回归线')
6  ax1.set_xlabel('面积')
7  ax1.set_ylabel('价格')
8  plt.legend(loc='upper left')
9  ax2=plt.subplot(122)
10 x=range(0,len(y_test))
11 plt.plot(x,y_test,'g',label='真实值')
12 plt.plot(x,y_pred,'r',label='预测值')
13 ax2.set_xlabel('样本序号')
14 ax2.set_ylabel('价格')
15 plt.legend(loc='upper right')
```

代码行 2 定义图形画布的长度和宽度分别为 10 英寸和 4 英寸。代码行 3 定义整个图形分为一行两列，ax1 为第一个子图。代码行 4～8 先后绘制出真实样本散点图和预测回归线。代码行 9～15 先后绘制出真实值和预测值的分布折线图。预测效果如图 3-14 所示。

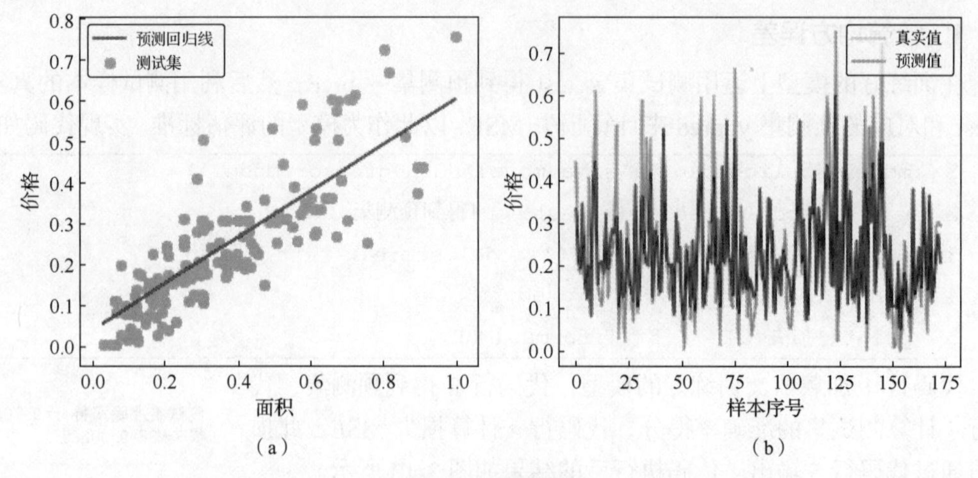

图 3-14　预测效果

如图 3-14（a）所示，样本真实值观测点基本在预测回归线附近聚集，预测结果比较符合期望，说明自变量面积对因变量价格的解释程度还是较高的。图 3-14（b）中各测试样本的真实值和预测值的总体变化趋势一致，但在多处真实值与预测值不重合，说明模型的拟合度还不够，这是为什么呢？其实不难看出，原因主要集中在以下几个方面。

（1）异常值对预测结果的影响。由图 3-14 可明显看出，个别点远离预测回归线，而线性回归模型的一大缺点就是对异常值很敏感，这会极大影响模型的准确率。

（2）样本集特征值个数过少对预测结果的影响。0.7 的拟合得分其实已经说明价格并不完全由房屋的面积决定，还有约 30%的价格波动是由其他因素决定的，如房屋的地段、结构、年龄和环境等都会对价格产生影响，而这些因素本案例没有涉及，故会造成拟合度不够高。

（3）样本的规模对预测结果的影响。本案例的样本只有 870 个，规模比较小，不能较完整地反映预测对象的总体特征，自然对模型训练的稳定性和可靠性有影响。一般来说，样本规模越大，模型的预测准确度越高。

但总体而言，图 3-14 基本可得出相同的结论：线性回归模型预测的房屋价格与实际价格是趋于一致的。这样，就可以利用训练好的模型，随时通过提供的房屋面积预测出房屋的价格。当然，这个预测是相对准确的，要想得到更高的预测准确度，还需要考虑如何进一步完善描述房屋的特征数据，并尽可能增大样本的规模。

3.4 案例 2——预测投保人医疗费用

3.4.1　提出问题

我国农村医疗保险和全民医保制度的全面实施，极大地缓解了广大人民群众“看病贵”的问题，一定程度上提高了人民群众的生活质量，也逐渐改变了人们对保险的认识，提高了人们对保险的期望。与此同时，商业保险也得到越来越多人的接受和认可。医疗保险公司作为一种商业经营实体，对投保人在未来可能发生的医疗费用进行预测，这是医疗保险公司回避风险、提高经营利润的一种保障措施。那如何能得到一个较为精准的医疗费用预测模型呢？在数据文件 insurance.csv 里有投保人的特征数据和曾经产生的医疗费用。显然，投保人的特点和医疗费用是密切相关的，因此，可以基于这些历史数据，利用机器学习来构建一个模型，用于预测投保人的医疗费用。

3.4.2　解决方案

既然线性回归模型已被证明能用于解决由一个或多个变量引起另一个变量变化的问题，就可以试图从投保人的特征变量入手，通过机器学习提供的线性回归模型，来寻找一个医疗费用与投保人特征相关的函数表达式，从而利用所求得的线性回归方程或线性回归模型进行预测和控制。利用线性回归模型解决医疗费用预测问题的解决方案的流程如图 3-15 所示。

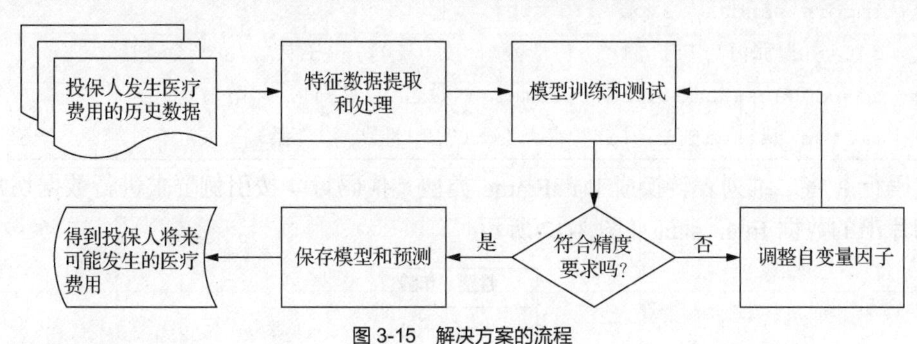

图 3-15　解决方案的流程

3.4.3　预备知识

在数据处理过程中，由于一些数据的格式或数据范围与处理要求不符，因此需要对 pandas 提取的原始数据进行转换、切片等操作，然后开始统计分析工作。

1. DataFrame 数据的检索

pandas 读取数据后返回的数据类型是数据框 DataFrame，DataFrame 的单列数据为一个 Series，相当于一个序列。为方便对 DataFrame 数据进行检索，pandas 提供了 loc、iloc 两种灵活的访问数据的方法。

（1）loc（location，定位）方法

按 DataFrame 索引名称进行切分的方法，该方法的使用格式如下。

```
DataFrame.loc[行索引名称或检索条件,列索引名称]
```

（2）iloc（index location，索引定位）方法

按 DataFrame 索引位置进行切分的方法，该方法的使用格式如下。

```
DataFrame.iloc[行索引位置,列索引位置]
```

【引例 3-1】切片出所有年龄大于 18 岁的人员的性别和年龄信息。

（1）引例描述

人员的信息如图 3-16 所示，要筛选出年龄大于 18 岁的人员，然后切片出他们的性别和年龄信息。

引例 3-1

	姓名	性别	年龄
0	张海	男	18
1	李霞	女	20
2	王君	女	25

图 3-16　人员的信息

（2）引例分析

利用 DataFrame 的 loc 方法，传入检索条件（年龄大于 18 岁），指定要切片的列名列表（['性别', '年龄']），就能得到相应的切片数据。

（3）引例实现

实现的代码（case3-1.ipynb）如下。

```
1   import pandas as pd
2   data=[['张海','男',18],['李霞','女',20],['王君','女',25]]
3   df=pd.DataFrame(data,columns=('姓名','性别','年龄'))
4   filter_data=df.loc[df['年龄']>18,['性别','年龄']]
```

代码行 3 将二维列表转换成 DataFrame 类型，代码行 4 按引例要求进行数据切片，按条件切片出的数据 filter_data 如图 3-17 所示。

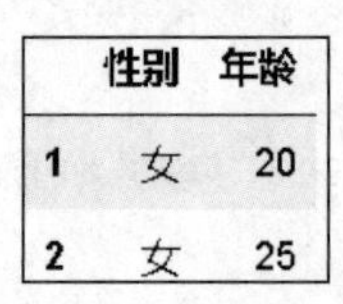

	性别	年龄
1	女	20
2	女	25

图 3-17　按条件切片出的数据 filter_data

2. DataFrame 数据的更改

图 3-16 中的性别数据是字符串类型，不便于计算机处理，因此在很多场合需要对原始数据进行更改，以满足数据处理要求。更改 DataFrame 数据的方法是将这部分数据提取处理，然后重新给它赋值为新的数据。

引例 3-2

【引例 3-2】将人员信息中的性别“男”“女”分别用“1”“0”替代。

（1）引例描述

如果将人员的性别作为特征数据来分析，显然“男”“女”这种字符串类型的数据不便于计算机统计和处理。因此，需要将它们转换成数值类型，保证数据处理的效率和便捷性。

（2）引例分析

按条件 df['性别']=='男'和['性别']定位数据，然后将它们赋值为 1，基于同样的原理，也对女性员工修改性别值。

（3）引例实现

实现的代码如下。

```
df.loc[df['性别']=='男',['性别']]=1
df.loc[df['性别']=='女',['性别']]=0
```

执行上述代码，修改性别值后的内容如图 3-18 所示。

	姓名	性别	年龄
0	张海	1	18
1	李霞	0	20
2	王君	0	25

图 3-18 修改性别值后的内容

如果更改数据的条件关系比较复杂，可以应用 DataFrame 的 apply 方法，将指定范围的元素按 apply 方法里的逻辑函数表达式进行赋值。例如，可以将上述代码改写为以下内容以实现相同的功能。

```
1  def xb(x):
2      if x=='男':
3          return 1
4      else:
5          return 0
6  df['性别']=df['性别'].apply(lambda x:xb(x))
```

代码行 1～5 定义的 xb 函数能实现更复杂的逻辑处理功能，代码行 6 将性别列的数据重置为按不同条件返回的值。

3.4.4 任务 1——加载数据并进行数据预处理

【任务描述】投保人相关的历史数据保存在文件 insurance.csv 中，为保证数据符合模型训练的要求，需要对导入的数据进行清洗和标准化处理，提高数据质量。新建文件 3-4_task1.ipynb，根据任务目标，按照以下步骤完成任务 1。

3.4 任务 1

【任务目标】清洗并归一化处理数据。

【完成步骤】

1. 导入相关库并加载数据

利用 pandas 将 CSV 格式的文件读入数据框，实现代码如下。

```
1      import numpy as np
2      import pandas as pd
3      df=pd.read_csv('data\insurance.csv',header=0)
```

代码行 3 的 df 变量保存了投保人的相关历史数据，内容如图 3-19 所示。

	age	sex	bmi	children	smoker	region	charges
0	19	female	27.900	0	yes	southwest	16884.92400
1	18	male	33.770	1	no	southeast	1725.55230
2	28	male	33.000	3	no	southeast	4449.46200
3	33	male	22.705	0	no	northwest	21984.47061
4	32	male	28.880	0	no	northwest	3866.85520
...	...	...	...	...	...	...	...
1333	50	male	30.970	3	no	northwest	10600.54830
1334	18	female	31.920	0	no	northeast	2205.98080
1335	18	female	36.850	0	no	southeast	1629.83350
1336	21	female	25.800	0	no	southwest	2007.94500
1337	61	female	29.070	0	yes	northwest	29141.36030

1338 rows × 7 columns

图 3-19 相关历史数据

2. 数据清洗和转换

需要对原始样本中的非数值类型数据进行转换，如男性为1、女性为0，吸烟为1、不吸烟为0，来自不同地区的人分别设置为1、2、3、4等。这样将所有用于机器学习的数据都转换成数值类型，以方便机器学习，实现代码如下。

```
1    df.loc[df['sex']=='female','sex']=0
2    df.loc[df['sex']=='male','sex']=1
3    df.loc[df['smoker']=='yes','smoker']=1
4    df.loc[df['smoker']=='no','smoker']=0
5    df.loc[df['region']=='southwest','region']=1
6    df.loc[df['region']=='southeast','region']=2
7    df.loc[df['region']=='northwest','region']=3
8    df.loc[df['region']=='northeast','region']=4
```

上述代码就是利用DataFrame的数据检索和更改方法，完成对原始数据的清洗和转换。

3. 数据的归一化处理

为消除数据因不同量纲带来的影响，进一步对数据进行归一化处理，实现代码如下。

```
1    from sklearn.preprocessing import MinMaxScaler
2    scaler=MinMaxScaler()
3    scaler.fit(df)
4    df1=scaler.transform(df)
```

代码行1导入MinMaxScaler类，利用它进行[0,1]的归一化处理；代码行2～4分别创建归一化对象，利用该对象进行训练和转换原始数据。归一化处理后的数据如图3-20所示。

```
array([[0.02173913, 0.        , 0.3212268 , ..., 1.        , 0.        ,
        0.25161076],
       [0.        , 1.        , 0.47914985, ..., 0.        , 0.33333333,
        0.00963595],
       [0.2173913 , 1.        , 0.45843422, ..., 0.        , 0.33333333,
        0.05311516],
       ...,
       [0.        , 0.        , 0.56201238, ..., 0.        , 0.33333333,
        0.00810808],
       [0.06521739, 0.        , 0.26472962, ..., 0.        , 0.        ,
        0.01414352],
       [0.93478261, 0.        , 0.35270379, ..., 1.        , 0.66666667,
        0.44724873]])
```

图3-20 归一化处理后的数据

3.4.5 任务2——训练和测试医疗费用预测模型

3.4 任务2

【任务描述】数据准备好后，采用线性回归方法LinearRegression来构建医疗费用预测模型，用先验数据对它进行训练，然后测试训练后模型的质量。根据任务目标，按照以下步骤完成任务2。

【任务目标】训练和测试模型，评估该模型质量是否符合要求。

【完成步骤】

1. 构建线性回归模型

本案例采用线性模型包linear_model中的LinearRegression类来构建一个模型，实现代码如下。

```
1  from sklearn.linear_model import LinearRegression
2  model=LinearRegression()
```

代码行 2 中的 model 就是构建的线性回归模型的代码。

2. 准备训练集和测试集

样本集中特征输入数据是 0～5 列，第 6 列是标签值，本案例就是寻求前 5 个自变量与最后一个因变量之间的关系。对样本集按 7∶3 的比例进行拆分，分为训练集和测试集，实现代码如下。

```
1  from sklearn.model_selection import train_test_split
2  train_data=df1[:,[0,1,2,3,4,5]]
3  train_target=df1[:,[6]]
4  x_train,x_test,y_train,y_test=train_test_split(train_data,
   train_target,test_size=0.3)
```

代码行 1 中的 train_test_split 类能将样本集按比例拆分为训练集和测试集，代码行 2 获取训练输入数据，代码行 3 获取训练目标数据，代码行 4 完成样本集的拆分工作。

3. 模型训练和测试

接下来，先用训练输入数据对构建的模型进行训练和测试，看训练后的模型性能如何。实现代码如下。

```
1  model.fit(x_train,y_train)
2  score=model.score(x_test,y_test)
3  intercept=model.intercept_
4  coef=model.coef_
5  print('模型准确率得分%.3f'%score)
6  func_LR='y=%.6f'%intercept
7  for i in range(0,coef.size):
8      func_LR+=('%+.6fx%d'%(coef[0][i],i))
9  print(func_LR)
```

代码行 1 完成模型的训练工作，代码行 2 得到测试后的模型评分，代码行 3～4 分别得到线性回归方程的截距和系数，然后通过代码行 5～9 输出模型准确率得分和模型对应的线性回归方程。模型准确率得分及线性回归方程如图 3-21 所示。

```
模型准确率得分0.730
y=-0.071588+0.178809x0-0.001653x1+0.213793x2+0.038227x3+0.385987x4+0.018705x5
```

图 3-21　模型准确率得分及线性回归方程

由图 3-21 可知，模型得分为 0.730，表示预测效果还可以。由图 3-21 中的线性回归方程可以看出，在同等条件下，男性比女性可能产生的医疗费用要少一些，经常吸烟者的医疗费用则要多一些。且年龄、BMI、吸烟等在产生医疗费用上有较高的风险，因为这些特征系数相比其他特征系数有较大的值。其中年龄和 BMI 的特征系数相对较大，这符合现实情况，即随着人的年龄和体重的增加，保险的预期成本会有一个较大的上升。

4. 预测结果可视化

为更好地观察模型的预测效果，将所有预测值与对应的真实值进行可视化对比，实现代码如下。

```
1  import matplotlib.pyplot as plt
2  plt.rcParams['font.sans-serif'] = ['SimHei']
3  y_pred=model.predict(x_test)
4  plt.figure(figsize=(8,8))
5  plt.scatter(y_test,y_pred,label='测试集目标值')
6  plt.plot(y_pred,y_pred,'r',label='模型预测值')
7  plt.legend(loc='upper left')
```

代码行 3 得到测试集的预测值，代码行 5 绘制由各样本的真实值、预测值构成的散点图，代码行 6 绘制由预测值构成的线性回归直线，代码 7 设置图例在左上方显示。预测效果示意图如图 3-22 所示。

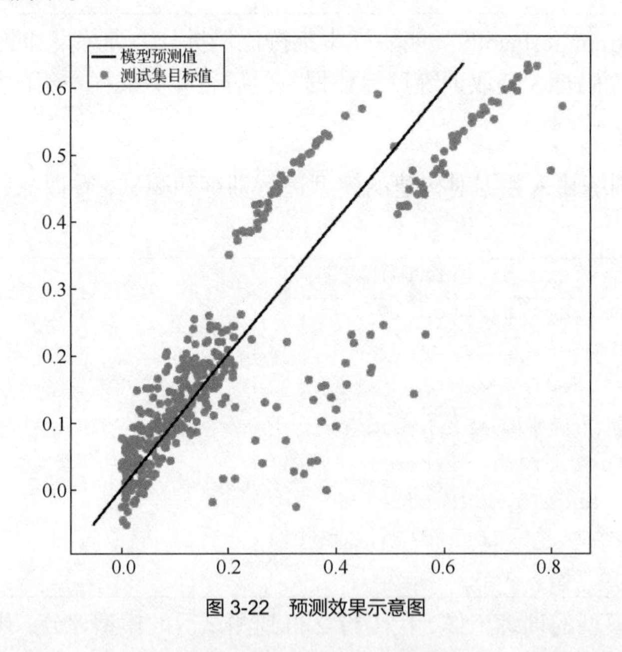

图 3-22　预测效果示意图

由图 3-22 可以看出，如果各样本的真实值与预测值相等，则所有的点都应该落在直线上。从图 3-22 看到，各点基本在直线周围分布，但也有一定的不均匀性，这与前文模型的得分 0.73 基本吻合，说明模型还有改进的空间。

3.4.6　任务 3——进一步改善模型性能

3.4 任务 3

【任务描述】任务 2 采用线性回归模型来拟合医疗费用，但发现模型的得分和表现不尽如人意。为改善模型性能，根据下列任务目标，按照以下步骤完成任务 2。

【任务目标】对模型进行优化，并应用改进的模型进行医疗费用预测。

【完成步骤】

1．模型改进

对现有样本数据而言，模型的改进可从以下几个方面考虑。

（1）分析样本特征的相关性

线性回归的理想前提是自变量之间不存在相关性或存在弱相关性，它们各单独作用于因变量。通过 df.corr 语句查看各自变量之间的相关性。结果如表 3-2 所示。

表 3-2　自变量之间的相关性

	age	sex	bmi	children	smoker	region	charges
age	1.000000	−0.020856	0.109272	0.042469	−0.025019	−0.002127	0.299008
sex	−0.020856	1.000000	0.046371	0.017163	0.076185	−0.004588	0.057292
bmi	0.109272	0.046371	1.000000	0.012759	0.003750	−0.157566	0.198341
children	0.042469	0.017163	0.012759	1.000000	0.007673	−0.016569	0.067998
smoker	−0.025019	0.076185	0.003750	0.007673	1.000000	0.002181	0.787251
region	−0.002127	−0.004588	−0.157566	−0.016569	0.002181	1.000000	0.006208
charges	0.299008	0.057292	0.198341	0.067998	0.787251	0.006208	1.000000

从表 3-2 可以看出，age 与 bmi 的相关性约为 0.11，即存在较大的相关性，这也符合常理，随着人年龄的增加，体重会明显增加。所以对于这种有相互影响且对结果有共同作用的情况，可以考虑添加一个对应的自变量来改变模型的构成。

（2）考虑模型中是否存在非线性变量

线性回归中，假定自变量和因变量之间的关系是线性的。但在某些场景下，这种假设是不正确的。如在本例中，年龄与医疗费用的支出是一种非线性的关系，人在 45 岁前往往具有较好的健康状态，医疗费用很少，但对于年长的人群，医疗费用可能明显较高。针对这种情况，可以尝试在模型中添加一个非线性的影响因子。

（3）评估连续性变量的影响是否也是连续的

一些连续性自变量对结果的影响往往不是连续的，只是在自变量的值超过阈值时，对结果的影响才较为显著。像本例中的 bmi，在正常范围内其对医疗费用的影响可能为 0，但一旦出现世界卫生组织定义的 bmi≥30 的情况，则它可能就与医疗费用密切相关了。因此，针对这种情况，建议将自变量的连续值修改为离散值，或者补充一个离散型的自变量以改善模型。

为此，请读者根据上述建议自己去改进模型。下面仅考虑 bmi 和 smoker 的共同作用，添加一个自变量 bmismoker，试去改善模型的性能。在任务 2 的源代码中，添加以下语句。

```
def bmi(x):
    if x>=30:
        return 1
    else:
        return 0
```

```
    df.insert(6,'bmismoker',df['smoker']*df['bmi'].
apply(lambda x:bmi(x)))
```

上述代码在原样本数据中插入一列 bmismoker，其值为列 smoker 的值乘列 bmi 的离散值。重新执行代码，模型的测试结果如图 3-23 所示。

```
模型准确率得分0.869
y=0.003227+0.197297x0-0.005146x1+0.019111x2+0.040828x3+0.216667x4+0.017165x5+0.301258x6
```

图 3-23 模型的测试结果

相对于前一个模型，改进后的模型得分一下子提高到 0.869，说明此模型能更好地解释医疗费用的变化，这可能提示肥胖吸烟者对医疗费用的影响是巨大的。

2. 预测投保人可能发生的医疗费用

假设投保人的基本信息如下。

```
1   person={'age':[35],'sex':1,'bmi':[31],'children':[2],'smoker':[1],
    'region':[2],'bmismoker':[1],'charges':[0]}
2   person_df=pd.DataFrame(person)
3   person_data=scaler.transform(person_df)
4   x_person=person_data[:,[0,1,2,3,4,5,6]]
5   y_personPred=model.predict(x_person)
6   person_data[0,7]=y_personPred
7   person_data=scaler.inverse_transform(person_data)
8   print('预测后的投保人信息:',person_data)
9   print('该投保人的预测医疗费用charges=%.2f'%person_data[0,7])
```

代码行 1 指定该投保人在预测前的医疗费用为 0，代码行 3 对待预测数据进行归一化处理，代码行 5 得到预测的医疗费用 y_personPred，该预测值是归一化值，需要反转得到原始值。代码行 6 将预测前的医疗费用的值替换成预测后的值，然后通过代码行 8～9 依次输出预测后的投保人信息和医疗费用。投保人的预测医疗费用如图 3-24 所示。

```
预测后的投保人信息: [[3.50000000e+01 1.00000000e+00 3.10000000e+01 2.00000000e+00
  1.00000000e+00 2.00000000e+00 1.00000000e+00 4.03245188e+04]]
该投保人的预测医疗费用charges=40324.52
```

图 3-24 投保人的预测医疗费用

本章小结

机器学习是人工智能的技术基础，它的学习离不开经验数据、算法和模型，这也是机器学习的三大构成要素。其中，算法是机器学习的核心，根据机器学习过程中是否具有明确的反馈，可将机器学习算法分为监督学习、无监督学习、强化学习等。线性回归是一种确定数值类型因变量和自变量关系的有监督学习方法，学习目标是找到一个类似 $y=\beta_0+\beta_1x_1+\beta_2x_2+\cdots+\beta_nx_n$ 的函数表达式，来解释因变量 y 与自变量 x_i 之间存在的线性关系。在寻找线性回归模型的过程中，选用损失函数，如均方误差来评估模型的预测误差效果。如何高效找到损失函数的最小值呢？通常采用梯度下降法来尽快找到模型的最优解。案例 1 根据房屋的面积和价格样本数据来预测未来某个面积的房屋价格，这是线性回归的典型应用。案例 2 通过投保人相关的历史数据来预测保险公司的医疗费用，展现了使用线性回归解决业界问题的另一种能力。两个案例都是利用训练集来训练模型，然后通过测试集进一步评估学习模型的性能，采用可视化图形的方式展示模型的效果。可以看出，整个预测效果还是不错的，这正说明了机器学习的确能帮助人们解决一些问题。

课后习题

一、考考你

1. _____不是机器学习必备的一个要素。
   A. 经验数据　B. 模型　C. 目标标签　D. 算法
2. 监督学习与无监督学习最大的区别是_____。
   A. 先验知识　B. 学习算法　C. 学习方法　D. 有无标签
3. 线性回归模型要解决的问题是_____。
   A. 找到自变量与因变量之间的函数关系
   B. 模拟样本数据曲线
   C. 找到数据与时间的变化关系
   D. 尽量用一条直线去拟合样本数据
4. 梯度下降法的目标是_____。
   A. 尽快完成模型训练　B. 寻找损失函数的最小值
   C. 提高算法效率　D. 提高模型性能
5. _____不是 DataFrame 在数据处理方面广泛应用的主要优势。
   A. 支持多类型数据　B. 检索数据灵活
   C. 更改数据方便　D. 优于矩阵运算

二、亮一亮

1. 采用哪些方案可有效提高预测房屋价格模型的质量？请尝试并验证你的想法。
2. 为什么要进行模型的训练、测试和评估？请讨论并阐述你的理由。

三、帮帮我

请尝试采用随机梯度下降回归模型函数 SGDRegressor 来预测投保人的医疗费用，将预测效果与案例 2 进行对比。

提示：用以下语句导入 SGDRegressor 类。

```
fromsklearn.linear_model import SGDRegressor
```

第❹章　分门别类：帮你“分而治之”

生活中处处存在分类的情形和场景，如图书馆中图书按类摆放、超市中不同商品分类陈列、邮箱中邮件按正常邮件和垃圾邮件进行分类、医生按检查结果对病人分类治疗等。如果来了一个新的商品，将它放在哪个货架上更合适呢？如果将它错误分类处理，可能会导致该商品长期被人遗忘。如果是病人被错误分类，后果可能会非常严重。在企业管理过程中，特别是面对大量数据对象时，合理的分类方法就显得尤为重要，它能帮助企业根据数据特征对对象进行分类，进而能准确地将某个样本（对象）划分到合适的目标类中，为后续的企业应用做好准备。因此，做好数据分类管控，能提高公共安全治理水平和企业数字化发展水平。

本章内容导读如图 4-1 所示。

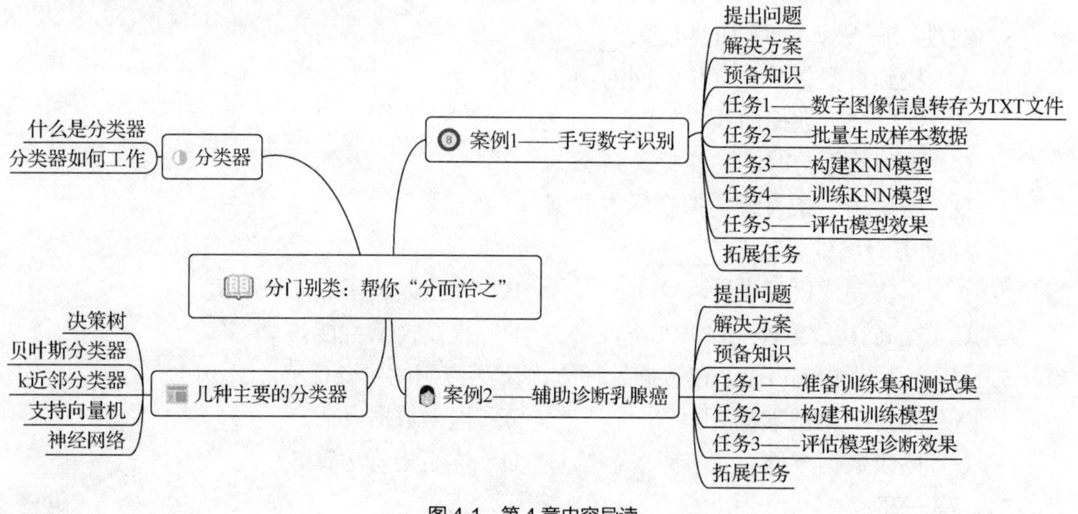

图 4-1　第 4 章内容导读

4.1 分类器

4.1.1　什么是分类器

在理解分类器（classifier）如何工作前，先了解一下什么是分类器。人们在看到不认识的花时，情不自禁地想知道这是哪一种花；在动物园看到没见过的动物时，也想知道这种动物的名称。气象研究人员想利用云层图像的颜色、形状等特征来预测今天是晴天、多云还是雷雨天气。电子邮箱会根据电子邮件的标题和内容来区别出垃圾邮件和正常邮件。在生活和工作中，人们经常会去察异辨物，判别一个事物的种类，看它到底属于哪种类型，这就是人工智能领域的分类问题。分类是人工智能的一种重要方法，是在已有数据的基础上学习出一个分类函数或构造出一个分类模型，该函数或者模型就是一个能完成分类任务的人工智能系统，即人们通常所说的分类器。由此可见，分类是数据挖掘、智能分析中的一种非常重要的方法，利用分类器能够把数据映射到给定类别的某一个类别，从而提供对数据有价值的观察视角，可以帮助机器更好地理解数据和预测数据。

4.1.2 分类器如何工作

通过分类器来完成分类工作的一般工作过程如图 4-2 所示。

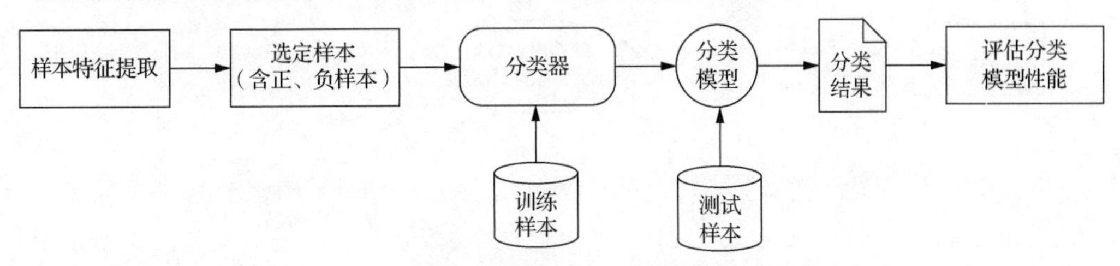

图 4-2 分类器的一般工作过程

（1）样本特征提取。样本特征提取是分类器工作的首要任务，如果待分类对象没有提取特征，也就没有分类的依据，就无从辨别对象的种类。在生活经验中，人们往往是根据对象的特点或独特的属性来区分它们。例如，要识别一个动物是否是大象，将动物的身高、鼻子长度和耳朵大小作为特征，就更容易辨别。针对不同的待分类对象，要想让人工智能具备较高的识别率，就需要根据对象本身的特点，综合考虑关联对象的差异，提取出有效的特征，让分类器准确工作。

（2）正、负样本。针对分类问题，正样本是指想要正确分类出的类别所对应的样本，负样本是指不属于这一类别的样本。例如，要对一张图片进行分类，以确定其是否包含人脸，那么在训练的时候，人脸图片为正样本，原则上负样本可以选取任何不含人脸的其他图片，这样就可以训练出一个人脸的分类模型。但在选取负样本的时候，比较合理的情况是要考虑到实际应用场景，如要识别进入校园的人脸，那么校园门口的汽车、窗户、墙壁、树木等都可以是负样本，这些物体和人脸常常在同一张图片中出现，但它们的特征和人脸特征却有较大的差异。这样训练出来的分类模型才可能有较高的识别率。

（3）分类器。分类器通过学习得到一个目标函数或模型（以下统称为模型），它能把样本的特征集 X 映射到一个预先定义的类别号 y。因此，可以把分类器看作一个黑盒子，它的任务就是根据输入特征集 X 来输出类别号 y，如图 4-3 所示。

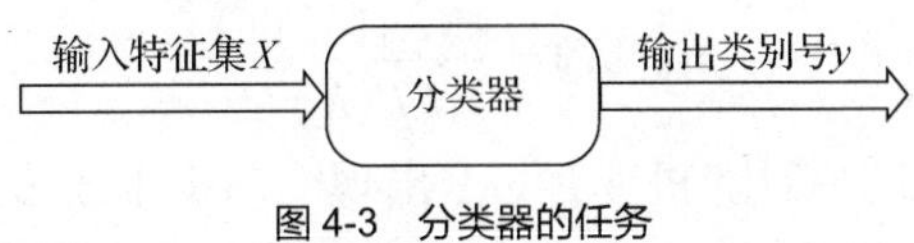

图 4-3 分类器的任务

那么，分类器主要利用哪些学习算法来确定分类模型呢？带着这个问题，来了解常用的一些分类器的基本工作原理。

4.2 几种主要的分类器

4.2.1 决策树

顾名思义，决策树（decision tree）是用于决策的一棵“树”，它从根节点出发，通过决策节点对样本的不同特征进行划分，按照结果进入不同的选择分支，最终到达某一叶子节点，获得分类结果。图 4-4 所示为一个简单的垃圾邮件分类决策树。

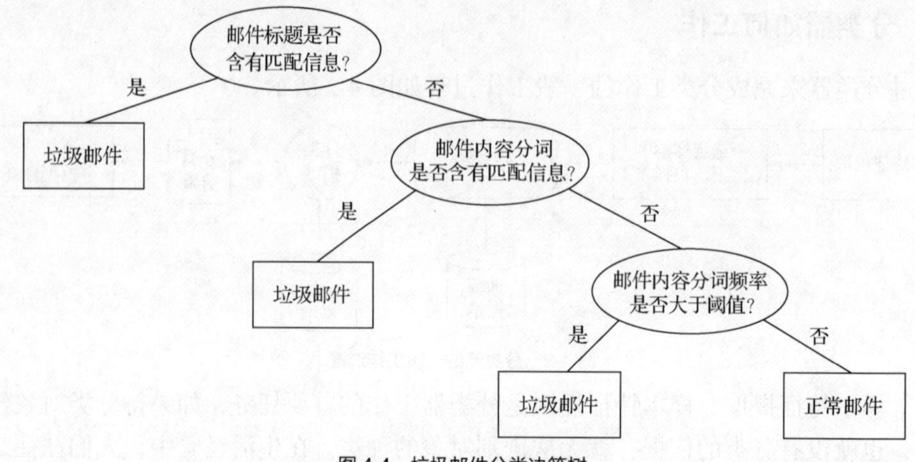

图 4-4　垃圾邮件分类决策树

上述决策树对邮件的标题、内容分词和内容分词频率分别进行评估，然后进入不同的选择分支，最终完成分类。可见，决策树的层次结构构建过程是按照样本特征的优先级或重要性确定的，其叶子节点尽可能属于同一类别。决策树常用于基于规则的等级评估、比赛结果预测和风险研判等。

4.2.2　贝叶斯分类器

在一些应用中，特征集和类别号之间的关系是不确定的，也就是说，很难通过一些先验知识直接预测它的类别号。这种情况产生的原因可能是多方面的，如噪声、主要变量的缺失等。对于这类求解问题，可以视为一个随机过程，使用概率理论来分析。例如，不能直接预测随意一次投币的结果是正面（类 1）还是反面（类 0），但可以计算出它是正面或反面的概率。贝叶斯分类器（bayes classifier）就是对于给定的分类项，利用贝叶斯定理，求解该分类项在预先给定条件下各类别中出现的概率，哪个概率最大，就将其划分为哪个类别。贝叶斯定理公式如下。

$$P(Y|X)=\frac{P(X|Y)P(Y)}{P(X)}$$

上式的解释是：X、Y 是一对随机变量，X 出现的前提下 Y 发生的概率 $P(Y|X)$，等于 Y 出现的前提下 X 发生的概率 $P(X|Y)$ 与 Y 出现的概率 $P(Y)$ 的乘积再除以 X 出现的概率 $P(X)$。仍以垃圾邮件过滤为例，使用贝叶斯分类器通过考虑关键词在邮件中出现的概率来判定垃圾邮件。假设收到一封由 n 个关键词组成的邮件 E，x=[1,0]分别表示正常邮件和垃圾邮件，就可以根据 n 个关键词出现在以往邮件中的正常邮件概率 $P(x=1|E)$ 和这 n 个关键词出现在以往邮件中的垃圾邮件概率 $P(x=0|E)$ 的大小来判定该邮件是否为垃圾邮件。如果 $P(x=1|E)>P(x=0|E)$，则为正常邮件，否则为垃圾邮件。

该例对应的贝叶斯定理如下。

$$P(x=1|E)=\frac{P(E|x=1)P(x=1)}{P(E)}$$

$$P(x=0|E)=\frac{P(E|x=1)P(x=0)}{P(E)}$$

上式中的 $P(x=1)$ 和 $P(x=0)$ 可以根据邮箱中正常邮件和垃圾邮件的个数计算出来，而 $P(E)$ 的计算根据贝叶斯分类假设而得，即所有的特征变量（关键词）都独立作用于决策变量，因此有如下等式成立。

$$P(E)=P(E_1)\times P(E_2)\times\cdots\times P(E_i)\times P(E_n)$$

式中的 $P(E_i)$ 表示所有邮件中关键词 E_i 的概率，于是根据贝叶斯分类器解决了此垃圾邮件分类问题。由于贝叶斯分类器有坚实的数学基础作为支撑，模型参数较少，对缺失数据不敏感，分类效率稳定，因此在文本分类、图像识别和网络入侵检测等方面得到了广泛应用。

4.2.3　k 近邻分类器

把每个具有 n 个特征的样本看作 n 维空间的一个点，对于给定的新样本，先计算该点与其他点的距离（相似度），然后将新样本指派为周围 k 个最近邻的多数类，这种分类器称为 k 近邻（k-Nearest Neighbor，KNN）分类器。该分类器的合理性可以用人们的常规认知来说明：判别一个人是好人还是坏人，可以从跟他走得最近的 k 个人来判断，如果 k 个人中多数是好人，那么可以判定他为好人，否则判定他为坏人。在图 4-5 中，求待分类样本 x 的类别。

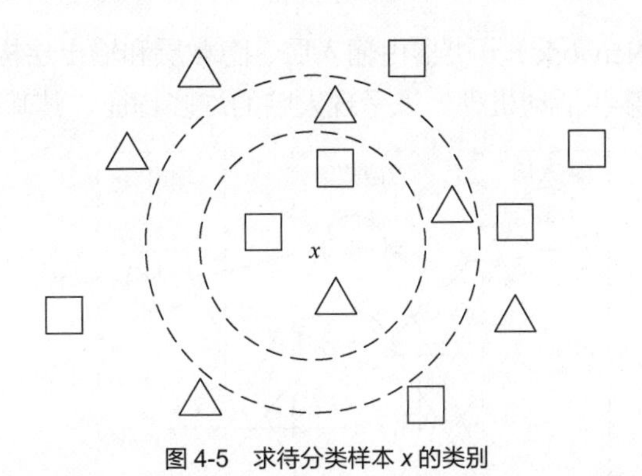

图 4-5　求待分类样本 x 的类别

由图 4-5 可知，如果取 k=3 个最近邻，则 x 被指派为正方形类；如果取 k=5 个最近邻，则 x 被指派为三角形类。由此可见，k 的取值大小对分类结果是有影响的。另外，当样本数据较大时，计算相似度所消耗的时间和空间较多，导致分类效率低。还有，从图 4-5 可以看出，采用多数表决方法来判断 x 的类别，是没有考虑与 x 不同距离的近邻对其影响的程度的。显然，一个远离 x 的近邻对 x 的影响是要弱于离它近的近邻的。尽管 KNN 分类器有上述缺点，但该分类器是基于具体的训练集进行预测的，不必为训练集建立模型，还可以生成任何形状的决策边界，从而提供灵活的模型表示，在数字和图像识别等方面得到了较好的应用。

4.2.4 支持向量机

支持向量机（Support Vector Machine，SVM）的基本思想是通过非线性映射φ，把样本空间映射到一个高维的特征空间，将原本样本空间线性不可分的问题，转化成在高维空间通过线性超平面将样本完全划分开的问题。例如，在图 4-6 中，二维空间的样本无法线性划分，但通过映射到三维空间，可以用一个平面将这些样本完全划分开。

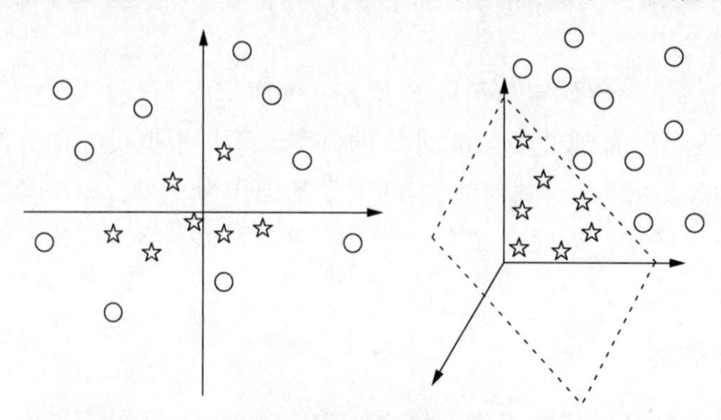

图 4-6 升维后变成线性可分

SVM 是一种有坚实统计学理论支撑的机器学习方法，其最终的决策函数只由位于超平面附近的几个支持向量决定。该方法不仅算法简单，而且具有较好的健壮性，特别适合解决样本数据较少、先验干预少的非线性分类、回归等问题。

4.2.5 神经网络

神经网络（Neural Network）分类器由输入层、隐藏层和输出层构成，它通过模仿人脑神经系统的组织结构及其某些活动机理，来呈现人脑的许多特征。其基本结构如图 4-7 所示。

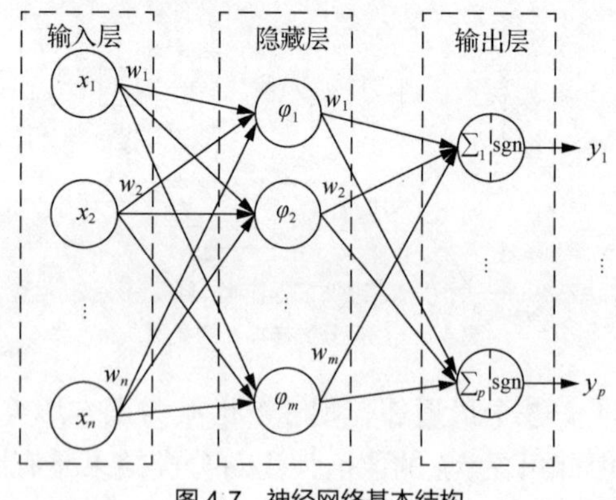

图 4-7 神经网络基本结构

图 4-7 中每个节点代表一个神经元，节点之间的连线对应权重值 w，输入变量 x 经过神经元时被激活函数φ赋予权重并加上偏置，将运算结果传递到下层网络的神经元。在输出层中，神经元对各个输入进行线性加权求和，并经符号函数 sgn 处理，最后给出输出值 y。若该神经网络用于分类，在检验阶段，如果 $y_i = \max\left(y_1,\cdots,y_p\right)$，则该预测样本为第 i 类的可能性最大，即判定该样本属于第 i 类。

4.3 案例1——手写数字识别

4.3.1 提出问题

数字是人们生活中常用、常见的符号，银行账单、汽车牌照、商品价格标签等都有数字的身影。对于人类来说，可以很容易识别图像上的数字，这是人类视觉经千万年演变进化的结果。但对于计算机而言，想让它识别一个图像上的数字就不那么容易了。如何能让计算机识别出图4-8所示的各个数字呢？

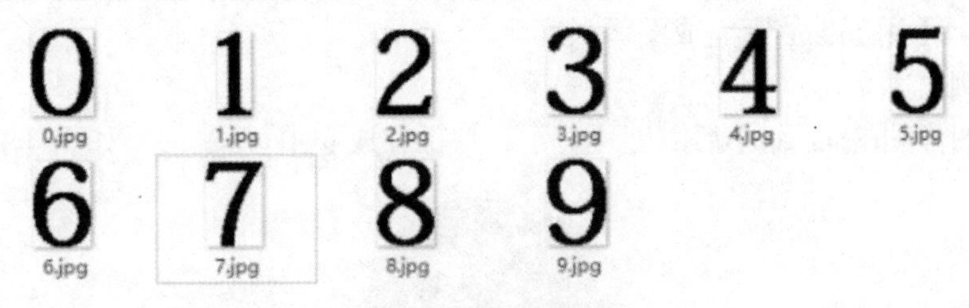

图4-8 含有数字的图像

本节将利用KNN分类器来帮助计算机识别数字，将各图像中的数字分类到0~9的10个类别中。

4.3.2 解决方案

如4.2.3小节所述，KNN是一种非常简单的分类器，其核心思想是：如果一个样本在特征空间中的 k 个最近邻中的多数属于某个类别，则该样本也属于这个类别。通常采用欧氏距离来计算两样本之间的距离大小，并据此找到某样本的 k 个最近邻。识别图像上数字的解决方案的流程如图4-9所示。

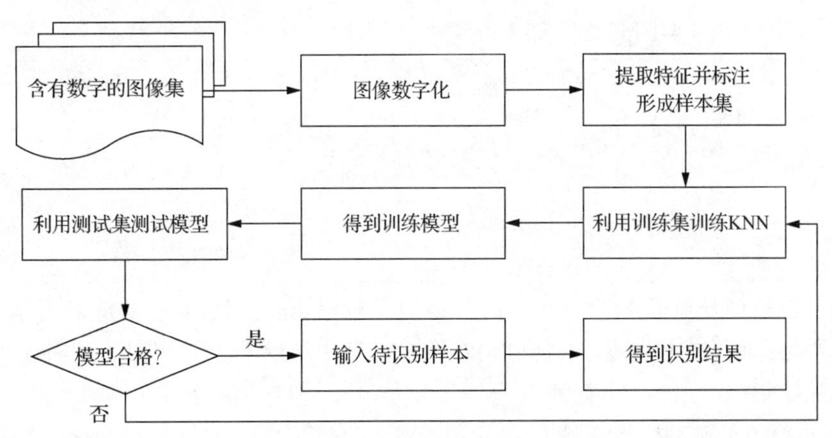

图4-9 解决方案的流程

4.3.3 预备知识

识别图像上的数字，首先要涉及对图像的处理，让数字与背景分离开，其次要了解如何利用现成的开发包来使用KNN分类器。下面就学习相关知识和操作。

1. 图像灰度化

图像灰度化简单来说就是让图像像素点矩阵中的每一个像素点都满足下面的关系：$R=G=B$（这 3 个值相等），此时的这个值叫作灰度值。这样每个像素点的颜色不需要用 3 个值来表示，只需用一个灰度值表示就可以了，这不仅能大大减少计算量，而且能保留相关信息。PIL（Python Image Library，Python 图像库）库提供了图像切片、旋转、差值、滤波和写文字等许多功能。PIL 库在 Python 3.x 中已是标准库，可以通过以下命令安装。

```
pip3 install pillow
```

【引例 4-1】用 Image 库完成图像灰度化。

（1）引例描述

将彩色图像 girl.png 缩小后灰度化显示，并保存成 girl_gray.png，如图 4-10 所示。

引例 4-1

图 4-10　原图像和转换后的图像

（2）引例分析

导入 Image 库后，读取图像并创建一个图像对象，然后改变图像的大小和灰度，最后将转换后的图像显示并保存。

（3）引例实现

实现的代码（case4-1.ipynb）如下。

```
1   from PIL import Image
2   img=Image.open(r'..\data\girl.png')
3   img=img.resize((80,80),Image.ANTIALIAS)
4   img=img.convert('L')
5   img.show()
6   img.save(r'..\data\girl_gray.png')
```

代码行 2 是打开目标图像，并返回一个图像对象 img。代码行 3 是采用 ANTIALIAS 过滤器高质量缩小图像尺寸为 80 像素×80 像素，其中过滤器主要有以下 4 种常用方式。

① Image.NEAREST：低质量。

② Image.BILINEAR：双线性。

③ Image.BICUBIC：3 次样条插值。

④ Image.ANTIALIAS：高质量。

代码行 4 是将缩小后的图像灰度化，将原来一个像素点的 R、G、B 这 3 个值转换成可用一个灰度值表示的值。

2. 欧氏距离

用 KNN 算法计算两个样本之间的距离，以此来判定某个样本周围哪些邻居离它是最近的或者是最相似的。欧氏距离是常用的一种计算公式，如下所示。

$$\mathrm{dist}(X,Y)=\sqrt{\sum_{i=1}^{n}(x_i-y_i)^2}$$

点 X 与点 Y 之间的欧氏距离等于各特征值之差的平方和的平方根。

3. KNN 算法的主要参数

运用 KNN 进行分类时，合理调整算法参数，可能会有效提升分类精度。KNN 算法的主要参数如表 4-1 所示。

表 4-1 KNN 算法的主要参数

参数	含义	备注
k	周围的邻居数。显然该值过大或过小都不好，可以尝试多次取值	如果训练集较小，可选择训练集样本数量的平方根，一般为奇数
weights	近邻的权重。一般来说距离预测目标更近的近邻具有更高的权重，因为较近的近邻比较远的近邻更有投票权	一般选择权重和距离成反比例
p	距离度量方法	有曼哈顿距离、欧氏距离等。常用欧氏距离

4. 分类性能度量指标

在了解分类性能度量指标之前，先了解以下 4 个基础概念，其分布如表 4-2 所示。

（1）真正（True Positive，TP）：被模型预测为正的正样本。

（2）假正（False Positive，FP）：被模型预测为正的负样本。

（3）假负（False Negative，FN）：被模型预测为负的正样本。

（4）真负（True Negative，TN）：被模型预测为负的负样本。

表 4-2 4 个概念的分布

	True	False
Positive	TP	FP
Negative	TN	FN

由表 4-2 可以看出，True 列是正确分类的结果，False 列是错误分类的结果。因此，常用以下指标来度量分类性能。

（1）准确率

$$\mathrm{Accuracy}=\frac{\mathrm{TP}+\mathrm{TN}}{\mathrm{TP}+\mathrm{TN}+\mathrm{FP}+\mathrm{FN}}$$

准确率（Accuracy）是指在所有样本中被正确预测的样本的比例。

（2）正确率

$$\text{Precision} = \frac{\text{TP}}{\text{TP} + \text{FP}}$$

正确率（Precision）是指被预测为正的样本里真正的正样本所占的比例。

（3）召回率

$$\text{Recall} = \frac{\text{TP}}{\text{TP} + \text{FN}}$$

召回率（Recall）是指被正确预测的正样本占所有正样本的比例，即在所有正样本中有多少被正确找出来。

（4）$F1$ 值

$$\frac{2}{F1} = \frac{1}{\text{Precision}} + \frac{1}{\text{Recall}}$$

$F1$ 值是正确率和召回率的调和值。由上式不难看出，当正确率和召回率两者中只要有一个较小时，$F1$ 值就小，只有当两者均较大时，$F1$ 值才可能最大。$F1$ 值越大，表明正确率和召回率都同时越高，这时无论对于正样本还是负样本，模型均有很好的表现。

4.3.4 任务 1——数字图像信息转存为 TXT 文件

4.3 任务 1

【任务描述】对于含有数字的图像，不能直接用 KNN 分类器来识别其数字，可选的方法是将图像上的信息提取出来保存为文本格式，用 1 表示含有数字的像素点，0 表示数字之外的像素点。一个数字用 32 像素×32 像素的矩阵表示。新建文件 4_task1.ipynb，根据任务目标，按照以下步骤完成任务 1。

【任务目标】将图像上的数字特征提取出来保存到 TXT 文件中。

【完成步骤】

1. 导入相关的库

因为要涉及文件操作和图像处理，所以要在源程序文件中导入 os 库和 Image 模块。代码如下。

```
import os
from PIL import Image
```

2. 定义转换函数 imgtotext

本函数首先将含有数字的图像进行缩放和灰度化处理，然后对图像逐行扫描，按每个像素点的像素灰度值大小将其转换成 0 或者 1，转换规则如下。

（1）大于等于 128：转换成 0（表示白色）。

（2）小于 128：转换成 1（表示黑色）。

最后将转换后的字符串数据写入 TXT 文件，完成函数的转换操作。函数源代码如下。

```
1  defimgtotext(imgfile,txtfile,size=(32,32)):
2      image_file = Image.open(imgfile)
3      image_file = image_file.resize(size,Image.LANCZOS)
```

```
4       image_file=image_file.convert('L')
5       width,height = image_file.size
6   f =open(txtfile,'w')
7       ascii_char = '10'
8   fori in range(height):
9           pix_char='';
10          for j in range(width):
11  pixel =image_file.getpixel((j,i))
12              pix_char+=ascii_char[int(pixel/128)]
13          pix_char+='\n'
14          f.write(pix_char)
15      f.close()
```

上述代码中，代码行 6 是利用文件对象 f 向 txtfile 文件写数据，代码行 11 是读取点(*j*,*i*)处的像素灰度值，代码行 15 是将转换后的字符串数据写入 TXT 文件。

3. 调用函数生成 TXT 文件

通过如下形式调用函数 imgtotext，将写有数字“3”的图像信息保存为文本信息。

```
imgtotext(r'data\3.jpg',r'data\3_0.txt')
```

运行后生成的文件“3_0.txt”的内容如图 4-11 所示。

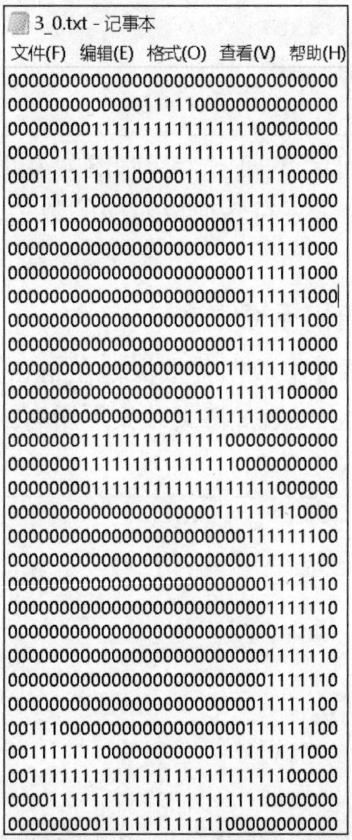

3_0.txt - 记事本

文件(F)　编辑(E)　格式(O)　查看(V)　帮助(H)

```
00000000000000000000000000000000
00000000000001111100000000000000
00000000111111111111111100000000
00000111111111111111111111000000
00011111111110000011111111100000
00011111000000000000111111110000
00011000000000000000001111111000
00000000000000000000000111111000
00000000000000000000000111111000
00000000000000000000000111111000
00000000000000000000000111111000
00000000000000000000001111110000
00000000000000000000001111110000
00000000000000000000011111100000
00000000000000000111111110000000
00000001111111111111110000000000
00000001111111111111110000000000
00000000111111111111111111000000
00000000000000000000011111110000
00000000000000000000000011111100
00000000000000000000000011111100
00000000000000000000000001111110
00000000000000000000000001111110
00000000000000000000000000111110
00000000000000000000000001111110
00000000000000000000000011111100
00111000000000000000000011111100
00111111100000000011111111111000
00111111111111111111111111100000
00001111111111111111111110000000
00000000011111111111110000000000
```

图 4-11　数字 3 转换后的文本内容

从图 4-11 可以看出，图像形式的数字尽管转换成了文本格式，但其基本特征仍然较好地保存了下来，为后续的 KNN 模型训练和识别数字奠定了基础。采用上述函数，对不同样式的含有 0～9 的数字的图像进行尽可能多的转换，以生成训练样本和测试样本。当样本数量足够多时，模型能针对不同样式的图像数字进行训练，也就是让模型在训练期间能“认识”不同类型人群书写的样式多变的图像数字，为提高识别率做好功课。

4.3.5 任务 2——批量生成样本数据

4.3 任务 2

【任务描述】由于所有的样本数据都是以文本字符的形式保存在 TXT 文件中的，如文件 0_0.txt 保存的是数字 0 的第一个图像数据，而模型只能接受数值类型的数据，因此要按下述步骤编写代码完成任务 2。

【任务目标】将文件夹下所有的文件数据转换成模型所需的样本数据。

【完成步骤】

1. 定义一个样本的数据转换函数

定义函数 txt2array，将一个 TXT 文件数据转换成数值类型的数组，代码如下所示。

```
1   def txt2array(filename):
2       X=np.zeros((1,1024))
3       f = open(filename)
4       for i in range(32):
5          lineStr = f.readline()
6          for j in range(32):
7   X[0,32*i+j] = int(lineStr[j])
8   return X
```

代码行 2 表示样本的特征向量 $\boldsymbol{X}$ 是一个初始值为 0 的 1×1024 的二维数组。代码行 7 将 filename 文件里各行中的一个个字符转换成对应的数字，保存到 $\boldsymbol{X}$ 中，此时 $\boldsymbol{X}$ 实际上就是一个样本的特征值。

2. 生成所有样本的特征值和标签值

所有的训练样本数据和测试样本数据分别保存在 trainingDigits、testDigits 文件夹下，因此需要定义一个函数 convert2dataset，将文件夹下所有的 TXT 文件转换成样本的特征值及对应的标签值，代码如下所示。

```
1   def convert2dataset(file_path):
2       list_file=os.listdir(file_path)
3   m=len(list_file)
4       datas=np.zeros((m,1024))
5       labels=[]
6       for i in range(m):
7   num=int(list_file[i][0])
8          labels.append(num)
9          datas[i,:]=txt2array(file_path+'\\'+list_file[i])
10      return datas,labels
```

代码行 2 列出文件夹 file_path 下所有的文件名；代码行 4 定义一个 m×1024 的数组，

每行用来保存每个文件的特征值；代码行 5 是所有样本的标签值；代码行 9 是调用函数 txt2array，将文件夹下每个 TXT 文件转换成数组 datas 中的一个元素。这样，所有样本的特征值和对应的标签值通过代码行 10 返回。

接下来就可以通过以下语句生成训练样本数据和测试样本数据了。

```
x_train,y_train=convert2dataset(r'data\trainingDigits')
x_test,y_test=convert2dataset(r'data\testDigits')
```

4.3.6　任务 3——构建 KNN 模型

4.3 任务 3

【任务描述】有了样本数据，下一步就要构建一个 KNN 模型，用它来对数字图像按 0～9 进行分类，以识别出对应的数字。

【任务目标】构建一个 KNN 模型，为后续的数字识别做好准备。

【完成步骤】

1. 导入 KNN 类

导入模块 sklearn.neighbors 中的 KNeighborsClassifier 分类器，代码如下。

```
from sklearn.neighbors import KNeighborsClassifier
```

2. 构建分类模型

利用 KNeighborsClassifier 类生成 KNN 模型对象，代码如下。

```
knn= KNeighborsClassifier(n_neighbors=43,weights='distance',p=2)
```

上述代码定义一个 KNN 模型 knn，模型中参数 n_neighbors =43（采用训练样本数量的平方根）、p=2 表示使用欧氏距离来计算样本相似度大小，weights='distance'表示权重与距离成反比，即更近的近邻有更高的权重。

4.3.7　任务 4——训练 KNN 模型

4.3 任务 4

【任务描述】有了模型 knn 后，必须对它进行训练，以便让它“认识”哪些是数字 0、哪些是数字 1 等。不同的数字具有不同的特征，即通过训练让模型具有能辨别出图像上是哪个数字的能力。

【任务目标】能利用样本数据对构建的 KNN 模型进行训练，并对训练结果进行简单的评估。

【完成步骤】

1. 用训练集 x_train、y_train 来训练模型

调用 fit 方法对模型进行训练，代码如下。

```
knn.fit(x_train,y_train)
```

上述代码实际上就是让模型“记住”每个样本的特征值对应的是哪个数字标签，经过大量样本的这种反复训练，模型就知道靠哪些特征值来识别出对应的数字了。

2. 对训练后的模型进行评估

为了解该模型训练后的效果，可以从准确率方面做观察，执行以下代码。

```
knn.score(x_train,y_train)
```

执行结果如下。

```
Out[88]: 1.0
```

执行结果表明模型能百分之百地识别出对应的数字，说明模型的训练效果很好。接下来要用测试数据进一步对训练后的模型效果进行评估。

4.3.8 任务 5——评估模型效果

4.3 任务 5

【任务描述】尽管乍一看模型在训练过程中能全部正确识别出对应的数字，但训练后的模型面对新的样本时，还能表现出优异的性能吗？这还有待进一步的测试，以便了解训练后模型的泛化能力和稳定性。

【任务目标】对训练后的模型进行测试，了解模型各项性能指标。

【完成步骤】

1. 测试模型性能

测试模型性能就是基于测试样本用训练后的模型来预测对应的分类标签值 y_labels，并将其与真实的标签值 y_test 进行对比，来验证模型的正确率、召回率和 $F1$ 值等性能指标。代码如下。

```
1   from sklearn.metrics import classification_report
2   y_pred=knn.predict(x_test)
3   print(classification_report(y_test,y_pred))
```

代码行 1 导入 classification_report 类，代码行 2 对模型进行测试，代码行 3 是输出模型性能测试报告，报告内容如图 4-12 所示。

	precision	recall	f1-score	support
0	0.99	1.00	0.99	87
1	0.88	0.97	0.92	97
2	0.95	0.96	0.95	92
3	0.94	0.94	0.94	85
4	1.00	0.93	0.96	114
5	1.00	0.94	0.97	108
6	0.97	1.00	0.98	87
7	0.92	1.00	0.96	96
8	0.96	0.85	0.90	91
9	0.90	0.93	0.92	89
accuracy			0.95	946
macro avg	0.95	0.95	0.95	946
weighted avg	0.95	0.95	0.95	946

图 4-12　模型性能测试报告

由图 4-12 可以看出，946 个测试样本中，平均准确率为 95%，数字 0、6、7 的召回率为 100%，数字 8 的召回率最低，只有 85%，说明有高达 15%的数字 8 没有被正确识别出来。数字 1 的准确率只有 88%，而召回率为 97%，说明有 12%的其他数字被错误预测为数字 1。为进一步了解导致某个数字预测性能不理想的原因，以数字 8 为例，对其预测结果进行统计分析，代码如下。

```
1   i=y_test.index(8)
2   for j in range(91):
```

```
3      if(y_test[j+i]!=y_pred[j+i]):
4          print('{}[{}]->{}'.format(y_test[j+i],j,y_pred[j+i]))
```

代码行 1 找到数字 8 样本的第一个序号，代码行 2 遍历 91 个数字 8 的样本，代码行 3 是如果预测值与真实值不相等，则通过代码行 4 分别输出真实值、样本序号和预测值。数字 8 被错分的情况如图 4-13 所示。

```
8[1]->3    8[3]->6    8[13]->2    8[28]->6    8[29]->1    8[30]->1    8[31]->1    8[33]->1    8[40]->1
8[47]->6    8[59]->1    8[62]->1    8[78]->3    8[79]->1
```

图 4-13　数字 8 被错分的情况

由图 4-13 可以看出，序号 29、30、31、33、40、59、62、79 共 8 个数字 8 被错分为数字 1，什么情况会导致这个结果呢？不妨先看一下序号为 29 的数字 8 的原始样本数据，如图 4-14 所示。

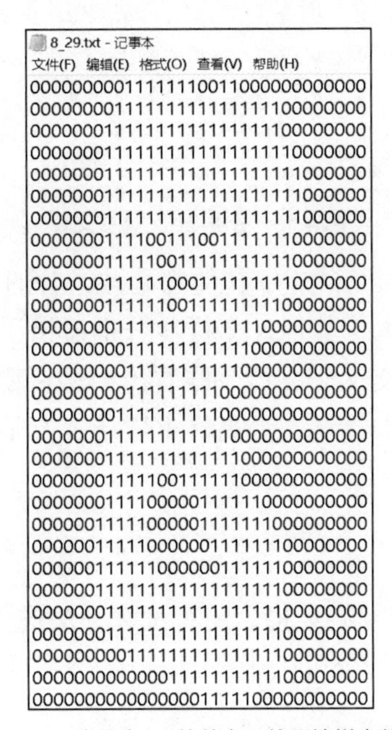

```
8_29.txt - 记事本
文件(F) 编辑(E) 格式(O) 查看(V) 帮助(H)
00000000011111110011000000000000
00000000111111111111111000000000
00000001111111111111111000000000
00000001111111111111111100000000
00000001111111111111111110000000
00000001111111111111111110000000
00000001111111111111111110000000
00000001110011100111111100000000
00000001111001111111111100000000
00000001111100011111111100000000
00000001111100111111111000000000
00000000111111111111110000000000
00000000011111111111100000000000
00000000011111111111000000000000
00000000011111111110000000000000
00000000111111111110000000000000
00000001111111111111000000000000
00000001111111111111100000000000
00000001111100111111000000000000
00000001111000001111110000000000
00000011111000001111111000000000
00000011111000000111111000000000
00000011111100000011111000000000
00000011111111111111111000000000
00000001111111111111111000000000
00000001111111111111111000000000
00000000111111111111111000000000
00000000000001111111111000000000
00000000000000001111100000000000
```

图 4-14　序号为 29 的数字 8 的原始样本数据

由图 4-14 可以看到，此数字 8 的原始样本数据质量不高，与数字 1 有一些近似之处。因此，不难得出这样的结论：当此类型的样本不多时会导致模型学习不够，而样本质量不高时也会影响模型的识别准确率。

2. 通过交叉表了解模型的错分情况

为更全面地了解所有数字的识别情况，可以通过计算标签的真实值与预测值的交叉表来详细了解 0～9 当中每个数字被错误分类的整体分布情况。执行以下代码以生成混淆矩阵。

```
1  from sklearn.metrics import confusion_matrix
2  y_test=np.array(y_test)
3  confusion_matrix(y_test,y_pred)
4  pd.crosstab(y_test, y_pred, rownames=['真实值'], colnames=['预测值'],
```

```
        margins=True)
```

代码行 1 导入计算混淆矩阵函数，代码行 2 进行类型转换，将 y_test 转换成与 y_pred 同类型的变量。代码行 3 生成测试集的实际值与预测值的混淆矩阵，代码行 4 生成分类结果对比交叉表。运行结果如图 4-15 所示。

预测值 真实值	0	1	2	3	4	5	6	7	8	9	All
0	87	0	0	0	0	0	0	0	0	0	87
1	0	94	2	0	0	0	0	1	0	0	97
2	0	1	88	0	0	0	0	2	0	1	92
3	0	0	2	80	0	0	0	0	2	1	85
4	1	2	0	0	106	0	0	3	1	1	114
5	0	0	0	1	0	101	0	0	0	6	108
6	0	0	0	0	0	0	87	0	0	0	87
7	0	0	0	0	0	0	0	96	0	0	96
8	0	8	1	2	0	0	3	0	77	0	91
9	0	2	0	2	0	0	0	2	0	83	89
All	88	107	93	85	106	101	90	104	80	92	946

图 4-15　分类结果对比交叉表

所有正确预测的结果都在对角线上，其他都是被错分的。以 114 个数字 4 的样本为例，被正确识别出来的有 106 个样本，其他 8 个样本分别被错误地识别为 1 个 0、2 个 1、3 个 7、1 个 8 和 1 个 9。因此通过交叉表，能一眼看出模型在哪些方面还存在不足，从而采取相应的措施（如增加相应的样本数量、提高样本质量、调整模型参数等）来弥补模型在这方面的不足。

4.3.9　拓展任务

4.3 拓展任务

细心的读者可能会想，还有没有办法进一步提高 KNN 模型识别数字的能力呢？另外，是否可以用类似的方法来识别其他字符，如英文字母呢？答案是显而易见的。

1. 调整模型参数 k 来改善模型性能

影响模型预测效果的因素很多，如训练样本的数量和质量、样本的多样性、模型的参数等，其中参数是一种重要的影响因素。下面就以调整近邻数 k 为例，来了解合适的参数对模型性能的影响。

为找到合适的参数 k，可以采用区间搜索办法，来观察不同 k 值对训练样本和测试样本预测精度的影响情况。先用如下代码计算出 k 在区间[13, 15, 17, 19, 21, 23, 25, 27, 29, 31, 33, 35, 37, 39, 41, 43]对应的训练样本预测精度和测试样本预测精度。

```
1  neighbors=[]
2  rang= range(13,45)
3  for i in rang:
4      if i%2==1:
5          neighbors.append(i)
```

```
6  train_accuracy =np.empty(len(neighbors))
7  test_accuracy = np.empty(len(neighbors))
8  for i,k in enumerate(neighbors):
9      knn = KNeighborsClassifier(n_neighbors=k,weights='distance',p=2)
10     knn.fit(x_train, y_train)
11     train_accuracy[i] = round(knn.score(x_train, y_train),2)
12     test_accuracy[i] = round(knn.score(x_test, y_test),2)
```

代码行 1～5 生成 13～43 的奇数 k 值，代码行 6、7 分别定义模型在训练样本和测试样本上的预测精度，代码行 8～12 通过循环的方式依次计算不同 k 值情况下模型的精度。

当样本量比较大时，上述计算可能会持续一段时间。计算完毕后，为直观地观察出 k 值变化对模型预测精度造成的影响，可利用以下代码绘制出对应的折线图。

```
1  plt.rcParams['font.sans-serif'] = ['SimHei']
2  plt.title('k值变化对准确率的影响')
3  plt.plot(neighbors, train_accuracy, label='训练样本准确率')
4  plt.plot(neighbors, test_accuracy, label='测试样本准确率')
5  plt.legend()
6  plt.xlabel('最近邻k值')
7  plt.ylabel('准确率值')
8  plt.show()
```

代码行 1 通过运行配置参数让 Matplotlib 支持在图形上输出汉字，代码行 3～4 分别绘制模型训练样本准确率和测试样本准确率，代码行 5 在图形上显示图例。运行结果如图 4-16 所示。

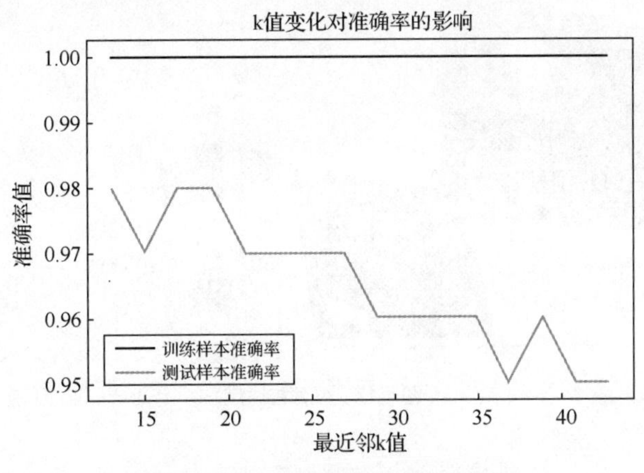

图 4-16　不同 k 值对模型准确率的影响

观察图 4-16 可以看到，k 值的变化对训练样本的准确率没有影响，但测试样本的准确率是随 k 值的变化而波动的。当 k=17 时，测试样本的准确率达到最大，因此 k=17 是比较合适的。读者可以利用任务 5 的内容，去进一步评估模型的其他性能指标。读者也可以从调整模型其他参数入手，试图去改善模型的性能。

2. 识别字母 A～Z

利用与识别数字相同的方法，将手写的英文字母另存为图像，然后按照任务 1 的步骤将字母图像转存为字符形式的 TXT 文件，再参考任务 2～任务 5，对字母进行识别和模型性能评估，以完成利用 KNN 模型来识别字母 A～Z 的任务。

4.4 案例 2——辅助诊断乳腺癌

4.4.1 提出问题

随着人们生活水平的提升和健康意识的增强，民众定期进行身体健康检查已成为常态，这种早期的疾病检测和筛查可以及早发现身体里已经出现的异常体征信息，帮助医生做出正确诊断和有效处理措施，将疾病消灭于萌芽时期，为健康提供超前保障，避免出现患病后的痛苦并尽早提醒纠正不良的生活习惯等。随着医疗 AI 在医疗领域的投入使用，如今智慧医疗科技的新纪元已经开启，如图 4-17 所示，借助“人工智能大脑”，AI 辅助诊疗新时代正在到来。利用 AI 探索生命科学是当前人工智能医学的一大热点。基于大数据、云计算、机器学习和深度学习的人工智能，正在弥补人类的能力短板，成为医生的得力助手。传统的医疗诊断只能通过医生的肉眼去看 X 光、CT（Computed Tomography，计算机断层扫描）、超声波、MR（Magnetic Resonance，磁共振）等的影像，并给出患者诊断结论，过程不仅繁琐且重复性高。而现在 AI 辅助诊断技术的应用，能够很大程度地提高医疗机构、医生的工作效率，降低医生的工作强度，降低漏诊率。那么，AI 是如何辅助医生进行病情诊断的呢？下面就以另一类分类器 SVM 为例，看它是如何利用女性的活检数据，检测号称女性“头号杀手”的乳腺癌的。

图 4-17 AI 赋能医疗

4.4.2 解决方案

SVM 特别适合样本相对较少、样本特征数较多的应用场景。从患者体内通过切取、钳取或穿刺等方式取出病变组织，进行病理学检查得到的活检数据不像其他数据那样容易获取，数据本身的获取成本比较高，另外可能涉及患者的隐私等。如果能借助机器学习自动识别癌细胞是良性的还是恶性的，那无论对医生还是医疗系统等而言都会有很大的裨益，至少能显著缩短诊断时间，为病人争取更多宝贵的治疗时间，使医生将更多时间花在治疗疾病上。利用 SVM 辅助诊断乳腺癌的解决方案的流程如图 4-18 所示。

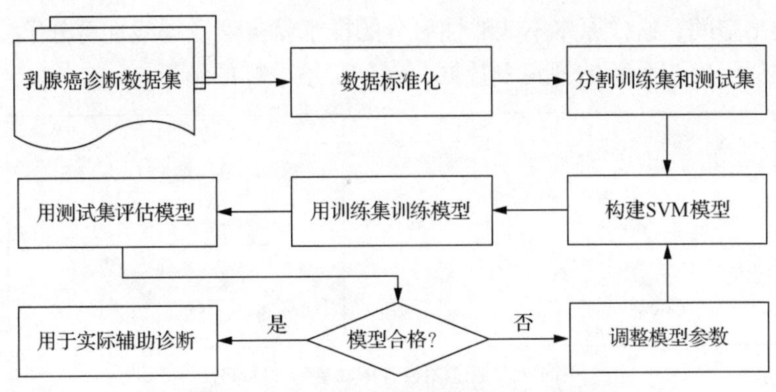

图 4-18 SVM 辅助诊断乳腺癌解决方案的流程

4.4.3 预备知识

用 SVM 来“智慧”识别癌细胞，这个工作无疑是令人兴奋的。为能在后续的工作中合理设计 SVM 模型，先来了解相关的知识。

1. SVM 的最优分界面

假设有两个分类的数据的分布如图 4-19 所示。现在要找出一个最优分界面 *H*，将两类数据分开。显然能将两类数据分开的分界面有无数种，图 4-20 所示就是其中的几种情形。

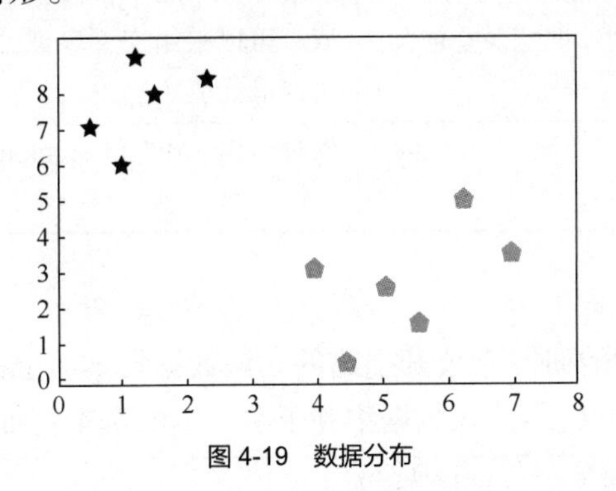

图 4-19 数据分布

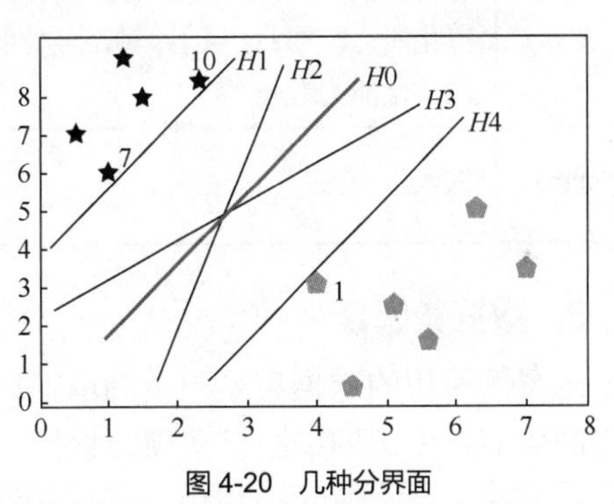

图 4-20 几种分界面

分界面 *H*1、*H*4 靠近样本族群的边界，称为临界分界面。那么哪个分界面是最优的呢？人们希望所得的最优分界面不仅能准确地将两类数据分开，同时希望到两边临界分界面的距离达到最大，这样尽管训练样本中可能存在个别噪声样本和离群样本，但由于最优分界面远离族群，因此仍能在一定范围内正确分类这些噪声样本或离群样本，具有较强的抗噪声能力和较小的泛化误差。临界面上的样本如样本 1、7、10 被称为支持向量，*H*0 则是最优分界面，因为它到两边临界分界面的距离最大，显然 *H*0 是由支持向量决定的，这也是 SVM 名称的由来。

2. SVM 模型参数

在很多情况下，样本变量之间的关系是非线性的，在低维输入空间没法将两类样本通过分界面将它们分开。SVM 为了更好地将左半部分的两类样本分开，使用一种称为核技巧的处理方式将上述样本映射到一个更高维的空间，即通过核函数 $K(x,y)$，将输入空间样本变换到高维输出空间，这样原本不能线性可分的样本就突然变得线性可分了，如图 4-21 所示。这有些类似于换一个新的视角看数据，看到了不一样的情形。

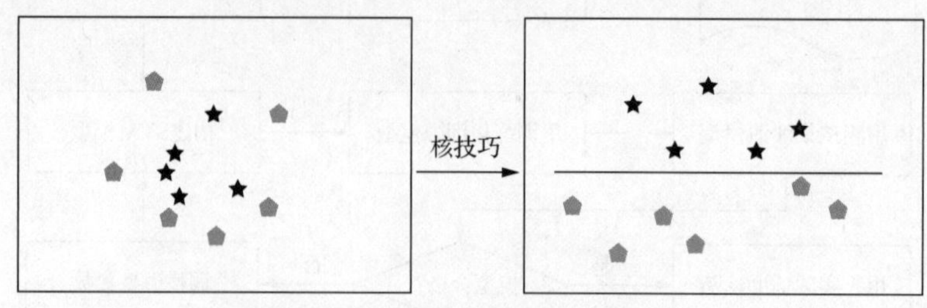

图 4-21 通过核技巧将样本变得线性可分

核函数有多种形式，通常情况下，需要在模型上一点点地去试错并评估应用效果。在很多场合，核函数的选择可以是任意的，尽管不同的核函数所表现的性能可能只有轻微的差别，但较常用的是 rbf 核函数，它被证明对于许多类型的数据都具有较好的拟合度。表 4-3 所示为 SVM 模型的常用参数，以便大家在实际应用中合理选择。

表 4-3 SVM 模型的常用参数

参数	含义	备注
kernel	核函数，有线性 linear、多项式 poly、径向基 rbf、sigmoid 等	常用 rbf
C	惩罚参数，C 越大，对误分类的惩罚越大，训练误差越小，但泛化能力较弱；C 越小，对误分类的惩罚越小，训练误差越大，但泛化能力较强	一般 C 在[0.5,1]范围内取值，可以采用交叉验证方法选最优值
gamma	核函数参数	仅对 poly、rbf 和 sigmoid 有效

3. 数据集解读

本案例所用的数据集是由美国威斯康星大学的研究者公开捐赠的。该数据集本质上是乳房肿块活检图像的细胞核多项测量值。通过以下代码读取数据集并了解样本的基本特征。

```
datas=pd.read_csv(r'data\wisc_bc_data.csv',sep=',')
```

读取的数据集如图 4-22 所示。

	id	diagnosis	radius_mean	texture_mean	perimeter_mean	area_mean	smoothness_mean	compactness_mean	concavity_mean	concave points_mean	...
0	842302	M	17.99	10.38	122.80	1001.0	0.11840	0.27760	0.30010	0.14710	...
1	842517	M	20.57	17.77	132.90	1326.0	0.08474	0.07864	0.08690	0.07017	...
2	84300903	M	19.69	21.25	130.00	1203.0	0.10960	0.15990	0.19740	0.12790	...
3	84348301	M	11.42	20.38	77.58	386.1	0.14250	0.28390	0.24140	0.10520	...
4	84358402	M	20.29	14.34	135.10	1297.0	0.10030	0.13280	0.19800	0.10430	...
...	...	...	...	...	...	...	...	...	...	...	...
564	926424	M	21.56	22.39	142.00	1479.0	0.11100	0.11590	0.24390	0.13890	...
565	926682	M	20.13	28.25	131.20	1261.0	0.09780	0.10340	0.14400	0.09791	...
566	926954	M	16.60	28.08	108.30	858.1	0.08455	0.10230	0.09251	0.05302	...
567	927241	M	20.60	29.33	140.10	1265.0	0.11780	0.27700	0.35140	0.15200	...
568	92751	B	7.76	24.54	47.92	181.0	0.05263	0.04362	0.00000	0.00000	...

569 rows × 32 columns

图 4-22 读取的数据集

共有样本 569 个，即 569 例乳腺细胞活检案例。每行数据 32 列，其中 id 列是编号，无实际意义，在后续数据处理中会被删除或屏蔽。诊断列 diagnosis 取值[M|B]，分别表示诊断为恶性或良性。其他 30 个列由细胞核的 10 个不同特征的平均值、标准差、最差值构成。通过命令 datas.columns 查看所有的列名，可知 10 个特征值如下。

（1）半径（radius）。

（2）质地（texture）。

（3）周长（perimeter）。

（4）面积（area）。

（5）光滑度（smoothness）。

（6）致密性（compactness）。

（7）凹度（concavity）。

（8）凹点（concave points）。

（9）对称性（symmetry）。

（10）分形维度（fractal dimension）。

上述 10 个特征值是用来描述乳腺细胞核的大小和形状的，有经验的医生可以通过这些特征数据或阅读细胞核影像数字来诊断一个人是否患有乳腺癌，可 SVM 是如何通过机器学习来一步步揭示是否患有乳腺癌的呢？

4.4.4 任务 1——准备训练集和测试集

【任务描述】为了能让 SVM 算法用于乳腺癌诊断，就要准备所用到的学习数据。为此，首先要加载数据，然后对其做适当的处理，最后形成模型所需的训练集和测试集。

4.4 任务 1

【任务目标】对样本数据进行切分，生成训练集和测试集。

【完成步骤】

1. 按 8：2 的样本比例分别生成训练集和测试集

实现代码如下。

```
1   import numpy as np
2   import pandas as pd
3   import sklearn.model_selection as ms
4   datas=pd.read_csv(r'data\wisc_bc_data.csv',sep=',')
5   x=datas.iloc[:,2:32]
6   y=datas.iloc[:,1:2]
7   x_train,x_test,y_train,y_test=ms.train_test_split(x,y,test_size=
    0.2, random_state=42)
8   y_train=y_train.values.ravel()
9   y_test=y_test.values.ravel()
```

代码行 3 导入 model_selection，用于样本数据分割，代码行 4 读取 CSV 数据文件到数据集 datas 中，代码行 5 将 datas 中所有行第 3 列～第 32 列的数据作为样本输入集 x，代码行 6 将 datas 中第 1 列～第 2 列的所有行数据作为样本输出集 y，代码行 7 是将输入集 x 和

输出集 y 进行分割，按比例 4∶1 分别形成训练集和测试集。代码行 8～9 分别对训练集和测试集的输出值降维，将其变为一维数组，以满足模型训练和测试的数据格式要求。

2. 观察测试集的分布情况

以测试集为例，准备好的数据如图 4-23 所示。

	radius_mean	texture_mean	perimeter_mean	area_mean
count	114.000000	114.000000	114.000000	114.000000
mean	14.165833	19.707193	92.315439	656.930702
std	3.491876	4.432655	24.310746	341.074645
min	6.981000	10.940000	43.790000	143.500000 ……
25%	11.687500	16.217500	75.225000	418.625000
50%	13.465000	19.535000	87.380000	548.700000
75%	16.057500	22.675000	105.300000	806.800000
max	25.220000	31.120000	171.500000	1878.000000

```
['B' 'M' 'M' 'B' 'B' 'M' 'M' 'M' 'B' 'B' 'B' 'M'
 'B' 'M' 'M' 'B' 'M' 'B' 'B' 'B' 'B' 'B' 'B' 'M'
 'M' 'B' 'M' 'B' 'B' 'M' 'B' 'B' 'B' 'B' 'B' 'B'
 'B' 'B' 'B' 'M' 'M' 'B' 'B' 'M' 'M' 'B' 'B' 'B'
 'B' 'M' 'B' 'B' 'B' 'M' 'B' 'B' 'M' 'B' 'M' 'M'
 'B' 'B' 'B' 'B' 'B' 'B' 'M' 'M' 'B' 'M' 'M' 'B'
 'B' 'B' 'M' 'B' 'B' 'M']
```

图 4-23　测试集 x_train 和 y_train

从图 4-23 可以浏览整个测试集特征值的分布情况和标签值，用这些训练样本来估计模型训练后的效果，也就是用这 114 条记录模拟新的患者，去了解模型诊断结果的好坏。

4.4.5　任务 2——构建和训练模型

4.4 任务 2

【任务描述】有了训练集和标签后，就可以构建 SVM 模型并对它进行训练，以得到乳腺癌诊断训练模型。

【任务目标】构建一个用于诊断乳腺癌的 SVM 模型，并查看模型训练效果。

【完成步骤】

1. 用训练样本训练 SVM 模型

实现代码如下。

```
1  import sklearn.svm as svm
2  model=svm.SVC(C=1, kernel='rbf')
3  model.fit(x_train,y_train)
```

代码行 1 导入支持向量机模块 svm，代码行 2 利用核函数 rbf 构建模型，惩罚参数 C 取值为 1，代码行 3 利用训练样本对模型进行训练。

2. 查看模型训练效果

模型训练完成后，为了解模型的训练效果，利用以下代码输出模型的训练得分（精确度）。

```
print(model.score(x_train,y_train))
```

模型的训练得分为：0.9142857142857143

看来模型的训练得分并不太理想。训练后的模型对于 114 条记录的测试集而言性能又如何呢？

4.4.6　任务 3——评估模型诊断效果

4.4 任务 3

【任务描述】

下面基于测试集（模拟 114 个新的患者）对模型的预测效果进行评估，看它预测的结果与医生事先标注的结果是否一致，如不一致，差异在什么地方，从而判断该模型是否能较好地推广到未知样本（或辅助临床应用）。

【任务目标】测试乳腺癌诊断模型，并评估模型的性能。

【完成步骤】

1. 用测试样本测试 SVM 模型

实现代码如下。

```
1  import sklearn.metrics as sm
2  y_pred=model.predict(x_test)
3  print(sm.classification_report(y_test,y_pred))
```

代码行 1 导入评估模块 metrics，代码行 2 利用模型对测试样本进行预测，得到预测值 y_pred，代码行 3 将实际标签值 y_test 与预测值 y_pred 进行对比分析，将结果以报告形式输出，如图 4-24 所示。

	precision	recall	f1-score	support
B	0.92	1.00	0.96	71
M	1.00	0.86	0.92	43
accuracy			0.95	114
macro avg	0.96	0.93	0.94	114
weighted avg	0.95	0.95	0.95	114

图 4-24　模型测试性能报告

可以看到，在所有 114 个测试样本中，所有被实际标注为良性 B 的患者都被成功识别出来，而被实际标注为恶性 M 的患者只有 86%被识别出来，剩余 14%的恶性被错分为良性。在这种情况下，这种错分可能会造成严重的后果，因为被误诊的患者可能会因此丧失治疗的黄金时机，导致病情恶化。因此，有必要对样本数据或模型进行调整，以便训练出性能更高的模型。

2. 改善模型的性能

观察所有样本的输入特征值，各特征值大小及范围差异较大。例如，细胞核半径 radius_mean 的取值在[6.981, 28.11]范围内，而光滑度 smoothness_mean 的取值在[0.05263, 0.1634]范围内，两者数据量级不一样，有必要进行标准化处理，以消除量纲影响。代码如下。

```
1  from sklearn.preprocessing import MinMaxScaler
2  x=MinMaxScaler().fit_transform(x)
```

代码行 1 导入 min-max 标准化类 MinMaxScaler，在代码行 2 中对所有样本的输入特征值进行归一化处理，然后用任务 2 中相同的模型进行训练，最后再次对训练后的模型进行测试评估，归一化处理后模型再测试性能报告如图 4-25 所示。

	precision	recall	f1-score	support
B	0.97	0.99	0.98	71
M	0.98	0.95	0.96	43
accuracy			0.97	114
macro avg	0.97	0.97	0.97	114
weighted avg	0.97	0.97	0.97	114

图 4-25　归一化处理后的模型再测试性能报告

可以发现，仅使用一行代码对样本输入集 x 进行标准化后，模型对标签为 M 的样本召回率由原来的 86%提高到 95%，B 和 M 两种样本的综合评价系数 $F1$ 值分别提升 2%和 4%，模型性能有比较明显的提升。在训练样本数据比较少的情况下，能取得 97%的预测精度还是比较令人满意的。

4.4.7 拓展任务

4.4 拓展任务

尽管用于辅助诊断乳腺癌的 SVM 模型有着高达 97%的预测精度，但实际上这种性能水平的模型用于癌症诊断还不是非常令人满意的，因为无论是错分为假正（FP）还是假负（FN），后果都可能比较糟糕，应尽量避免产生错分情况。作为拓展任务，有必要从以下几个方面不断尝试，以试图找到更好的模型。

1. 将样本输入集 x 进行 Z-Score 转换

在任务 3 中，通过对样本数据进行归一化处理提升了模型的性能，如果对样本数据进行标准化处理，是否还能提升模型性能呢？利用以下代码对样本输入集 x 进行 Z-Score 转换。

```
from sklearn.preprocessing import StandardScaler
x=StandardScaler().fit_transform(x)
```

转换后，仍用相同参数的模型进行训练和预测，标准化处理后的模型性能报告如图 4-26 所示。

```
0.9868131868131869
              precision    recall  f1-score   support

           B       0.97      0.99      0.98        71
           M       0.98      0.95      0.96        43

    accuracy                           0.97       114
   macro avg       0.97      0.97      0.97       114
weighted avg       0.97      0.97      0.97       114
```

图 4-26 标准化处理后的模型性能报告

可以看出，与任务 2 的模型对标，除了训练得分有一点提高外，模型的预测结果没有什么大的变化，这证明数据标准化处理后，并没有让模型在诊断方面表现得更好。

2. 改变模型参数 C

由表 4-3 可以看出，通过调整 SVM 模型的参数能一定程度改善模型的性能。下面仅以改变惩罚参数 C 的值为例，看它是如何引起模型性能或拟合度的变化的。这里的目标是降低模型错分率，尽可能大地提高模型的召回率和精确度。为此，根据参数 C 的含义，应该增大 C 的值，加大对错分类的惩罚，以降低训练误差。代码如下。

```
model=svm.SVC(C=1.5, kernel='rbf')
```

上述代码只是将原来的 C=1 更新为 C=1.5，核函数和其他参数没有改变。参数 C 变化前后模型的预测结果对比如图 4-27 所示。

图 4-27（a）是 C=1 的预测交叉表，图 4-27（b）是 C=1.5 的预测交叉表。可以看出，

当C取一个合适的较大值1.5的时候，所有标签为B的样本悉数找回，错分情况有较小的改善，是可以在一定程度上提高模型性能的。但有些遗憾的是，这种改善在标签为M的样本上并没有表现出来。大家可以尝试用不同的C值或其他核函数对模型进行测试，看是否能找到更完美的分类效果。

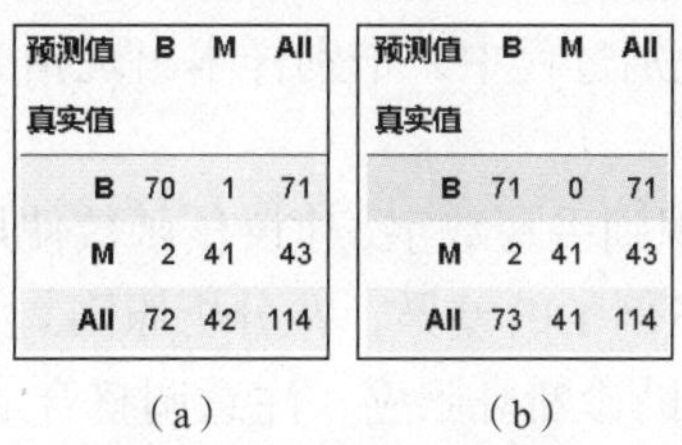

预测值	B	M	All
真实值			
B	70	1	71
M	2	41	43
All	72	42	114

（a）

预测值	B	M	All
真实值			
B	71	0	71
M	2	41	43
All	73	41	114

（b）

图4-27　模型的预测结果对比

本章小结

分类既是一种学习能力，也是一种解决问题的方法，分类在工作和学习方面都有着广泛的应用。本章先了解了分类器的概念，认识了几种在机器学习领域常用的分类器，然后使用KNN分类器来识别图像上的数字，最后用SVM分类器来扮演“机器医生”，辅助诊断患者患乳腺癌的情况。可以看出，无论采用哪种分类器来解决分类问题，整个过程基本可被分为4个阶段：特征提取、数据处理、模型选择和训练、测试应用。要想得到较好的分类应用效果，每个阶段都非常重要，需要人们在实践中不断总结和调优。令人欣慰的是，借助于scikit-learn这个第三方库，仅需简单的几行代码，就能构建一个准确率高达97%的模型来识别肿瘤是恶性的还是良性的，这进一步增强了人们学习人工智能的动力。

课后习题

一、考考你

1. 关于正、负样本的说法正确是_____。
   A. 样本数量多的那一类是正样本　　B. 样本数量少的那一类是负样本
   C. 正、负样本没有明确的定义　　D. 想要正确识别的那一类为正样本
2. 分类器实质为一个_____，把样本的特征集X映射到一个预先定义的类别号y。
   A. 模式　　B. 函数　　C. 映射　　D. 转换
3. 用计算概率来解决分类问题的是哪种分类器？_____
   A. 决策树　　B. k近邻　　C. 贝叶斯　　D. 支持向量机
4. 识别手写数字过程中，对图像进行灰度处理的主要原因是_____。
   A. 方便转为文本格式
   B. 尽可能保存全部图像信息
   C. 较少计算量，同时尽可能保存图像信息
   D. 有利于改善分类效果

5. SVM 的最优分界面是由_____决定的。

A. 支持向量　　B. 所有样本　　C. 多数样本　　D 少数样本

二、亮一亮

1. k 近邻分类器与支持向量机各自的分类基本思想是什么?

2. 在案例 1 的手写数字识别过程中，个别样本出现错分的现象，主要原因是什么?

三、帮帮我

1. 尝试改用 SVM 模型来识别手写数字，建议核函数使用 rbf，其他模型参数自己设定，对比 SVM 模型的识别效果与案例 1 的差异，并分析原因。

2. 尝试使用 KNN 模型辅助诊断乳腺癌，注意调整合适的 *k* 值，比较该模型与案例 2 的模型在诊断效果上谁优谁劣，并分析原因。

第❺章 物以类聚：发现新簇群

在日常生活中，人们可以看见五颜六色的花，浏览各式各样的图片，碰到不同的消费人群，但往往需要对这些物体或对象进行归类，以构建更好的信息簇群或知识体系。与前文的分类不同，这些新的物体或对象事先并没有做任何类别标注，不知道它属于哪个已知的类别，但需要在不依赖人类知识提示的前提下，让机器独立观察世界，将它们划分为不同的簇群。例如，在商业销售领域，竞争异常激烈，为提供个性化、精准化服务，有必要利用上述技术基于销售历史数据进行分析研判，将客户划分为贵宾、普通客户和潜在客户等，然后根据不同客户群体制订对应的营销策略，挖掘客户潜在需求，不断改善服务质量，达到"黏"住客户以提高销售额的目的，为人民群众幸福生活拼搏、奉献、服务。

本章内容导读如图 5-1 所示。

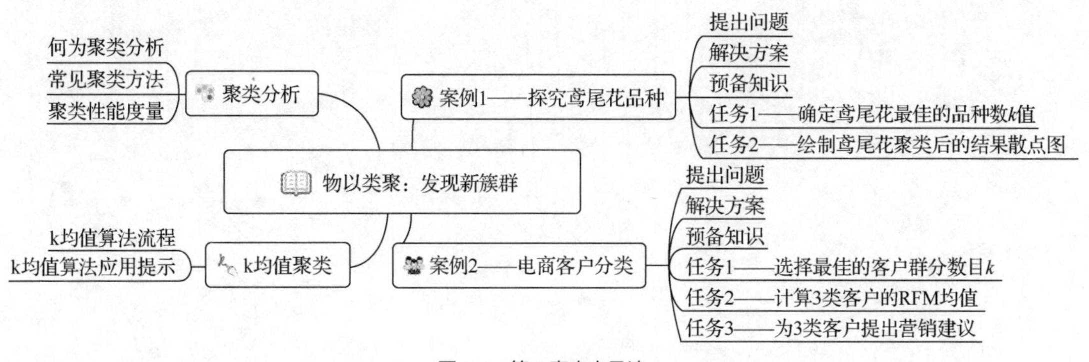

图 5-1 第 5 章内容导读

5.1 聚类分析

5.1.1 何为聚类分析

聚类分析是一种典型的无监督学习，也就是在事先不知道每个样本的类别，没有对应标签值的情况下，将未知类别的样本按照一定的规则划分成若干个类簇，这些类簇具有如下特点。

（1）同一个类簇中的样本尽可能相似（或性质相同、距离相近）。

（2）不同的类簇中的样本尽可能不相似（或性质不相同、距离较远）。

即聚类分析不依赖训练模型和用过的样本数据，仅针对当前待分析的样本运行聚类算法，将样本划分成几个不同的类别，从而揭示样本间的内在性质和相互之间的联系规律。如下的一些领域会采用聚类分析。

（1）销售领域：基于销售的历史数据进行分析，将客户细分为具有相同的消费习惯或购买模式的组，从而采取有针对性的营销活动，提高销售额。

（2）医学领域：把原始图像划分成若干特定的、具有独特性质的区域并提取目标，对图像进行分析，挖掘疾病的不同临床特征，辅助医生进行临床诊断。

（3）生物领域：按照功能对基因聚类，获取不同种类物种之间基因的关联信息，用于指导物种分类或有助于发现新的物种。

（4）安全领域：通过识别不同于已知类的模式来检测早期的异常行为，从而侦测出网络入侵或非法访问活动。

图 5-2 所示为一些鸢尾花样本分布，按萼片长度、萼片宽度和花瓣长度显示在三维空间里，仅从观察数据的角度是很难将这些样本分成不同的簇群的，也不知道将它们分成几个簇群比较合适，还必须去探索这些鸢尾花到底有哪些品种，甚至是否还存在一些未知的品种。

假设有样本被分为图 5-3 所示的 3 个簇群，那么如何描述簇的基本特征以区分各个簇的差异呢？

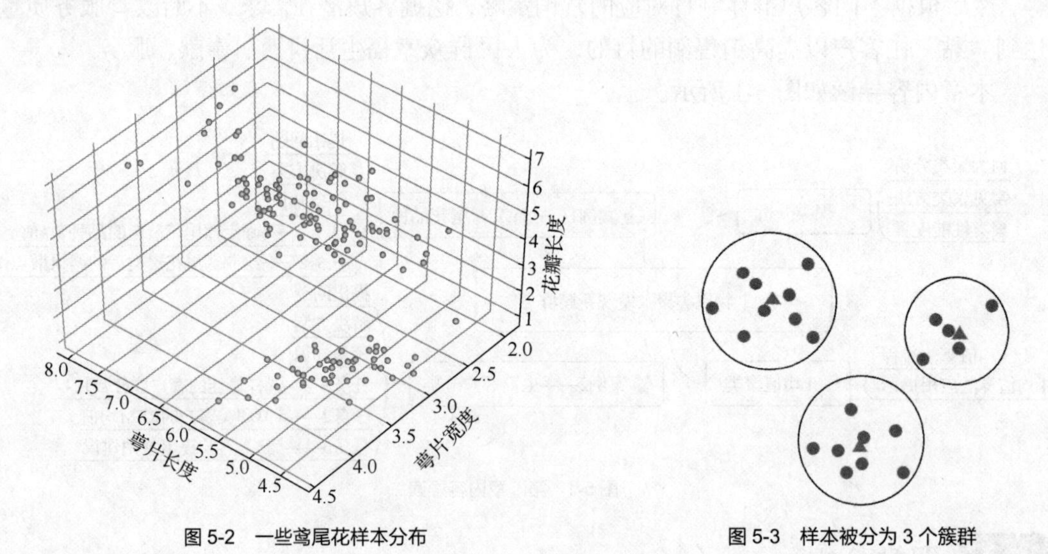

图 5-2　一些鸢尾花样本分布

图 5-3　样本被分为 3 个簇群

聚类得到的簇可以用聚类中心、簇大小、簇密度和簇描述等特征来表示其特点，如下所示。

（1）聚类中心是一个簇中所有样本的均值（质心），如图 5-3 中的▲。

（2）簇大小表示簇中所含样本的数量。

（3）簇密度表示簇中样本的紧密程度，越紧密说明簇内样本的相似度越高。

（4）簇描述是簇中样本的业务特征，如簇号。

有哪些常见的聚类方法可用于对样本进行聚类分析呢？

5.1.2　常见聚类方法

1．基于划分的聚类

基于划分的聚类是一种简单、常用的聚类方法，它通过将对象划分为互斥的簇进行聚类，使每个对象属于且仅属于一个簇。划分结果旨在使簇之间的相似度低、簇内部的相似度高，基于划分的经典聚类算法有 k 均值、k-medoids 算法等。

2. 基于层次的聚类

基于层次的聚类的应用广泛程度仅次于基于划分的聚类，其核心思想是对数据集按照层次处理，把数据划分到不同层次的簇中，从而形成一个树形的聚类结构。层次聚类算法可以揭示数据的分层结构，根据树形结构的不同层次进行划分，可以得到不同粒度的聚类结果。按照层次聚类的过程可以分为自底向上的聚合聚类和自顶向下的分裂聚类。聚合聚类以 AGNES、BIRCH、ROCK 等算法为代表，分裂聚类以 DIANA 算法为代表。

3. 基于密度的聚类

基于划分的聚类和基于层次的聚类在聚类过程中根据距离来划分类簇，因此只能够用于挖掘球状簇。但往往现实中簇还会有各种形状，这时上面的两大类方法将不适用。

为了解决这一问题，基于密度的聚类方法利用密度思想，将样本中的高密度区域（样本点分布稠密的区域）划分为簇，将簇看作样本空间中被稀疏区域（噪声）分隔开的稠密区域。

这一方法的主要目的是过滤样本空间中的稀疏区域，获取稠密区域作为簇。基于密度的聚类方法根据密度而不是距离来计算样本相似度，所以其能够用于挖掘任意形状的簇，并且能够有效过滤掉噪声样本，减轻其对聚类结果的影响。常见的基于密度的聚类方法有 DBSCAN、OPTICS 和 DENCLUE 等。

除了上述方法外，还有基于网格的聚类、基于模型的聚类等，有兴趣的读者可以阅读相关材料。

5.1.3 聚类性能度量

无论使用什么聚类方法对样本进行分簇，都会涉及如何对聚类后的效果进行评估，来度量聚类模型的性能的问题。聚类性能度量指标用于对聚类后的结果进行评估，分为内部指标和外部指标两大类。外部指标要事先指定聚类模型作为参考来评估聚类结果的好坏，称为有标签的评估；而内部指标是指不借助任何外部参考，只用参与聚类的样本本身评估聚类结果的好坏。因此，本章暂时忽略外部指标，只介绍几个常用的内部指标。

1. 轮廓系数

所有样本的轮廓系数（Silhouette Coefficient）的均值称为聚类结果的轮廓系数，定义为 S，是该聚类是否合理、有效的度量指标。聚类结果的轮廓系数 S 的取值在[-1,1]范围内，值越大，说明同类样本相距越近，不同样本相距越远，畸形变化程度越大，则聚类效果越好。对于不合理的聚类取值为-1，对于合理的聚类取值为 1，$S>0.5$ 表明聚类较好。

2. CH 分数

类别内部数据的协方差越小越好，类别之间的协方差越大越好，这时的 CH 分数（Calinski-Harabasz Score）会高。当簇密集且分离较好时，CH 分数更高，因此 CH 分数的数值越大越好。

3. 戴维森堡丁指数

戴维森堡丁指数（Davies-Bouldin Index，DBI）的值越小，表示簇内样本之间的距离越小，同时簇间距离越大，即簇内相似度高，簇间相似度低。DBI 最小是 0，值越小，代表聚类效果越好。

5.2 k 均值聚类

5.2.1 k 均值算法流程

k 均值（k-means）算法是一种基于距离划分的聚类算法，由于其具有算法简单、灵活性高、运行效果足够好等特点，因此是一种常用的聚类算法。该算法计算样本与类簇质心的距离，与类簇质心相近的样本被划分为同一类簇。k 均值算法通过样本间的距离来衡量它们之间的相似度，两个样本距离越远，则相似度越低，否则相似度越高。通常用距离的倒数表示相似度的值，常见的距离计算方法有欧氏距离和曼哈顿距离，其中欧氏距离更为常用，欧氏距离的计算公式如下。

$$\operatorname{dist}(\boldsymbol{X},\boldsymbol{Y})=\sqrt{\sum_{i=1}^{n}\left(x_i-y_i\right)^2}$$

上式中的 $\boldsymbol{X}$、$\boldsymbol{Y}$ 是 n 维空间的两个向量，也可以看作样本空间内的两个样本，其距离越远，说明相似度越低，距离越近，说明两样本越类似。

k 均值算法的流程如图 5-4 所示。

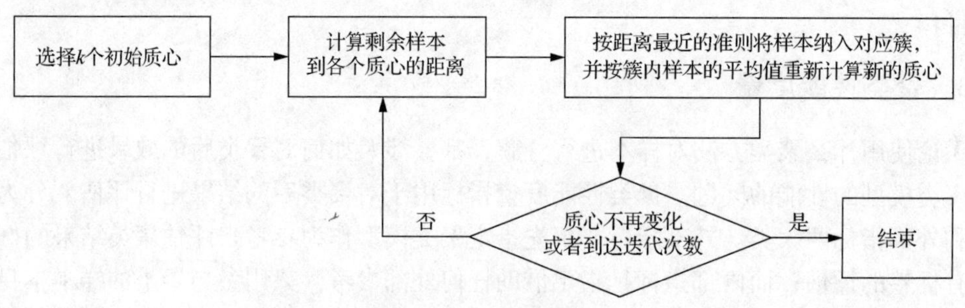

图 5-4　k 均值算法的流程

为更详细地了解 k 均值算法的聚类过程，用图 5-5 来展示样本分为两簇的情况。

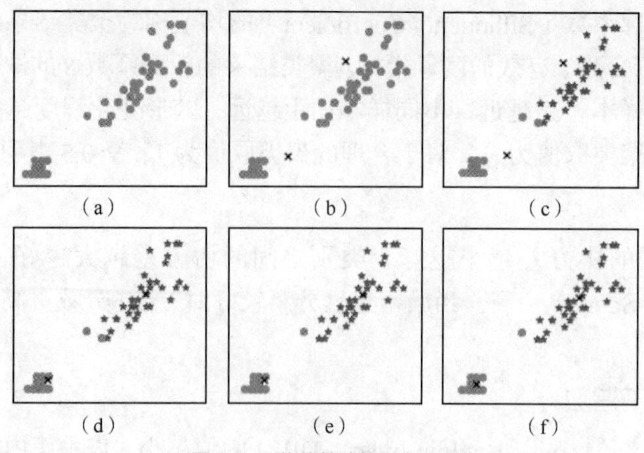

图 5-5　k 均值算法的聚类过程

图 5-5（a）所示为初始的数据集，假设 k=2。在图 5-5（b）中，随机选择了两个簇所对应的类别质心，即图中的“×”，然后分别求样本中所有点到这两个质心的距离，并标记每个样本的类别为和该样本距离最小的质心的类别，如图 5-5（c）所示。经过计算样本到质心的距离，就得到了所有样本的第一轮迭代后的类别。此时对当前标记为星形和圆形的点分别求新的质心，如图 5-5（d）所示，此时新的质心的位置已经发生了变动。图 5-5（e）和图 5-5（f）重复了在图 5-5（c）和图 5-5（d）中的过程，即将所有样本的类别标记为与其距离最近的质心的类别并求新的质心，最终得到的两个类别如图 5-5（f）所示。

在实际应用过程中，有可能存在数据集过大而导致算法收敛速度过慢的情况，导致无法得到有效的聚类结果。在这样的情况下，可以为 k 均值算法指定最大迭代次数或指定簇中心变化阈值，即当算法运行达到最大迭代次数或簇中心变化很小（变化率小于设定的阈值）时，终止算法的运行。

5.2.2 k 均值算法应用提示

由上述 k 均值算法聚类过程可以看出，用该算法进行聚类应用时，以下几个关键要素要特别注意。

（1）k 的初值。k 是一个提前定义好的数，其目标是最小化每个簇内部的差异，最大化簇之间的差异。那 k 取多大值合适呢？它取决于具体的业务需求或分析动机。例如，营销部门只有 3 种不同的客户资源来支撑拓展市场，那么设定 k=3 以聚类 3 种不同的潜在客户可能是一个不错的决定。如果没有先验知识，一个经验建议是令 $k=\sqrt{\frac{n}{2}}$，其中 n 是样本总数，然后在 k 附近搜索不同的值，观察 k 的变化引起的聚类性能的改变，选择一个满足应用要求且聚类效果相对稳定的 k 值就可以了。

（2）初始质心的选择。k 均值算法对初始质心是比较敏感的，这意味着随机的初始质心可能会对最终的聚类结果产生较大的影响。选择合适初始质心的方法有 3 种：一是如果事先知道某几个样本是彼此完全不同的，就选择它们为初始质心；二是跳出样本范围，在特征空间的任意地方取随机值为初始质心；三是分段选择初始质心，第一个初始质心随机选择，其他初始质心按距离已定初始质心最远的样本点来选择。关于初始质心的优选方法，可以研究其他聚类算法。由于随机初始质心的影响，可能每次聚类的结果不一样，因此可以通过多次运行来选择聚类性能最优的那组为最优解。

（3）聚类完毕后，所有样本是有簇号的。也就是原来没有标签号（簇号）的样本，经过聚类后算法给每个样本一个簇号。相同簇号的样本的特征平均值就是该簇质心的坐标，这也是 k 均值算法名称的由来。

（4）聚类结束条件。尽管聚类能产生新的信息，但人们不应该在新信息的准确性上花费太多时间，因为聚类是无监督学习，所以更应该关注对新信息的洞察和理解。当样本数量很大，或者定义的聚类误差很严苛时，为避免聚类陷入迟迟不出结果的尴尬局面，必须设定最大迭代次数和误差阈值，满足其一即可停止聚类。

5.3 案例1——探究鸢尾花品种

5.3.1 提出问题

随着数据收集和数据存储技术的不断进步，人们可以迅速积累海量数据。然而，如何提取有用信息和甄别不同数据，对普通人来说存在着不小的挑战。幸运的是，现在借助一些数据挖掘工具可以较为轻松地完成一些预测任务，例如，预测新物种、探究新信息种类是聚类算法较经典的应用案例。本案例基于鸢尾花（见图 5-6）的数据集（无类别标签），根据鸢尾花的特征来探究将这些鸢尾花分为几个品种比较合适。

图 5-6 各式各样的鸢尾花

对于植物学家，这个问题应该是轻而易举就可以解决的。但在很多情况下，数据的主人或使用者并不具备该领域丰富的专业知识，那么能否利用人工智能技术，让机器来帮助人类发现新的信息呢？答案是肯定的。

为此，下面将利用 k 均值算法对一群未知类别的鸢尾花进行分析和讨论，最终找到最佳的品种分类。

5.3.2 解决方案

要找到一个相对最佳的鸢尾花品种数 k，首先，应尽可能多地获得关于鸢尾花的特征知识，也许它能引导人们找到品种数 k 的有效初值，因为鸢尾花的特征反映了鸢尾花的独特之处和一些重要信息，具有重要的参考价值；然后，选用 k 均值算法对鸢尾花数据集进行聚类，从性能指标数据和样本可视化分布方面对聚类效果进行评估；最后，在对比不同 k 值的聚类效果的前提下，确定鸢尾花最佳的品种数。

本案例解决方案的流程如图 5-7 所示。

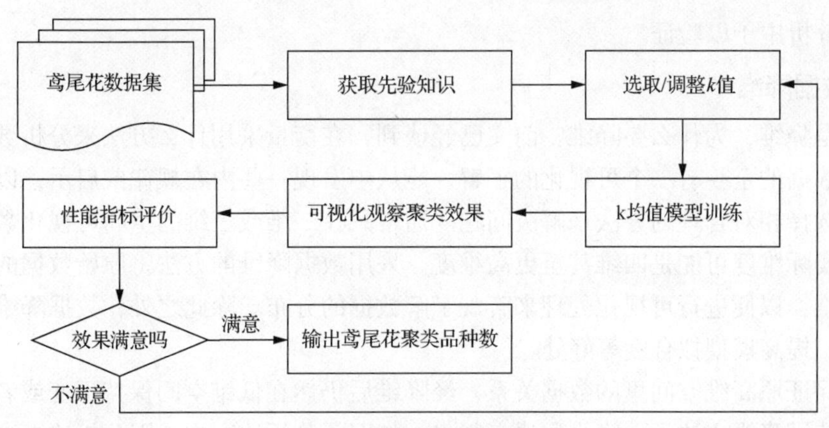

图 5-7 解决方案的流程

5.3.3 预备知识

本节的目标是对有关鸢尾花的特征数据进行分析，试图鉴别出这些鸢尾花的品种数。那么，先了解有关鸢尾花的相关知识、数据的降维方法以及 KMeans 模型的调节参数是非常必要的，它也许能帮助人们更合理地设置品种数 k。

1. 鸢尾花形态特征

鸢尾花属单子叶植物纲，如图 5-8 所示，它是一种多年生草本植物，有块茎或匍匐状根茎；叶呈剑形，嵌叠状；花色泽鲜艳美丽，辐射对称，少为左右对称；单生、数朵簇生或多花排列成总状、穗状、聚伞及圆锥花序。花瓣是组成花冠的片状体，位于花萼的内面，属于花被的内部组成部分，花瓣的颜色和形状非常鲜明，它们环绕花的生殖器官，是一朵花最显眼的部分，花瓣的数目往往是花的分类的一个标志。花萼是一朵花中所有萼片的总称，包被在花的最外层，对花的其他部分起保护作用，萼片多为绿色且相对较厚的叶状体。

图 5-8 一种鸢尾花

已知鸢尾花的种类繁多，五颜六色，通过花瓣和花萼是有可能将鸢尾花品种分离开来的。但遗憾的是，现有的先验知识还不能较好地确定一个合理的品种数 k，但从鸢尾花的形态结构来看，也许花瓣能更好地帮助人们分辨鸢尾花的品种。这个结论是否正确，还需在后续的分析中予以验证。

2．数据降维

什么是降维，为什么要降维？前文已经谈到，在衡量采用什么方法来分析数据之前，最好能对数据的全貌有一个可视化的了解，能从中发现一些内在规律或启示，以便更好地指导人们选择相对合理的方法来解决问题。通常只在二维或三维的空间可视化数据，但原始数据的实际维度可能是四维甚至更高维度。采用数据降维的方法将原始数据的维度降为二维或三维，以便进行可视化处理来直观了解数据的分布。除此之外，数据降维还有提高计算速度、提高模型拟合度等好处。

如何保证原高维空间里的数据关系，经降维后仍然在低维空间保持不变或者近似呢？这就需要使用降维方法了。降维方法有很多，如因子分析法、主成因分析法、高相关滤波法、T 分布随机近邻嵌入法等，其中 TSNE 是一种非常适合高维非线性数据的降维方法，总体降维效果突出。因此，利用 TSNE 对鸢尾花数据集进行降维处理，绘制出散点图，观察数据的分布情况，看能否为后面的聚类分析提供一些提示。

引例 5-1

【引例 5-1】降维鸢尾花数据集 iris，绘制样本散点图。

（1）引例描述

将数据集 iris 中描述鸢尾花的 4 个特征数据降为二维，并绘制出降维后的数据散点图，以便观察数据的分布情况。

（2）引例分析

导入 TSNE 降维类，利用它将原始数据降成二维，并利用 pyplot 模块中的 plot 函数绘制二维数据的散点图。

（3）引例实现

实现的代码（case5-1.ipynb）如下。

```
1  import matplotlib.pyplot as plt
2  from sklearn.manifold import TSNE
3  import numpy as np
4  import pandas as pd
5  datas=pd.read_csv(r'data\iris.csv',sep=',')
6  tsne=TSNE(n_components=2)
7  X_2d=tsne.fit_transform(datas)
8  plt.figure(figsize=(9,6))
9  plt.plot(X_2d[:,0],X_2d[:,1],'k*')
```

代码行 2 从流形模块 manifold 中导入降维类 TSNE，代码行 5 导入鸢尾花数据集，代码行 6 创建一个降成二维的降维对象 tsne，代码行 7 对原四维的数据集进行降维转换，生成二维数据集。代码行 9 利用 plot 函数绘制出二维数据集的散点图，降维后的数据分布如图 5-9 所示。

由图 5-9 可以看出，降维后的鸢尾花特征数据分为明显的两簇，但左上的一簇所包含的样本数较多，有可能是由特征比较相似的两类鸢尾花构成的，但这个猜想是否正确需要在后续的聚类分析中做进一步检验。

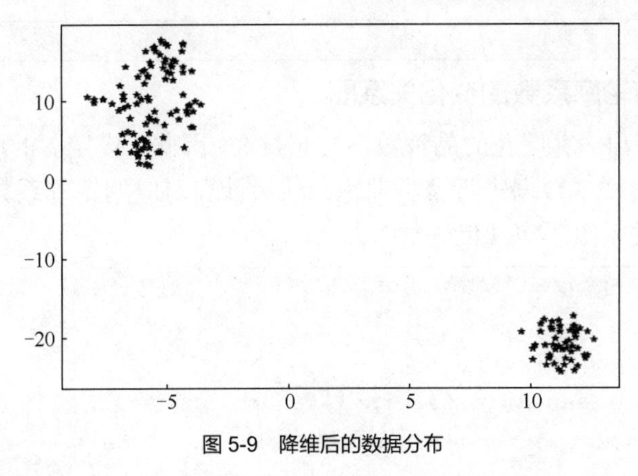

图 5-9　降维后的数据分布

3. 认识 KMeans 类

要通过 KMeans 类来构建一个 k 均值模型，然后利用该模型进行聚类。k 均值模型的主要参数如表 5-1 所示。

表 5-1　k 均值模型的主要参数

参数名	含义	备注
n_clusters	生成的聚类数	合理指定其值
max_iter	算法最大的迭代数	默认值为 300
init	质心的初始化方法，有 k-means++、random，或者指定一个 ndarray 向量为质心	默认值为 k-means++，这是一种改进的初始化质心方法
algorithm	采用的算法，有 auto、full 或者 elkan	建议使用 auto
random_state	随机种子，取整数，可保证结果复现	一般选择一个固定整数

5.3.4　任务 1——确定鸢尾花最佳的品种数 *k* 值

【任务描述】为较好地将待聚类的鸢尾花分为 *k* 个品种，首先要选定一个最佳的 *k* 值。根据前文的聚类性能度量指标，选择轮廓系数作为观察点，来观察取不同 *k* 值时轮廓系数的变化情况，当轮廓系数畸形程度最大时，取对应的 *k* 值作为最佳品种数。新建文件 5_task1.ipynb，根据任务目标，按照以下步骤完成任务 1。

5.3 任务 1

【任务目标】根据轮廓系数的变化，确定品种数 *k* 的最佳值。

【完成步骤】

1. 导入相关的第三方库及模块

因为要对鸢尾花样本数据进行聚类，在读取样本数据的基础上，除进行聚类操作外，还要计算轮廓系数和绘制轮廓系数的变化折线图，所以要通过以下代码导入相关的第三方库及模块。

```
from sklearn.cluster import KMeans
from sklearn.metrics import silhouette_score
import matplotlib.pyplot as plt
```

```
import pandas as pd
```

2. 绘制 *k* 值与轮廓系数的变化关系图

由图 5-9 可以看出，鸢尾花的品种数不会超过 8。因此，设定 *k* 的取值范围为[2,8]，在不同 *k* 值条件下，对样本数据进行聚类训练，然后计算对应的轮廓系数，最后绘制出 *k* 值与轮廓系数的变化关系图。实现代码如下。

```
1  iris_datas=pd.read_csv(r'data\iris.csv',sep=',')
2  sc=[]
3  for i in range(2,9):
4      kmeans=KMeans(n_clusters=i,random_state=151).fit(iris_datas)
5  score=silhouette_score(iris_datas,kmeans.labels_)
6      sc.append(score)
7  plt.plot(range(2,9),sc,linestyle='-')
8  plt.xlabel('k')
9  plt.ylabel('silhouette_score')
10 plt.show()
```

代码行 4 对鸢尾花样本数据 iris_datas 按 k 均值算法进行聚类训练，得到聚类结果 kmeans。代码行 5 利用指标函数 silhouette_score 计算聚类后的轮廓系数值 score。代码行 7 绘制出 *k* 值与轮廓系数的变化关系图。程序的运行结果如图 5-10 所示。

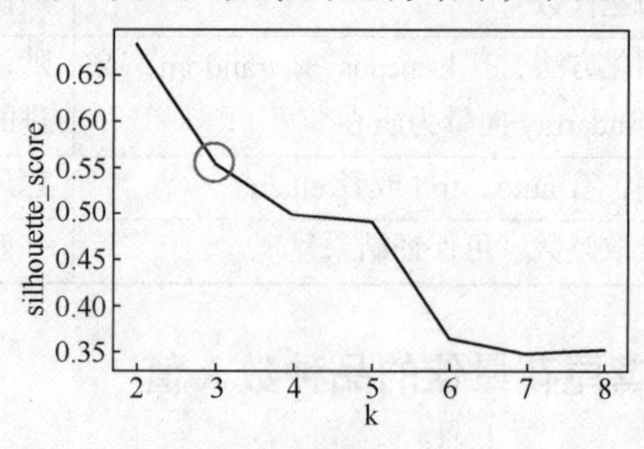

图 5-10　程序的运行结果

由图 5-10 所示的运行结果可以看出，*k* 在 2、3、5、6 处的畸形变化程度最大，且在 *k*=3 处出现了明显的拐点，此处的轮廓系数值也较大，这与图 5-9 降维分析的结果一致，从侧面说明了 *k*=3 时，聚类效果最佳。

5.3.5　任务 2——绘制鸢尾花聚类后的结果散点图

5.3 任务 2

【任务描述】任务 1 的分析指出，当鸢尾花品种数 *k*=3 时，聚类效果是最佳的。因此，下面将对所有样本数据按 *k*=3 重新聚类，并绘制出聚类后的结果散点图，观察其聚类效果。新建文件 5_task2.ipynb，根据任务目标，按照以下步骤完成任务 2。

【任务目标】绘制出 *k*=3 的聚类结果散点图，并进行可视化分析。

【完成步骤】

1. 按 *k*=3 对鸢尾花样本数据进行聚类

鸢尾花有 4 个特征数据，取所有特征数据进行 k 均值算法训练，代码如下。

```
iris_datas=pd.read_csv(r'data\iris.csv',sep=',')
kmeans3=KMeans(n_clusters=3,random_state=151).fit(iris_datas)
```

训练结束后，通过以下代码观察聚类后的簇号分布情况。

```
kmeans3.labels_
```

代码的运行结果如图 5-11 所示。

```
array([1, 1, 1, 1, 1, 1, 1, 1, 1, 1, 1, 1, 1, 1, 1, 1, 1, 1, 1, 1, 1, 1,
       1, 1, 1, 1, 1, 1, 1, 1, 1, 1, 1, 1, 1, 1, 1, 1, 1, 1, 1, 1, 1, 1,
       1, 1, 1, 1, 1, 1, 2, 2, 0, 2, 2, 2, 2, 2, 2, 2, 2, 2, 2, 2, 2, 2,
       2, 2, 2, 2, 2, 2, 2, 2, 2, 2, 0, 2, 2, 2, 2, 2, 2, 2, 2, 2, 2, 2,
       2, 2, 2, 2, 2, 2, 2, 2, 2, 2, 2, 2, 0, 2, 0, 0, 0, 0, 2, 0, 0, 0,
       0, 0, 0, 2, 2, 0, 0, 0, 0, 2, 0, 2, 0, 2, 0, 0, 2, 2, 0, 0, 0, 0,
       0, 2, 0, 0, 0, 0, 2, 0, 0, 0, 2, 0, 0, 0, 2, 0, 0, 2])
```

图 5-11　代码的运行结果

可以看出，聚类后所有样本数据被分为 3 个簇，其中簇号为 1 的样本有 50 个，簇号为 2 的样本有 62 个，簇号为 0 的样本有 38 个。

2．绘制聚类后样本的散点图

为比较直观清晰地了解聚类后的样本分布情况，按鸢尾花不同的特征数据来绘制对应散点图，用不同的颜色来区分样本类别。代码如下。

```
1  plt.rcParams['font.sans-serif'] = ['SimHei']
2  plt.figure(figsize=(15,8))
3  ax1=plt.subplot(221)
4  plt.scatter(iris_datas['Sepal.Length'],iris_datas['Sepal.Width'],
   c=kmeans3.labels_)
5  ax1.set_xlabel('（a）花萼长度')
6  ax1.set_ylabel('花萼宽度')
7  ax2=plt.subplot(222)
8  plt.scatter(iris_datas['Petal.Length'],iris_datas['Petal.Width'],
   c=kmeans3.labels_)
9  ax2.set_xlabel('（b）花瓣长度')
10 ax2.set_ylabel('花瓣宽度')
11 ax3=plt.subplot(223)
12 plt.scatter(iris_datas['Sepal.Length'],iris_datas['Petal.Length'],
   c=kmeans3.labels_)
13 ax3.set_xlabel('（c）花萼长度')
14 ax3.set_ylabel('花瓣长度')
15 ax4=plt.subplot(224)
16 plt.scatter(iris_datas['Sepal.Width'],iris_datas['Petal.Width'],
   c=kmeans3.labels_)
17 ax4.set_xlabel('（d）花萼宽度')
18 ax4.set_ylabel('花瓣宽度')
19 plt.show()
```

上述代码行 4、8、12、16 按鸢尾花不同的特征组合来绘制散点图，程序的运行结果如图 5-12 所示。

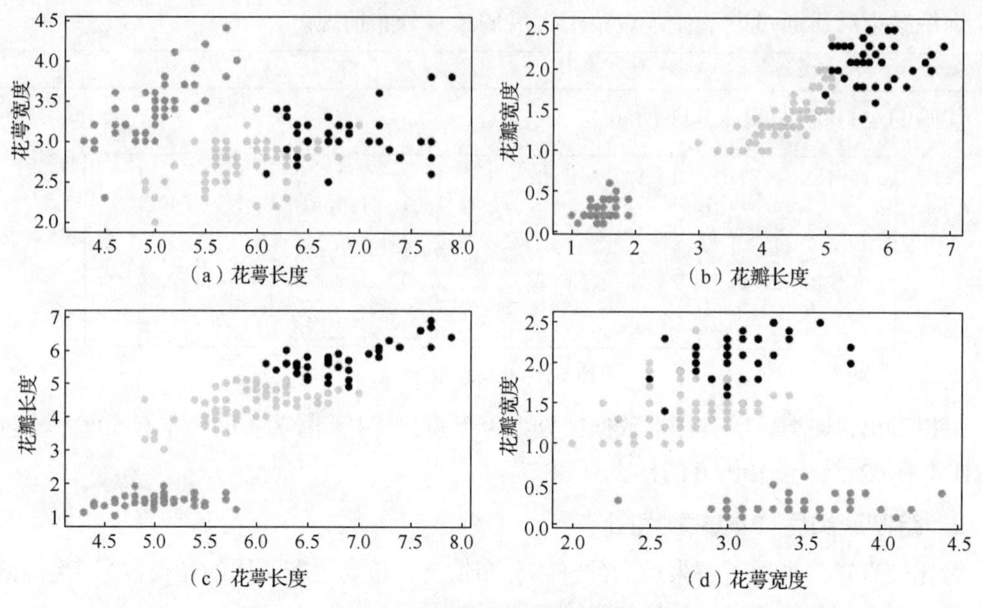

图 5-12　聚类后鸢尾花样本散点图

由图 5-12 可以看出，图 5-12（b）中 3 类样本分布比较均匀，簇内紧凑，除个别样本有些混淆外，其他样本在整个空间呈现明显的聚类分布。图 5-12（c）中类与类之间界限清楚，表明聚类效果也比较好。因此，不难归纳出如下结论：花瓣可能是区分鸢尾花品种的主要因素，在辨别鸢尾花品种时，用花瓣特征值或者花瓣长度加萼片长度就能较好地区分它们。至此，成功将 150 个鸢尾花样本分为 3 个品种。如果事先有样本集标签，还可以进一步验证聚类结果的准确率。

5.4 案例 2——电商客户分类

5.4.1 提出问题

随着信息技术的快速发展和电商市场线上消费人群日趋壮大，众多的企业将营销重点从产品转向客户，维持良好的客户关系逐渐成为企业发展的核心问题。商场如战场，只有充分了解客户群体，知道哪些客户是高价值客户、哪些客户是潜在客户、哪些客户是一般客户等，并通过这样的客户群分，才能便于企业在有限的资源下，针对不同类别的客户制订个性化服务方案，采取不同的营销策略，实现企业利润的最大化。如何精准区分电商系统中客户目前的状态，并根据客户群分结果采取不同的措施，保持客户黏度，是具有挑战性的问题。本案例将基于该场景采用聚类分析算法将电商客户进行合理群分，并基于不同类别的客户群体特征采用不同的营销措施来保持客户黏度。

5.4.2 解决方案

以“客户为中心”的营销模式在电商领域被提升到了前所未有的高度，这与如下的一些营销经验密切相关。

（1）企业 80%以上的收入来自 20%的重要客户。

（2）绝大多数利润来自现有的客户。

（3）由于客户群分不准确，会导致浪费多数营销经费。

（4）对潜力客户进行升级，就意味着利润可能成倍增加。

无论上述经验是否完全准确，但它至少说明了客户群分的重要性。如果企业想获得长期发展，不断提升利润，就必须对客户进行有效的识别和管理。为此，对某知名电商公司的销售数据从消费间隔、消费频率和消费总额 3 个维度进行统计，并对数据进行适当的清洗和标准化处理，然后迭代寻找最佳聚类数 k，最后进行客户群分，结合业务场景提供营销建议。

本案例解决方案的流程如图 5-13 所示。

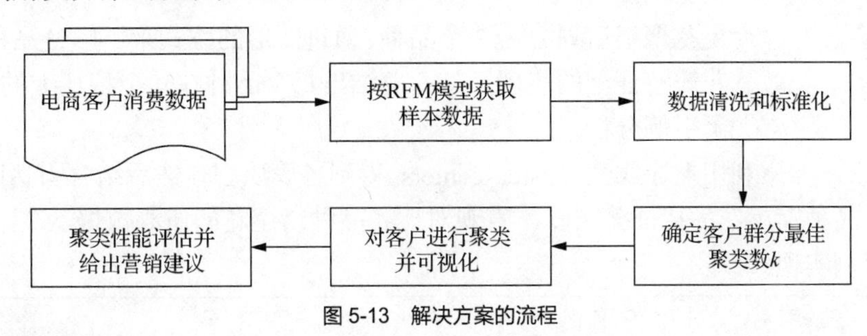

图 5-13 解决方案的流程

5.4.3 预备知识

客户群分就是通过客户数据来识别不同价值的客户，那靠什么来识别客户呢？这就要构建相应的客户评价指标，RFM 模型就是应用较广的识别客户的模型。

1. RFM 模型介绍

R（recency）指客户最近一次消费时间与截止时间的消费间隔。显然，*R* 越小，即客户对即时提供的产品或服务最有可能感兴趣，倾向于或喜欢在这里消费。

F（frequency）指客户在某段时间内的消费频率。客户的 *F* 越大，说明客户对产品或服务的满意度越高，忠诚度也越高，这样的客户对企业而言价值越大。

M（monetary）指客户在某段时间内的消费总额。*M* 越大，说明客户的消费能力越大，这也符合“20%的重要客户贡献了80%的效益”的二八原则。对于企业来说，要尽量留住 *M* 大的客户，刺激 *M* 小的客户消费。

在 RFM 模型中，最近一次消费间隔 *R*、消费频率 *F* 和消费总额 *M* 这 3 个要素是评价客户价值的重要指标。这 3 个指标都可以通过原始的客户消费记录来计算，有了这 3 个指标，就可以利用 k 均值算法对客户进行聚类，然后根据客户群分结果来调整营销策略，以达到提升客户满意度和增加企业销售额的目的。

2. k 均值模型主要属性

一旦完成客户群分，往往要进一步了解不同客户群体在 *R*、*F*、*M* 指标上的表现，如哪些客户群体在 *R*、*F*、*M* 上有显著的优势，哪些客户群体在 *R*、*F*、*M* 上有显著的劣势等。

这就需要在聚类后能获取各簇质心，即各客户群体的特征值的均值向量，还有一些重要的属性，如聚类后的标签值、衡量聚类效果的惯性量等。k 均值模型主要属性如表 5-2 所示。

表 5-2　k 均值模型主要属性

属性名	含义	备注
cluster_centers_	聚类质心，表示各簇的均值	是一个 ndarray 向量
labels_	聚类标签，表示各样本所属的簇的标记	是一个 ndarray 向量
inertia_	组内方差，表示各样本到各簇质心的距离的平方和	是一个 float 值

引例 5-2

【引例 5-2】对比聚类后 3 种鸢尾花的质心数据。

（1）引例描述

鸢尾花聚类后划分为 3 个品种，通过图形的方式来了解各品种鸢尾花在花萼、花瓣特征上的表现，从而总结出每个品种在 4 个特征上的差异。

（2）引例分析

利用上述属性 cluster_centers_得到各簇质心，然后结合雷达图的特点，绘制出 3 个品种鸢尾花的特征分布图，直观对比各品种鸢尾花的质心数据。

（3）引例实现

```
1   iris_datas=pd.read_csv(r'data\iris.csv',sep=',')
2   kmeans3=KMeans(n_clusters=3,random_state=151).fit(iris_datas)
3   cluster_centers=kmeans3.cluster_centers_
4   feature = ['Sepal.Length','Sepal.Width','Petal.Length',
    'Petal.Width']
5   angles=np.linspace(0, 2*np.pi,len(feature), endpoint=False)
6   angles=np.concatenate((angles,[angles[0]]))
7   plt.figure(figsize=(8,4))
8   ax1=plt.subplot(111, polar=True)
9   i=0
10  for values in cluster_centers:
11      values=np.concatenate((values,[values[0]]))
12      ax1.plot(angles, values, 'o-', linewidth=2,label='类'+str(i) +
        '质心')
13      i+=1
14  ax1.set_thetagrids(angles * 180/np.pi, feature)
15  plt.legend()
16  plt.show()
```

上述代码行 3 获取各簇质心，代码行 6 定义鸢尾花的花萼长度、花萼宽度、花瓣长度、花瓣宽度在极坐标系上对应的角度坐标，代码行 8 在子图 ax1 上按极坐标系绘制图形，代码行 10～13 以循环的方式依次绘制出各类质心的雷达图，代码行 14 为质心的各数据点定义标签。3 个品种鸢尾花的质心分布如图 5-14 所示。

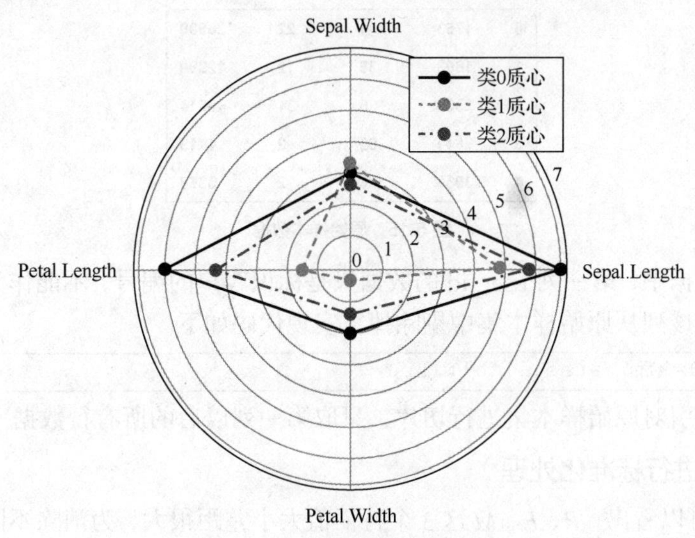

图 5-14　3 个品种鸢尾花的质心分布

由图 5-14 可以看出，3 个品种的鸢尾花在花萼长度、花萼宽度方面的特征差异不明显，但在花瓣长度、花瓣宽度方面的特征有明显差异。这说明不同品种鸢尾花的花瓣表现特征显著不同，基于该特征描述，可以辨别鸢尾花的品种，该结论与案例 1 的分析结果一致。

5.4.4　任务 1——选择最佳的客户群分数目 *k*

【任务描述】下面根据 RFM 模型来统计客户的 3 个重要特征，对客户原始的消费记录进行汇总统计，计算出客户最近一次消费间隔 *R*、近半年的消费频率 *F* 和消费总额 *M*，这涉及数据的统计和预处理方法，在此略过，直接给出处理后的结果，保存在 RFM.csv 文件中。新建文件 5-4_task1.ipynb，根据任务目标按照以下步骤完成任务 1。

5.4 任务 1

【任务目标】对文件 RFM.csv 进行聚类分析，通过对不同 *k* 值的聚类性能评估指标进行对比，选择最佳的客户群分数目 *k*，为后续的客户群分及营销策略制订打下基础。

【完成步骤】

1．清洗掉无关的数据

通过以下代码导入数据后，观察前 5 行数据的结构，如图 5-15 所示。

```
from sklearn.cluster import KMeans
from sklearn import metrics
from sklearn import preprocessing
import matplotlib.pyplot as plt
import pandas as pd
kfm_datas=pd.read_csv(r'data\RFM.csv')
```

	user_id	R_days	F_times	M_money
0	1763	1	22	25900
1	1803	38	12	12290
2	2330	5	34	49514
3	3641	85	2	4419
4	3956	86	2	3368

图 5-15 原始样本数据

原始样本数据中，第一列 user_id 的数据只是标识客户的编号，不能作为聚类的特征来使用，因此要把该列从原始样本集中剔除掉，实现代码如下。

```
kfm_datas1=kfm_datas.iloc[:,1:]
```

这样，按索引对原始样本集进行切片，只取第一列以后的所有行数据。

2. 对数据进行标准化处理

从图 5-15 可以看出，*R*、*F*、*M* 这 3 个特征值大小差距很大，为消除不同量纲对聚类模型的影响，提高模型计算效率，通过以下代码对数据进行标准化处理。

```
X=preprocessing.StandardScaler().fit_transform(kfm_datas1)
```

进行标准化处理后，得到新的样本集 *X*。

3. 求不同 *k* 值下客户群分的聚类性能指标

由于样本事先没有标注簇号，因此采用聚类的内部指标轮廓系数、CH 分数和组内方差 inertia 来评估聚类效果，代码如下。

```
1   ch_score = []
2   ss_score = []
3   inertia = []
4   for k in range(2,10):
5       kmeans = KMeans(n_clusters=k,max_iter=1000)
6       pred = kmeans.fit_predict(X)
7       ch = metrics.calinski_harabasz_score(X,pred)
8   ss =metrics.silhouette_score(X,pred)
9       ch_score.append(ch)
10      ss_score.append(ss)
11      inertia.append(kmeans.inertia_)
```

将客户按 *R*、*F*、*M* 这 3 个特征分别划分为 3 个等级，等同于最多可以将客户划分为 3×3×3=27 种群体，但划分太细不利于营销活动的开展和客户管理。因此，此处将客户群体数目 *k* 的取值范围指定在[2,9]范围内，然后计算每个 *k* 值对应的聚类性能指标值。

代码行 1、2、3 分别定义保存 CH 分数、轮廓系数和组内方差的 3 个列表变量。代码行 6 对样本集 *X* 进行聚类，返回聚类标签保存在变量 pred 中，循环结束后，计算出不同客户群体数目 *k* 对应的聚类性能指标值。

4. 绘制 3 个内部聚类性能指标的变化图

有了不同 *k* 值下的客户聚类性能指标值，就可以据此分别绘制出 CH 分数、轮廓系数和组内方差 inertia 随 k 值变化的折线图，然后综合观察 3 个内部指标的变化特征，最终确定最佳的客户群分数目 k。绘制折线图的代码如下。

```
1  plt.figure(figsize=(10,4))
2  plt.rcParams['font.sans-serif'] = ['SimHei']
3  ax1=plt.subplot(131)
4  plt.plot(list(range(2,10)),ch_score,label='CH 分数',c='y')
5  plt.legend()
6  ax2 = plt.subplot(132)
7  plt.plot(list(range(2,10)),ss_score,label='轮廓系数',c='b')
8  plt.legend()
9  ax3 = plt.subplot(133)
10 plt.plot(list(range(2,10)),inertia,label='方差值 inertia',c='g')
11 plt.legend()
12 plt.show()
```

代码行 3 指定在 1 行 3 列的第 1 张子图上绘图，代码行 4 以 k 为横坐标、CH 分数为纵坐标绘制折线图，图例标签为“CH 分数”，线条颜色为黄色。其他代码类似，请读者自行理解。3 个聚类性能指标随 k 的变化示意图如图 5-16 所示。

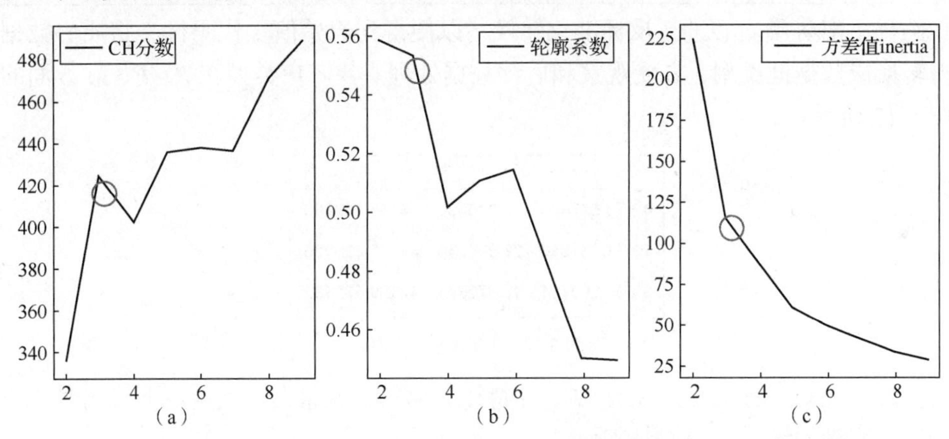

图 5-16　3 个聚类性能指标随 k 的变化示意图

由图 5-16 可以看出，各聚类性能指标的折线图在 k=3 处出现明显的拐点，且 CH 分数值相对较大，轮廓系数大于 0.5，组内方差相对较小，因此综合判断将客户群体分为 3 类时最合理。

5.4.5　任务 2——计算 3 类客户的 RFM 均值

【任务描述】根据最佳 k 值 3 重新对客户进行聚类，根据各类的质心来了解不同客户群体在 R、F、M 这 3 个特征上的均值情况，据此结合业务实情来辨别 3 个具体的客户类型，如哪类是重要客户、哪类是重要发展或挽留客户、哪类是一般或低价值客户等。新建文件 5-4_task2.ipynb，根据任务目标按照以下步骤完成任务 2。

5.4 任务 2

【任务目标】对样本数据按 k=3 重新聚类，求聚类结果的质心。

【完成步骤】

1. 重新聚类

按簇数 3 对客户进行重新聚类，得到各客户群体的质心和对应的标签。因为在聚类前对原始数据进行了标准化处理，所以要对质心进行反标准化转换，得到质心的原始值，即 *R*、*F*、*M* 的原始平均值。代码如下。

```
1  kfm_datas=pd.read_csv(r'data\RFM.csv')
2  kfm_datas1=kfm_datas.iloc[:,1:]
3  stand_scaler=preprocessing.StandardScaler()
4  X=stand_scaler.fit_transform(kfm_datas1)
5  kmeans = KMeans(n_clusters=3,random_state=151,max_iter=1000)
6  labels = pd.Series(kmeans.fit_predict(X))
```

上述代码行 5 按聚类数 3 对客户进行聚类，迭代次数为 1000 次。代码行 6 得到聚类后的各样本标签。

2. 求质心数据

```
1  centers=stand_scaler.inverse_transform(kmeans.cluster_centers_)
2  centers = pd.DataFrame(centers)
```

代码行 1 对各类质心进行反标准化转换，以便得到原始值。代码行 2 将质心数据由数组类型转换成数据框类型，方便观察和后续数据处理。各客户类型在 *R*、*F*、*M* 方面的平均值如图 5-17 所示。

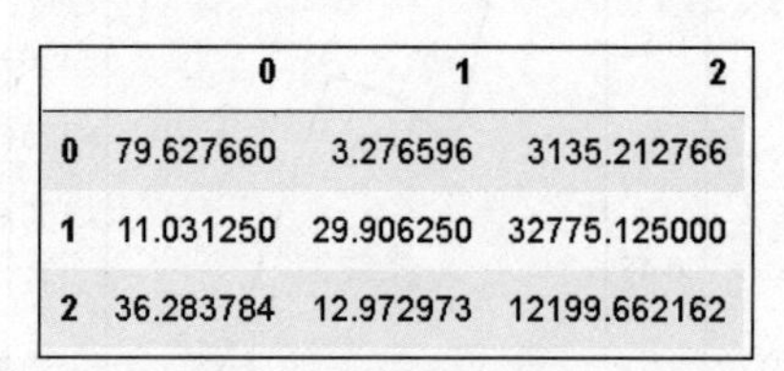

	0	1	2
0	79.627660	3.276596	3135.212766
1	11.031250	29.906250	32775.125000
2	36.283784	12.972973	12199.662162

图 5-17　3 类质心平均值

为更直观地观察各类客户在 *R*、*F*、*M* 特征方面的表现情况，利用以下代码对质心数据进行处理，得到的结果如图 5-18 所示。

```
1  result = pd.concat([centers,labels.value_counts().sort_index
   (ascending=True)],axis=1)
2  result.columns = list(kfm_datas1.columns)+ ['counts']
```

代码行 1 对聚类后的标签进行分类计数，并按标签升序顺序对计数结果排序，然后将排序结果与质心数据组合起来。

代码行 2 为分类计数结果添加一个列“counts”。

	R_days	F_times	M_money	counts
0	79.627660	3.276596	3135.212766	94
1	11.031250	29.906250	32775.125000	32
2	36.283784	12.972973	12199.662162	74

图 5-18　各客户类型统计数据

由图 5-18 可以看出，0 类客户平均消费间隔约为 79 天，在 3 类客户群体中该值最大，且 0 类客户消费频率最小，消费总额也最少，因此，可以把该类客户定义为一般挽留客户。1 类客户的消费间隔约为 11 天，远小于其他两类客户，另外，无论是他们的消费频率还是消费总额，均远高于其他两类客户，因此，可以把该类客户认定为重要保持客户。2 类客户各项数据居中，但整体而言，他们的消费频率和消费总额还是不错的，可以把他们认定为重要发展客户。

5.4.6　任务 3——为 3 类客户提出营销建议

【任务描述】对各个客户群体进行特征分析，对各个客户群体进行价值排名，针对不同类型的客户群体提供不同的产品或服务，以达到提升客户消费水平的目的。新建文件 5-4_task3.ipynb，根据任务目标按照以下步骤完成任务 3。

5.4 任务 3

【任务目标】分析各客户群体特征，提供相应的营销建议或策略。

【完成步骤】

1. 绘制客户群体的 *R*、*F*、*M* 指标折线图

在任务 2 的基础上，绘制出各类客户最近一次消费间隔、消费频率和消费总额方面的对比图，以便直观观测各类客户的消费特征和差异，为提出营销建议提供依据。实现代码如下。

```
1  fig = plt.figure(figsize=(10,4))
2  plt.rcParams['font.sans-serif'] = ['SimHei']
3  ax1= plt.subplot(131)
4  plt.plot(list(range(1,4)),result.R_days,c='y',label='R指标')
5  plt.legend()
6  ax2= plt.subplot(132)
7  plt.plot(list(range(1,4)),result.F_times,c='b',label='F指标')
8  plt.legend()
9  ax3= plt.subplot(133)
10 plt.plot(list(range(1,4)),result.M_money,c='g',label='M指标')
11 plt.legend()
12 plt.show()
```

代码行 4、7、10 分别绘制 3 类客户的 *R* 指标、*F* 指标和 *M* 指标折线图。程序运行结果如图 5-19 所示。

由图 5-19 可以看出，3 类客户具有明显的消费差异和不同的市场价值，聚类效果显著，可以据此来开展客户管理和营销活动。

2. 提供营销建议

对 3 类客户进行价值排名，然后分别给出营销建议，如表 5-3 所示。

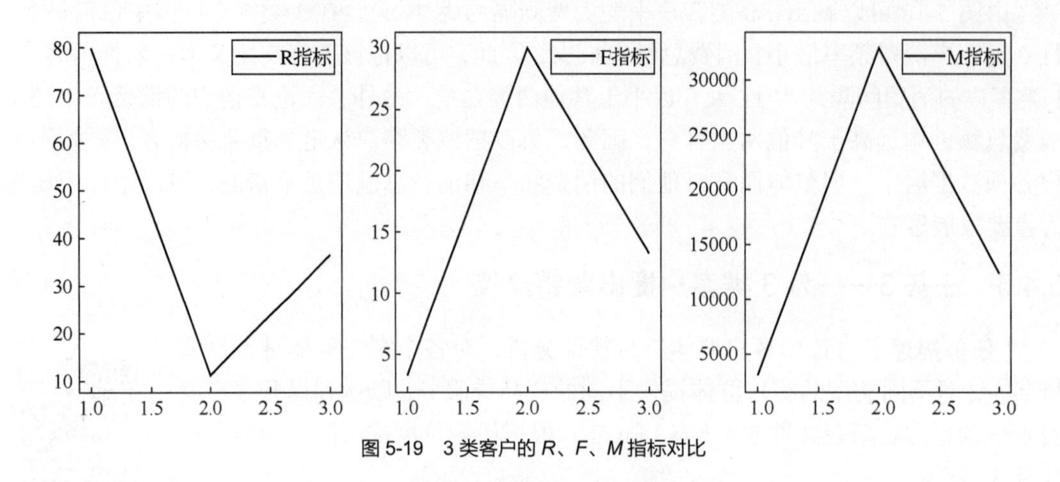

图 5-19　3 类客户的 R、F、M 指标对比

表 5-3　客户群体价值排名及营销建议

客户群体号	客户群体名称	价值排名	营销建议
0	一般挽留客户	3	该类客户 R 最大，F 和 M 均最低，说明离上次消费比较久远，属于低价值或沉默客户，建议通过短信、E-mail 或其他方式召回或唤醒他们，通过一些打折促销活动来刺激消费
1	重要保持客户	1	该类客户 R 最小，F 和 M 最大，说明最近刚消费过，且近半年消费频率和消费总额都非常高，属于高忠诚度、高活跃度和高付费能力客户，是最需要重点维护的客户，建议安排专员一对一服务
2	重要发展客户	2	该类客户 R、F、M 均一般，活跃度一般，消费能力一般，属于仍在活跃的客户，但可能极易被友商抢走，建议对这类客户多进行一些品牌上的宣传和满意度回访，开展有针对性的活动刺激他们多消费，提升客户的忠诚度和满意度

本章小结

人们很早就认识到聚类的重要性，“物以类聚，人以群分”这样的格言就是很好的佐证。通过机器学习对鸢尾花数据集进行聚类，可以帮助人们将鸢尾花合理地分为 3 个品种，从而解决判断鸢尾花数据集中包含多少品种的问题。如果在聚类过程中，总能发现个别鸢尾花样本远离所有质心，那它很可能是一个新品种的鸢尾花。用聚类方法还可以帮助在其他类似的场景中预测不同的簇群。

本章只介绍了一种 k 均值聚类算法，读者可以尝试使用一些其他的聚类算法来解决新的问题。作为一种非常成熟和简单易用的机器学习算法，k 均值算法已成功应用于销售、安全、医疗等领域，案例 2 就是利用该算法来分类不同的客户。需要指出的是，尽管将客户分为 3 类是比较合理的，但在实际业务背景下，也可以根据业务要求将客户细分为 4 类或更多类。另外，为保证营销活动的针对性和时效性，建议每隔一段时间就重新聚类一次，灵活使用聚类指标和合理度量聚类性能是非常重要的。

课后习题

一、考考你

1. 关于聚类说法正确的是_____。

A. 聚类样本一定要有标签　　B. 应该将所有特征数据作为聚类依据

C. 聚类的 k 值可以随意指定　　D. 聚类质心就是各簇群特征的平均值

2. 下列_____聚类性能评估指标在[-1,1]范围内，值越接近 1 说明聚类效果越好。

A. CH 分数　　B. DBI　　C. 轮廓系数　　D. 惯性方差

3. k 均值模型的_____参数能保证聚类结果复现。

A. random_state　　B. init　　C. max_iter　　D. algorithm

4. 衡量聚类效果好坏的主要依据是_____。

A. 各类之间的界限明显　　B. 各样本离各自质心距离之和最小

C. 类别之间的协方差越大越好　　D. 同类样本紧凑，不同类样本相距远

5. 关于 RFM 模型的应用，说法错误的是_____。

A. R、F、M 是区分客户的 3 个重要特征

B. 这 3 个特征是基于原始数据统计出来的

C. 在具体场景应用 RFM 模型时，可以添加其他指标

D. 案例 2 中不进行标准化处理也是可以的

二、亮一亮

1. 在案例 1 中用 k 均值算法对鸢尾花进行聚类时，有哪些办法能帮助找到最优的 k 值？

2. 在案例 2 的电商客户分类过程中，求各类客户样本的均值有何意义？请举例说明。

三、帮帮我

Wholesale customers data.csv 文件保存有批发商客户数据，前 5 行数据如图 5-20 所示。数据集各属性函数如下。

	Channel	Region	Fresh	Milk	Grocery	Frozen	Detergents_Paper	Delicassen
0	2	3	12669	9656	7561	214	2674	1338
1	2	3	7057	9810	9568	1762	3293	1776
2	2	3	6353	8808	7684	2405	3516	7844
3	1	3	13265	1196	4221	6404	507	1788
4	2	3	22615	5410	7198	3915	1777	5185

图 5-20　批发商客户数据

（1）Channel：客户渠道，1 指酒店类，2 指零售类。

（2）Region：客户所在地区，1 指里斯本，2 指波尔图，3 指其他地区。

（3）Fresh：在新鲜产品上的支出。

（4）Milk：在乳制品上的支出。

（5）Grocery：在杂货上的支出。

（6）Frozen：在冷冻产品上的支出。

（7）Detergents_Paper：在清洁剂（纸）上的支出。

（8）Delicassen：在熟食上的支出。

请运用 k 均值算法将这 400 名批发商客户进行分类，并试图解释分类结果。提示：聚类时只考虑后 6 个特征，因为这 6 个特征代表客户的进货能力。

第❻章 个性化推荐：主动满足你的需求

随着移动互联网和智慧物流的持续发展，以及各大网络营销活动的推广，线上购物已成为人们日常生活中必不可少的部分。对于年轻人而言，线上购物已成为一种新时尚和新习惯。每一次的线上购物都会让用户留下历史行为数据，基于这些用户历史数据，线上商城能利用推荐系统来了解用户的偏好和可能的兴趣，从而主动给用户推荐他们可能感兴趣的商品信息。用信息化手段感知社会态势、畅通沟通渠道、辅助科学决策，让互联网更好地造福人民。那么，推荐系统是如何找到用户感兴趣的信息的呢？在不同的应用场景中又有哪些推荐算法可以帮助人们解决推荐问题呢？通过本章的学习，将可以找到这些问题的答案。

本章内容导读如图 6-1 所示。

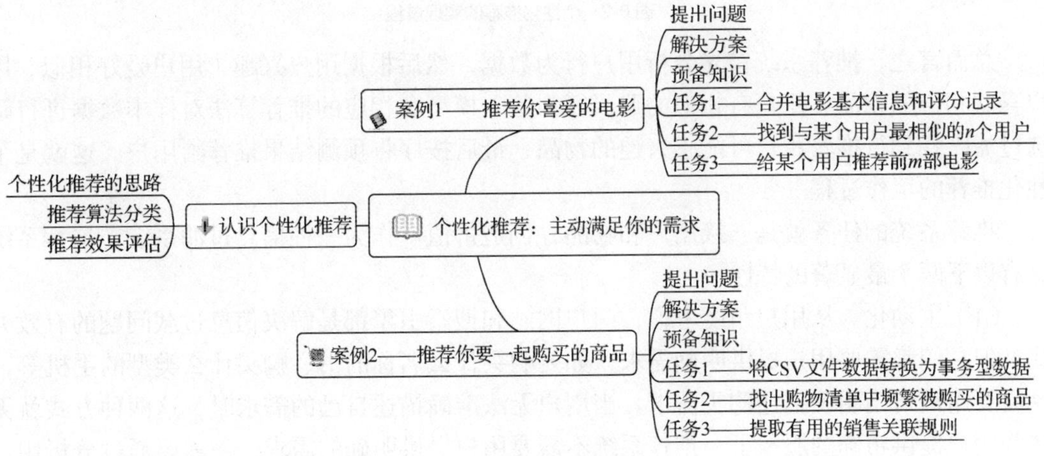

图 6-1 第 6 章内容导读

6.1 认识个性化推荐

6.1.1 个性化推荐的思路

推荐系统能为人们提供个性化的智能服务，其基于以下事实认知：人们倾向于喜欢那些与自己喜欢的东西相似的其他物品、倾向于与和自己趣味相投的人有相似的爱好，或者不同的客户群体有固定的购物习惯等。推荐系统尝试捕捉这一规律，来预测用户可能喜欢的其他物品，并主动将用户可能感兴趣的物品推荐给他，从而让用户对系统产生依赖和获得较好的服务体验，提高用户忠诚度。个性化推荐的实现过程如图 6-2 所示。

图 6-2 中的用户信息、物品信息和用户行为数据隐藏了用户的偏好，用户行为数据将用户和物品关联起来。例如，小明从网上购买了一本《人工智能基础与应用》，就可以认为他对人工智能感兴趣，给他推荐一本《机器学习》是合情合理的。又如张海尽管没有购买人工智能方面的书，但发现他与小明在用户信息方面非常相似，就可以根据“相似的人具

有相似的爱好”这个用户兴趣模型向张海推荐《人工智能基础与应用》这本书。还有一些其他的用户购买现象，如购买婴儿奶粉的男性顾客人群中，相当一部分也同时购买了啤酒，事后了解是因为这些顾客在替太太购买奶粉时，顺手购买些啤酒犒劳自己。因此，零售商可以向购买了婴儿奶粉的男性顾客推荐啤酒优惠信息。

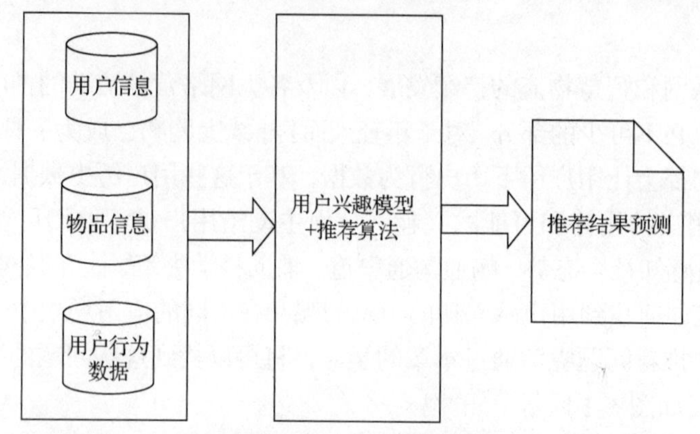

图 6-2　个性化推荐的实现过程

总而言之，推荐系统首先分析用户行为数据，然后根据用户兴趣（用户爱好相似、用户喜欢相似的物品、用户有相似的购买行为等）模型和相应的推荐算法对样本数据进行筛选过滤，找到待推荐用户可能感兴趣的物品，最后按序将预测结果推荐给用户。这就是个性化推荐的工作过程。

推荐系统的任务就是连接用户和物品，创造价值。作为一种信息过滤系统，推荐系统具有以下两个最显著的特性。

（1）主动化。从用户角度考虑，门户网站和搜索引擎都是解决信息过载问题的有效方式，但它们都需要用户提供明确需求，如要购买什么名称的书、购买什么类型的手机等，这需要用户自己明确描述购买需求。当用户无法准确描述自己的需求时，这两种方式就无法为用户提供精确的服务了。推荐系统不需要用户提供明确的需求，而需要通过分析用户和物品的数据，对用户和物品进行建模，从而主动为用户推荐他们感兴趣的物品信息。

（2）个性化。推荐系统能够更好地发掘长尾信息，即将冷门物品推荐给用户。热门物品通常代表绝大多数用户的需求，而冷门物品往往代表一小部分用户的个性化需求。在电商平台火热发展的时代，由冷门物品带来的营业额甚至超过热门物品，发掘长尾信息是推荐系统的重要研究方向之一。

目前，推荐系统已广泛应用于诸多领域，如图 6-3 所示。具体包括传媒行业、电商行业、视频行业、广电行业、阅读行业、直播行业等。下面介绍推荐系统的具体应用。

（1）电商平台。目前推荐系统已经基本成为电商平台的标配。主流的电商平台具有多种推荐形式，如“猜你喜欢”“购买此商品的用户也购买了……”等，此外还有隐式商品推荐，如在搜索结果中将推荐商品排名提前。

（2）个性化视频网站。每年都有大量电影上映，由用户自制的短视频也越来越多，用户很难从海量节目中选择观看。视频网站基于用户的历史观看记录以及视频之间的内在联系，可分析用户潜在的兴趣，向用户推荐其感兴趣的视频。

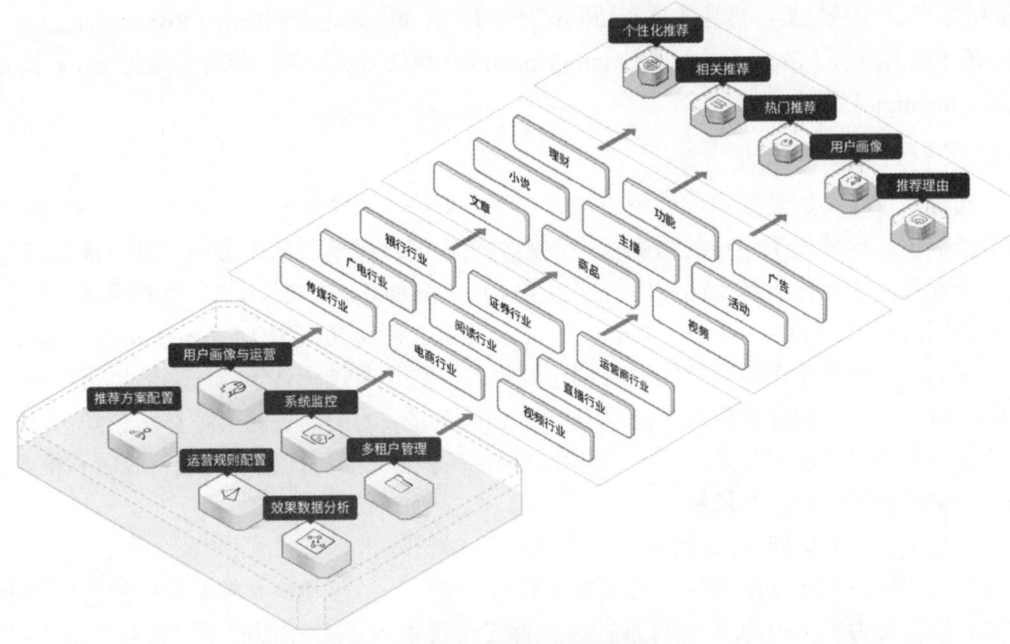

图 6-3 推荐系统应用领域

（3）音乐歌单。目前音频类个性化推荐系统主要是向用户推荐歌曲或播单，好的推荐系统会让用户有既熟悉又惊喜的感觉。其推荐方法与视频推荐类似，基于音乐的风格、用户的收听历史和收听行为等进行推荐。

（4）社交网络。推荐系统在社交网络中的应用主要是好友推荐和内容推荐。好友推荐是指在社交网络中向用户推荐具有共同兴趣的用户，使其成为自己的好友。用户之间可以通过关系网建立联系，还可以通过阅读、点赞、评论了相同的博文等来建立联系。如果两个用户有多个共同的标签，曾经评论或转发过相同的信息，则说明他们对这条信息有相同的兴趣。对这些用户行为应用基于用户的协同过滤推荐算法就可以向用户进行个性化内容推荐。在社交网站中，用户之间形成一个社交网络图，可以用该图分析用户之间兴趣的相似性。例如，用于学术社区中同行的发现，对那些研究领域相同但在网站中并非好友的用户，推荐他们互加好友。

（5）新闻网站。在新闻网站中应用推荐系统可以方便用户及时获取个性化信息，减少用户查阅、检索新闻的时间，并提供更好的阅读体验，从而增加用户黏性。该推荐系统一般采用基于内容的协同过滤推荐算法实现。其中数据包括用户属性特征、浏览历史和浏览的新闻内容等，从而解决因新闻量过大而给用户带来的信息过载和迷失问题。

推荐系统中常有“冷启动”的问题。它是指新用户注册或者新物品入库时，该怎样给新用户提供推荐服务，让用户满意，怎样将新物品推荐出去，推荐给喜欢它的用户。如一个网站刚建立，用户和物品内容比较少，用户行为数据更少，所以很难基于用户的购买行为去进行推荐。为解决这个问题，可以使用热门内容作为推荐结果，逐渐收集用户行为数据，不断完善推荐结果，吸引更多用户注册和消费，从而形成良性循环。

6.1.2 推荐算法分类

根据推荐系统使用数据的不同，可分为基于用户行为的推荐、基于内容的推荐、基于社交网络的推荐等。主流的推荐算法主要有协同过滤推荐（Collaborative Filtering Recommendation）算法、基于内容推荐（Content-based Recommendation）算法和关联规则推荐（Association Rule Recommendation）算法这 3 种。

1. 协同过滤推荐算法

协同过滤推荐算法是推荐领域中应用较广泛的算法，该算法不需要预先获得用户或物品的特征数据，仅依赖于用户的历史行为数据对用户进行建模，从而为用户进行推荐。协同过滤推荐算法主要包括基于用户的协同过滤（User-Based CF，UserCF）推荐算法、基于物品的协同过滤（Item-Based CF，ItemCF）推荐算法、隐语义模型（Latent Factor Model）推荐算法等。其中基于用户和物品的协同过滤推荐算法是通过统计学方法对数据进行分析的，因此也称为基于内存的协同过滤推荐算法或基于邻域的协同过滤推荐算法；隐语义模型推荐算法采用机器学习等算法，通过学习数据得出模型，然后根据模型进行预测和推荐，是基于模型的协同过滤推荐算法。

（1）基于用户的协同过滤推荐算法

基于用户的协同过滤推荐算法的基本思想为：给用户推荐和他兴趣相似的用户感兴趣的物品。当需要为一个用户 A 进行推荐时，首先找到和 A 兴趣相似的用户集合（用 U 表示），然后把集合 U 中所有用户感兴趣而 A 没有听说过（未进行过操作）的物品推荐给 A。算法分为下面两个步骤。

① 计算用户之间的相似度，选取最相似的 N 个用户构成用户集合。

② 找到集合中用户喜欢的但目标用户没有用过的物品，推荐给目标用户。

相似度计算是协同过滤推荐算法的重要内容，就是计算两个向量之间的距离，距离越近相似度越大。例如，将一个用户对所有物品的偏好（用户对物品的喜好程度，如评分、评论或投票等）作为一个向量，两个向量间的距离就是用户之间的相似度。相似度通常用皮尔逊相关系数或余弦向量相似度表示。

- 皮尔逊相关系数如下所示。

$$P(x,y)=\frac{\sum_{i=1}^{n}(x_i-\overline{x})(y_i-\overline{y})}{\sqrt{\sum_{i=1}^{n}(x_i-\overline{x})^2\sum_{i=1}^{n}(y_i-\overline{y})^2}}$$

x_i 表示用户 x 对物品 i 的偏好或评分，$\overline{x}$ 表示所有被用户评价过的物品的平均分；$P(x,y)$ 为用户 x、y 之间的皮尔逊相关系数，其取值范围是[−1,1]，取值大于 0 表示两个用户正相关，小于 0 表示两个用户负相关，等于 0 表示不相关。皮尔逊相关系数绝对值越大，表示相关性越强。

- 余弦向量相似度。余弦向量相似度用向量空间中两个向量夹角的余弦值衡量两个个体间差异的大小。余弦值越接近 1，就表明夹角越接近 0°，也就是两个向量越相似，如图 6-4 所示，即向量 $\boldsymbol{a}$ 与向量 $\boldsymbol{b}$ 的余弦向量相似度 $\mathrm{sim}(\boldsymbol{a},\boldsymbol{b})=\cos(\theta)$。

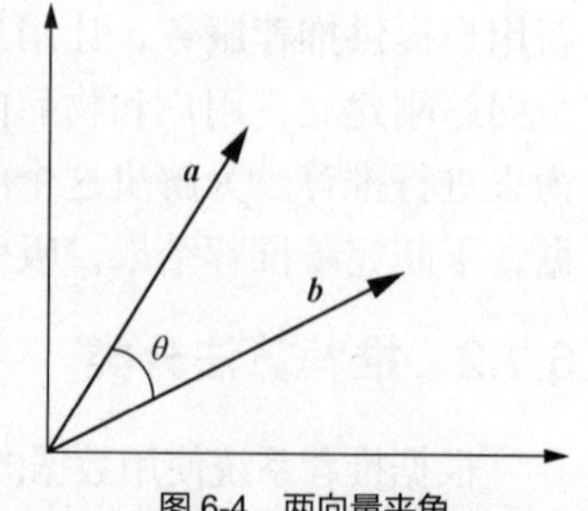

图 6-4　两向量夹角

当向量 $\boldsymbol{a}$ 与向量 $\boldsymbol{b}$ 的夹角 θ 为 0° 时，$\mathrm{sim}(\boldsymbol{a},\boldsymbol{b})=1$，向量 $\boldsymbol{a}$ 和向量 $\boldsymbol{b}$ 重合，即两者相等。当 θ 为 90° 时，$\mathrm{sim}(\boldsymbol{a},\boldsymbol{b})=0$，

表示两者不相关。当 θ 为 180° 时，$\text{sim}(\boldsymbol{a},\boldsymbol{b})=-1$，向量 $\boldsymbol{a}$ 与 $\boldsymbol{b}$ 方向相反，表示两者完全负相关。余弦向量相似度理论就是基于上述基本思想来计算个体之间相似度的一种方法，计算公式如下。

$$\cos(\theta)=\text{sim}(x,y)=\frac{\sum_{i=1}^{n}(x_i \times y_i)}{\sqrt{\sum_{i=1}^{n}(x_i)^2} \times \sqrt{\sum_{i=1}^{n}(y_i)^2}}$$

x_i 和 y_i 分别表示用户 A、用户 B 对物品 i 的评分。可以看出，无论采用皮尔逊相关系数还是余弦向量相似度来计算用户之间的相似度，前提都是用户对物品有评分。如果是一个新的用户，他没有购物行为，就无法用评分向量来计算相似度，这种情况称为“冷启动”。一种解决“冷启动”问题的方法是利用用户自身的个体特征（如兴趣、职业、性别、年龄等）来计算用户之间的相似度，然后进行用户协同过滤推荐。

基于用户的协同过滤推荐示例如表 6-1 所示，表 6-1 是 3 个用户购物的情况，要解决的问题是该向用户 D 推荐什么物品。

表 6-1　用户购物情况

用户	物品 1	物品 2	物品 3	物品 4	物品 5
用户 A	√		√	√	
用户 B		√	√		
用户 C	√		√		√
用户 D	√		√	推荐	推荐

从表 6-1 可以看到与用户 D 最相似的用户集合 U={用户 A,用户 C}，由此可知用户 A 和用户 C 喜欢的物品很有可能用户 D 也喜欢，所以将用户 A、用户 C 喜欢的{物品 4、物品 5}推荐给用户 D 是合适的。

显然，如果用户的数目巨大，则计算用户兴趣相似度的时间复杂度和空间复杂度会很大，实时在线计算变得比较困难，一般采用离线的方式进行推荐。UserCF 推荐算法其实是基于用户群体的兴趣进行推荐的，符合用户的兴趣在一段时间内是相对稳定的这一事实，因此尽管其是离线滞后进行推荐的，但用户服从群体兴趣，所以推荐结果一般仍较为准确。

（2）基于物品的协同过滤推荐算法

基于物品的协同过滤推荐算法是目前应用较为广泛的算法，该算法的基本思想为：给用户推荐与他们以前喜欢的物品相似的物品。这里所说的相似并非从物品的内容角度出发，而是基于一种假设：喜欢物品 A 的用户大多也喜欢物品 B，代表着物品 A 和物品 B 相似。基于物品的协同过滤推荐算法能够为推荐结果做出合理的解释，如电子商务网站中的“购买该物品的用户还购买了其他物品……”。

ItemCF 推荐算法的计算步骤和 UserCF 推荐算法大致相同，算法步骤如下。

① 计算物品之间的相似度。

② 针对目标用户 u，找到和用户历史上感兴趣的物品最相似的物品集合，然后根据其感兴趣程度由高到低确定 N 个物品推荐给用户 u。

物品相似度计算如下：假设 $N(i)$ 为喜欢物品 i 的用户集合，$N(j)$ 为喜欢物品 j 的用户集合，则物品相似度计算公式定义如下。

$$\mathrm{sim}_{ij}=\frac{|N(i)\cap N(j)|}{|N(i)|}$$

上述公式将物品 i 和物品 j 的相似度定义为：喜欢物品 i 的用户中有多少比例的用户也同时喜欢物品 j。不难看出，如果这个相似度较大，且一个用户只购买了物品 i，那么可以认为该用户对物品 j 的兴趣很高，因为多数其他用户购买物品 i 的同时购买了物品 j，所以将物品推荐给该用户是合理的。但如果物品 j 十分热门，大部分用户都很喜欢，那么就会造成所有物品都和物品 j 有较高的相似度，因此可以对计算公式进行如下改进。

$$\mathrm{sim}_{ij}=\frac{|N(i)\cap N(j)|}{\sqrt{|N(i)\cdot N(j)|}}$$

改进后的物品相似度计算公式降低了物品 j 的热门度，在一定程度上降低了热门物品对相似度带来的影响。

得到物品相似度后，可以根据如下公式计算用户 u 对感兴趣物品 j 的兴趣度（或评分）$r(u,j)$。

$$r(u,j)=\sum_{j\in S(i)\cap N(u)}\mathrm{sim}_{ij}r_{ui}$$

其中 $S(i)$代表和物品 i 最相似的 N 个物品，$N(u)$为用户 u 曾经感兴趣的物品集合（i 是该集合中的某一个物品），sim_{ij} 为物品 i 和物品 j 的相似度，r_{ui} 为用户 u 对物品 i 的兴趣度。该公式的含义为：与用户历史上感兴趣的物品越相似的物品，越有可能在用户的推荐列表中获得比较高的排名。

例如，用户 A 从某网站购买了《人工智能基础》《Python 编程》两本书，试采用 ItemCF 推荐算法为用户 A 推荐几本书。

首先计算这两本书与其他书的物品相似度，分别找出和它们最相似的 3 本书（此处只取前 3 个最相似的物品），然后根据兴趣度计算公式计算用户 A 对每本书的感兴趣程度，最后按兴趣度大小列出书的信息，完成推荐，整个推荐过程如图 6-5 所示。

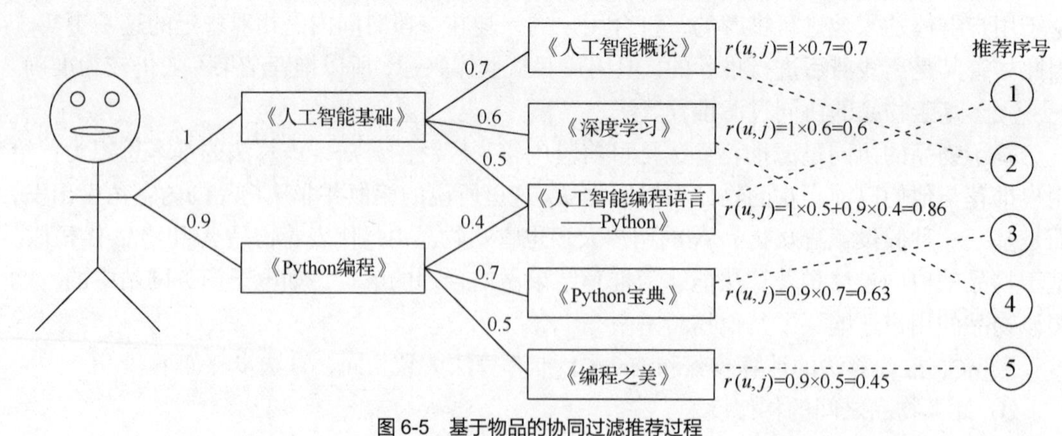

图 6-5　基于物品的协同过滤推荐过程

由此可见，ItemCF 推荐算法的推荐结果更加个性化，反映了用户的个人兴趣，对挖掘长尾物品有很大帮助，被广泛应用于电子商务系统。在物品数较多时，物品相似度计算效率较低，因此通常以一定的时间间隔进行离线计算，然后将物品相似度数据缓存在内存中，这样一来，便可以根据用户的新行为实时向用户做出推荐。

2. 基于内容推荐算法

基于内容推荐的基本思想是为用户推荐与他感兴趣的内容相似的物品，如用户喜欢励志类电影，那么系统会直接为他推荐《阿甘正传》这部电影。这个过程综合考虑了用户兴趣和电影内容，因此不需要提供用户的历史行为数据，这能够很好地解决新用户的"冷启动"问题。基于内容推荐的关键问题是对用户兴趣特征和物品特征进行建模，主要方法有向量空间模型、线性分类、线性回归等。

基于内容推荐需要预先提供用户和物品的特征数据，如对于电影推荐系统，需要提供用户感兴趣的电影类别、演员、导演等数据作为用户特征，还需要提供电影的内容属性、演员、导演、时长等数据作为物品特征。这些需要进行预处理的数据在实际应用中往往有很大的处理困难，尤其是多媒体数据（视频、音频、图像等），在预处理过程中很难对物品的内容进行准确的分类和描述，且在数据量很大的情况下，预处理效率会很低下。针对以上不足，出现了基于标签的推荐算法，可以由专家或用户对物品标注标签，实现对物品的分类。

基于内容推荐的算法如下。

（1）为每个物品（Item）构建一个物品的特征（Item Profile）。

（2）为每个用户（User）构建一个用户的喜好特征（User Profile）。

（3）计算用户喜好特征与物品特征的相似度，相似度高意味着用户可能喜欢这个物品，相似度低往往意味着用户不喜欢这个物品，为用户推荐一组相似度最高的物品即完成推荐。

3. 关联规则推荐算法

关联规则是一种常用于电子购物的个性化推荐方法，其原理基于物品之间的关联性，通过对用户的购买记录进行规则挖掘，发现不同用户群体之间共同的购买习惯，从而实现用户群体的兴趣建模和物品推荐。如在超市通道等待结账时顺手买了一包口香糖，或在买了一些啤酒时顺便买了一袋花生米等，这些看似冲动的购买行为中其实隐藏了某些购买模式。早期的关联规则分析主要用于零售行业的购物行为分析，所以也称为购物清单分析。

表 6-2 所示为用户交易记录，人们称之为事务数据集。其中，面包、牛奶、啤酒等是独立的物品项，即项目。所有项目的集合称为总项集。表 6-2 的总项集 S={牛奶,面包,尿不湿,啤酒,鸡蛋,可乐,花生酱}，而项集是指总项集中所有不同项目分别组合形成的集合，如{牛奶}、{牛奶,面包}、{牛奶,尿不湿,啤酒}等都是项集。项集中的项目数为 k 的称为 k-项集，因此，上述项集分别是 1-项集、2-项集、3-项集。

表 6-2 用户交易记录

事务编号（TID）	商品项（Items）
T1	{牛奶,面包}
T2	{尿不湿,啤酒,牛奶,可乐}
T3	{尿不湿,啤酒,牛奶,面包}
T4	{尿不湿,啤酒,牛奶,面包,鸡蛋}
T5	{尿不湿,牛奶,面包,花生酱}

每一行是用户的一次购买行为，可以将其理解为购物小票或一条线上订单记录，每个用户可以有多次不同的购买行为，用事务编号来唯一标识，Item 是用户在一次购物中购买的所有物品。可以看到有些用户购买尿不湿的同时会购买啤酒，即{尿不湿}→{啤酒}就是一条关联规则，该关联规则用通俗易懂的语言表达就是：如果一位顾客购买了尿不湿，那么他很有可能购买啤酒。因此，关联规则可用来搜索大量元素之间有趣或有用的联系，表 6-2 中一些简单的关联规则可以直观地观察得到，但如果数据库过大而复杂，则只能通过相关算法来找到一些关联规则。

判断一条关联规则是否令人感兴趣，取决于 3 个统计量：支持度（support）、置信度（confidence）和提升度（lift）。

（1）支持度是指两件物品 A 和 B 在总销售数 N 中同时出现的概率，即 A 与 B 同时被购买的概率，其计算公式如下。

$$\text{support}(\mathrm{A}\cap\mathrm{B})=\frac{\text{freq}(\mathrm{A}\cap\mathrm{B})}{N}$$

其中 freq(A∩B)表示事务数据集中 A 和 B 同时被购买的次数，N 表示事务数据集总的交易次数。

使用支持度的目标是找到在一次购物中一起被购买的物品，从而提高推荐的转换率。在使用支持度时需要结合业务特点确定一个最小值，只有高于此值的物品项集才可能进行推荐，即推荐时只关注购买频次高的物品组合。超过某一支持度最小值的项集称为频繁项集。如在表 6-2 中，{牛奶,面包}的支持度为 4/5=0.8，{尿不湿,啤酒}的支持度为 3/5=0.6。

（2）置信度是购买 A 物品时还购买了 B 物品的概率。如果置信度大，说明购买 A 物品的用户有很大概率也会购买 B 物品，其计算公式如下。

$$\text{confidence}(\mathrm{A}\to\mathrm{B})=\frac{\text{freq}(\mathrm{A}\cap\mathrm{B})}{\text{freq}(\mathrm{A})}=\frac{\text{support}(\mathrm{A}\cap\mathrm{B})}{\text{support}(\mathrm{A})}$$

表 6-2 中，{尿不湿}→{啤酒}的置信度为 3/4=0.75，而相比之下，{牛奶}→{面包}的置信度为 4/5=0.8。这意味着用户在涉及尿不湿的一次购买中同时购买啤酒的可能性是 75%，而涉及牛奶的一次购买中同时购买面包的可能性是 80%。这些信息对卖场的经营也许相当有用，如在推荐物品时，如果发现用户购买了面包，则可以向其推荐牛奶，或者搭配组合销售。

（3）提升度是指关联规则是否有效，即当销售一个物品 A 时，另一个物品 B 的销售率会增加多少、提升效果如何。计算公式如下。

$$\text{lift}(\mathrm{A}\to\mathrm{B})=\frac{\text{confidence}(\mathrm{A}\to\mathrm{B})}{\text{support}(\mathrm{B})}$$

一般来说，当 $\text{lift}(\mathrm{A}\to\mathrm{B})$ 的值大于 1 时，说明物品 A 卖得越多，B 也会卖得越多。而提升度等于 1 则意味着物品 A 和 B 之间没有关联。如果提升度小于 1，则意味着购买 A 反而会减少 B 的销量。

关联规则的提取即找出所有支持度大于等于最小支持度，且置信度大于等于最小置信度以及提升度靠前（大于1）的关联规则。像{牛奶}→{面包}这样的关联规则称为强关联规则，因为它们同时具有高支持度和高置信度。可以通过穷举项集的所有组合的方式来找出所需要的关联规则，每个组合都测试其是否满足支持度和置信度条件，一个元素个数为 n 的项集的组合个数为 2^n-1，其事件复杂度为 $O(2^n)$。但多数情况下物品的项集数都是数以万计的，因此用指数时间的算法解决问题通常不能被接受。那么怎样快速挖掘出满足条件的强关联规则呢?

Apriori 算法是一种基于 Apriori 原则的具有最低水平的支持度和置信度的算法,其通过减少关联规则的数量来迅速找到更有用的强关联规则，以达到一个更好的推荐效果。该算法实现过程分为两个步骤。

① 通过迭代，计算所有事务中的频繁项集，即支持度不低于用户设定的阈值的项集。

② 利用频繁项集构造出满足用户最小置信度的关联规则。

Apriori 算法有如下性质。

性质 1：频繁项集的子集也是频繁项集。

性质 2：非频繁项集的超集一定是非频繁的。

下面，利用 Apriori 算法求解表 6-3 所示的交易事务集中存在的关联规则。假设最小支持度是 50%，最小置信度是 50%。

表 6-3　交易事务集

交易号（TID）	购买的物品
1	牛奶、鸡蛋、黄油
2	面包、鸡蛋、啤酒
3	牛奶、面包、鸡蛋、啤酒
4	面包、啤酒

应用 Apriori 算法计算关联规则的过程如图 6-6 所示（图中带“×”的项支持度小于最小支持度 50%，删除）。

从图 6-6 的计算过程可以看出，利用 Apriori 算法有一个简单的先验性质：非频繁项集的超集一定是非频繁的。这大大缩小了关联规则的搜索空间。最终得到的频繁 3-项集的所有子集也一定是频繁的，各关联规则的置信度均超过阈值 50%，所以这些关联规则都可以按业务进行推荐或进一步筛选备用。用户的这种购买模式是非常有趣的，也值得引起注意。例如，在所有用户中，有一半的人同时购买了面包、鸡蛋和啤酒，只要有用户购买了面包、鸡蛋，他一定也会同时购买啤酒。利用这些典型的购买模式，可为商店优化库存、举行宣传促销活动或者调整店内的物品摆放布局提供新的灵感。

推荐算法虽然都可以为用户推荐，但每一种算法在应用中都有不同的效果。使用 UserCF 推荐算法能够很好地在用户广泛的兴趣中为用户推荐出热门的物品，但缺少个性；使用 ItemCF 推荐算法能够在用户个人的兴趣领域发掘出长尾物品，但缺乏多样性；基于内容推荐的算法依赖于用户特征和物品特征，但能够很好地解决用户行为数据稀疏和新用户的“冷启动”问题；关联规则的推荐结果很容易理解，但对小的数据集不是很有帮助，容易得到虚假结论。因此，每种推荐算法都各有利弊，但相辅相成。

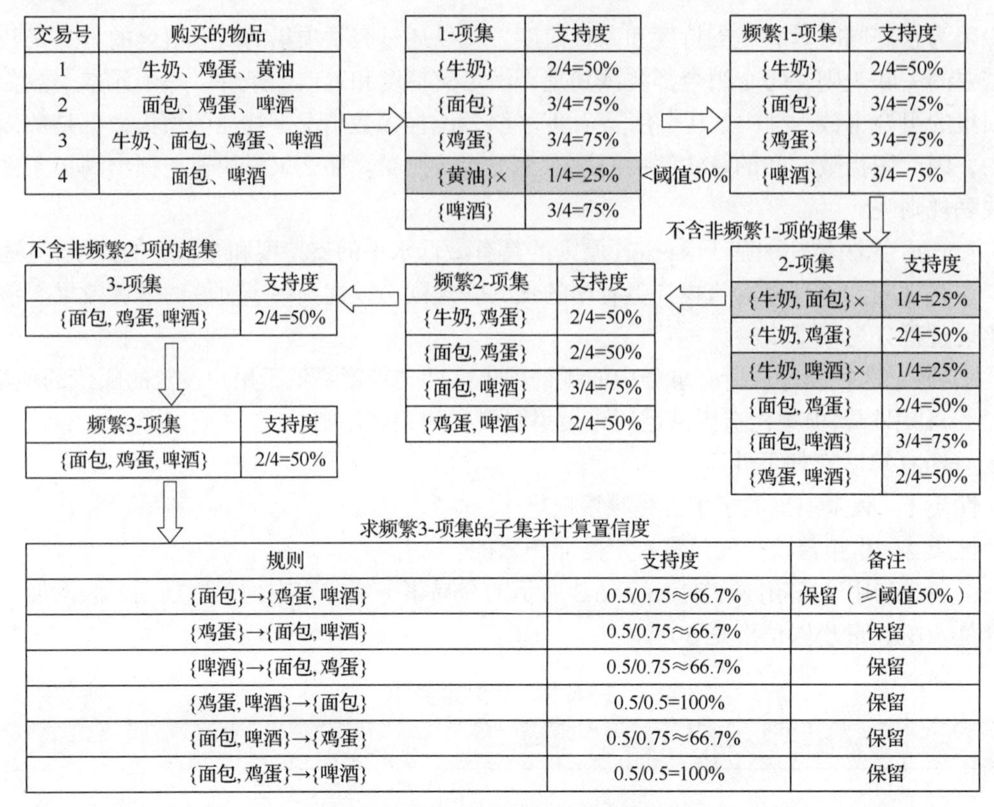

图 6-6 应用 Apriori 算法计算关联规则的过程

6.1.3 推荐效果评估

通过前面的学习可以知道，推荐系统不仅可以预测用户的兴趣和行为，还能发现用户潜在的、未被发现的兴趣、爱好，给用户惊喜。推荐系统在为用户推荐物品时一般采用两种方法：评分预测和 TopN 推荐。

评分预测方法一般通过推荐算法学习用户对物品的历史评分，预测用户可能会为该用户未进行评分的物品打多少分。评分预测方法通常用于在线视频、音乐等服务的推荐。

TopN 推荐方法一般不考虑评分，而是为用户提供个性化推荐列表，通过预测用户对物品的感兴趣程度对列表中的物品进行排序，选取其中前 N 个物品推荐给用户。该算法通常用于电子商务、社交网络、互联网广告推荐等领域。

一个推荐系统的推荐效果好坏，还需要用评估指标来衡量。同时，通过评估推荐效果还有助于发现推荐系统存在的问题，从而有助于进行具有针对性的改进。那么如何评估推荐系统的效果呢？推荐系统的具体评估指标有用户满意度、预测准确度、覆盖度等，而评估方法一般采用离线实验、用户调查和在线实验等。

1. 评估方法

常用于推荐系统的评估方法有离线实验、用户调查和在线实验等。

（1）离线实验

新推荐算法要上线需要通过多个评测验证。离线实验是目前最常用的一种方法之一，它通过用户行为数据直接评估新推荐算法的各项指标情况，进行离线实验前要准备足够多的用户及其行为数据，实验步骤如下。

① 构建测试数据集，并按照比例将数据集分为训练集和测试集。

② 在训练集上建立算法模型，对用户及其兴趣建模。

③ 按照预先定义的评估指标在测试集上进行预测推荐，评估推荐效果。

离线实验这种方法只需要标准数据集即可随时评估，操作速度较快，并且可以同时评估多种推荐算法，在实践中应用得较多。

（2）用户调查

用户调查的对象一般是真实用户，通过在推荐系统中进行操作，查看推荐系统的推荐结果，然后将其与用户的问卷调查结果进行对比从而评估推荐效果。这种方法存在一定的人工工作量和无效数据误差，一般在推荐系统刚运行、没有太多实验数据的情况下使用。

用户调查可以直接获得用户感受，可与其进行对话交流，从而真实而全面地评估推荐效果。但由于其操作规程复杂、耗时且招募测试用户代价较大，因此很难组织大规模用户进行调查。

（3）在线实验

在线实验最常用的方法是 A/B 测试。在用户较多的大型推荐系统中使用它，可按照一定规则将相似用户分组，针对不同分组用户应用不同推荐算法，然后比较不同组的评测结果，评估不同推荐算法的推荐效果。

这一方法的关键是要找到多组相似的用户群体，如果用户群体的一致性存在误差，则评测结果的对比将不准确。在某些用户行为数据缺失的情况下，对新功能进行验证测试效果比较好，但是在线实验并不能实时获得评估结果，需要经过一定周期的实验才能得到相对可靠的结果。

2. 评估指标

推荐系统的效果评估分为定量分析和定性评价。实践中，因为定量分析不仅可以通过离线实验快速获取结果，而且具有可量化的特点，所以优先使用，其常用指标包括用户满意度和预测准确度等。

（1）用户满意度

用户满意度一般采用用户问卷调查或在线实验的方式进行统计。在采用问卷调查方式时，会涉及问卷的设计，其中可能出现较大的误差，因为大部分用户并不能直接说出其真实的意图，所以需要对问卷精心设计，并对问卷结果的解读有一定的要求。一般推荐使用在线实验的方法统计用户满意度，对推荐结果产生的响应行为进行跟踪分析。按照用户后续行为是否与推荐结果产生了关联或造成了影响，在实践中可用转化率、点击率等进行定量分析。

（2）预测准确度

预测准确度通常通过离线实验计算，它度量推荐系统的预测能力，是推荐系统常用的评估指标，具体分为预测评分准确度和 TopN 推荐。

预测评分的效果评估一般通过均方根误差（Root Mean Square Error，RMSE）和平均绝对误差（Mean Absolute Error，MAE）等指标计算。MAE 因其计算简单得到广泛应用，但其有一定的局限性，因为对 MAE 贡献比较大的往往是很难预测准确的低分物品。其计算公式如下。

$$\text{MAE} = \frac{1}{m}\sum_{(u,i)\in T}\left|\hat{r}_{ui} - r_{ui}\right|$$

其中 $\boldsymbol{T}$ 表示测试集，包含用户 u 和物品 i，r_{ui} 是用户 u 对物品 i 的实际评分，而 $\hat{r}_{ui}$ 是推荐系统给出的预测评分，m 是测试集的样本总数。显然 MAE 值越小表示预测越准确。但有时即便某推荐系统 A 的 MAE 值低于另一个推荐系统 B，也很可能是由于推荐系统 A 更擅长预测这部分测试集的物品，显然采用 MAE 这样的指标在某些业务场景是不合适的。

RMSE 的定义如下。

$$\text{RMSE} = \sqrt{\frac{1}{m}\sum_{(u,i)\in T}\left(\hat{r}_{ui} - r_{ui}\right)^2}$$

RMSE 加大了对预测不准的用户物品评分的惩罚，因而对推荐系统的评估更加苛刻。

TopN 推荐方法一般通过准确率、召回率度量。

准确率是指所有用户在推荐列表中真正喜欢的物品数占所有推荐物品总数的比例，其值越大，表示用户喜欢的推荐物品越多，计算公式如下。

$$\text{Precision} = \frac{\sum_{u\in U} R(u)\cap T(u)}{\sum_{u\in U} R(u)}$$

其中 U 是所有被推荐的用户的集合，$R(u)$ 是为用户 u 推荐的 N 个物品的列表，$T(u)$ 是用户 u 在测试集上喜欢的物品集合。

召回率是指所有用户在推荐列表中真正喜欢的物品数占用户在测试集上喜欢的物品的物品数的比例，其值越大，说明有越多推荐的物品出现在用户喜欢的物品列表中，计算公式如下。

$$\text{Recall} = \frac{\sum_{u\in U} R(u)\cap T(u)}{\sum_{u\in U} T(u)}$$

由前面的描述可知，准确率和召回率都只是评估推荐系统效果的方式，最理想的情况是准确率和召回率都比较高。

6.2 案例 1——推荐你喜爱的电影

6.2.1 提出问题

随着人们生活节奏的加快，在工作之余上网看电影不失为一种放松身心的方式。面对网站里琳琅满目的电影，用户自己有时也不知如何去选择。那么，是否可以利用前文所介绍的推荐算法帮助用户做出选择，以让用户来体验一种智能化的生活方式呢？答案显然是肯定的。其实细心的读者可能已经观察到，协同过滤在人们的日常生活中处处存在，例如，在电子商城购物时，刚刚进入商城，平台就已经根据该用户购买记录或其他兴趣相似的用户的信息来推荐了物品；或者用户会时不时收到某网站推送的物品销售信息等。这些行为之所以发生，是因为幕后有一种被称为推荐算法的东西在根据用户的情况做预测，想以此达到“千人千面”“个性化推荐”的效果。

下面就采用基于用户的协同过滤推荐算法，找到兴趣相似的用户，向当前用户推荐可能感兴趣的电影。

6.2.2 解决方案

为找到当前用户可能感兴趣的电影，首先要了解该用户的兴趣爱好，即他看过哪些电影、对哪些电影的评价较高等，以此来确定他的电影偏好；其次，要找出与当前用户具有相似电影爱好的用户群体，看他们已经看过哪些电影，然后从这些电影中筛选出当前用户没有看过的电影；最后按评分从高到低的顺序将电影推荐给用户，以达到主动满足用户看电影的需求的目的。

问题的解决方案的流程如图 6-7 所示。

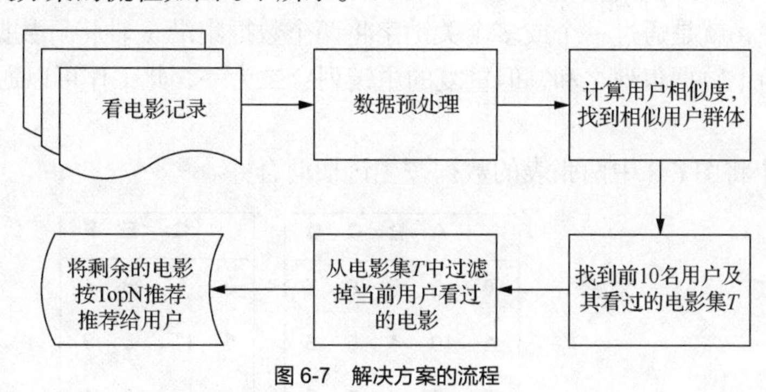

图 6-7 解决方案的流程

6.2.3 预备知识

电影推荐是个性化推荐领域的经典应用，在开始做推荐任务之前，先认识本案例要用到的数据集 MovieLens 和数据合并。

1. MovieLens 数据集

MovieLens 数据集包含多个用户对多部电影的评分数据，也包括电影元数据信息和用户属性信息。该数据集有好几种版本，对应不同数据量，这里所用的为 1MB 的数据集。

将数据集解压后，可以看到 4 个主要的 CSV 文件，它们分别是 links.csv、movies.csv、ratings.csv 和 tags.csv。links.csv 包括该数据集中的 movieId 和 imdb、tmdb 中电影的对应关系，通过电影编号可以在网站上找到对应的电影链接。tags.csv 是用户的标注标签数据，即标签化评价和标注标签时间戳。下面重点介绍本案例推荐算法中用到的两个文件——movies.csv 和 ratings.csv。它们的数据格式如表 6-4 和表 6-5 所示。

表 6-4 movies.csv 文件的数据格式

movieId	title	genres
电影编号	电影标题	电影题材（类别）

movies.csv 文件描述了每部电影的详细信息，用户可据此对每部电影有大概的了解。

表 6-5　ratings.csv 文件的数据格式

userId	movieId	rating	timestamp
用户编号	电影编号	用户评分	用户评分时间戳

其中用户评分以半颗星递增方式按 5 星制进行评分。该文件的每条记录是用户对每部电影的偏好记录，基于这种偏好，就可以在众多的数据集中找到与用户偏好相似的其他用户，从而完成后续的推荐任务。

2. 主键合并数据

关于用户与电影的数据非常多，为了管理方便，将这些数据分别存储在不同的文件中。但在推荐过程中，要同时直观了解一部电影的关联信息，如用户评价过哪几部电影、它的名称是什么等，就需要使用关键字将关联信息合并在一张表中。

关键字合并，就是通过一个或多个关键字将两个数据集沿 x 轴将行数据连接起来，结果集的列为原两个数据集列之和，但重复的主键列合二为一，此工作可以通过 pandas 中的 merge 函数完成。

【引例 6-1】将图 6-8 中两张表的数据按主键横向合并。

引例 6-1

	A	B	C	D
0	3	5	6	7
1	10	4	5	3
2	2	3	7	9
3	10	4	9	8

	C	E	F
0	6	8	4
1	11	8	9
2	7	5	1
3	6	14	9

图 6-8　两张表的数据

（1）引例描述

两张表的列数分别为 4 和 3，有相同的字段为 C 列，在连接过程中，将 C 列作为关键字将两张表合并起来，只保留 C 列值相同的所在行数据。

（2）引例分析

利用 merge 函数，将左右两张表合并起来，指定关键字为 C 列，合并后的表有 A、B、C、D、E、F 6 列。

（3）引例实现

实现的代码（case6-1.ipynb）如下。

```
1   import pandas as pd
2   df1 =pd.DataFrame([[3,5,6,7],[10,4,5,3],[2,3,7,9],[10,4,9,8]],
    columns=list('ABCD'))
3   df2 =pd.DataFrame([[6,8,4],[11,8,9],[7,5,1],[8,14,9]],columns=
    list('CEF'))
4   data=pd.merge(df1,df2,on='C')
```

代码行 2、3 分别定义两张表的数据，代码行 4 将数据框 df1、df2 合并起来。逐行横向合并两表数据时，如果所在行关键字 C 列的数据相等，则保留合并结果，否则抛弃该行，查看合并结果 data。主键合并后的结果如图 6-9 所示。

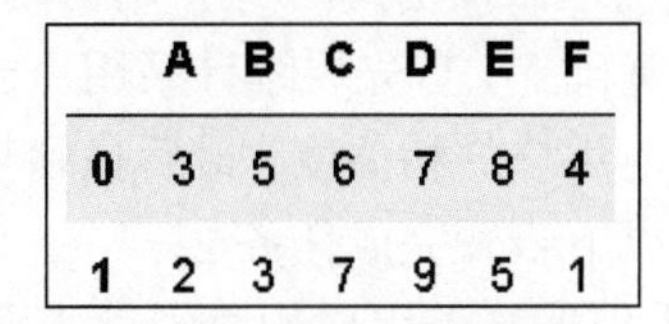

	A	B	C	D	E	F
0	3	5	6	7	8	4
1	2	3	7	9	5	1

图 6-9　主键合并后的结果

6.2.4　任务 1——合并电影基本信息和评分记录

【任务描述】为方便统计各用户对哪些电影进行了评分，需要将电影基本信息文件 movies.csv 与用户的评分记录文件 ratings.csv 合并，从而为用户画像做好准备。新建文件 6-2_task1.ipynb，根据任务目标按照以下步骤完成任务 1。

6.2 任务 1

【任务目标】将文件 movies.csv 与 ratings.csv 合并，形成格式为['userId', 'rating','movieId','title']的统计数据。

【完成步骤】

1. 读取文件数据

通过以下代码将文件数据保存到数据框中。

```
1  import pandas as pd
2  from math import *
3  movies = pd.read_csv(r'data\movies.csv')
4  ratings = pd.read_csv(r'data\ratings.csv')
```

代码行 3、4 中的变量 movies 、ratings 分别保存了电影基本信息和用户评分记录。

2. 合并数据

利用合并函数 merge 将数据框 movies、ratings 按关键字“movieId”进行合并，并对合并后的数据集进行切片，只取 userId、rating、movieId、title 4 列数据，然后按用户编号进行升序排序，代码如下。

```
1  data = pd.merge(movies, ratings, on='movieId')
2  data=data[['userId','rating', 'movieId', 'title']].sort_values
   ('userId')
```

data 就是合并、切片并排序后的结果，前 10 行数据如图 6-10 所示。

	userId	rating	movieId	title
0	1	4.0	1	Toy Story (1995)
35548	1	4.0	1777	Wedding Singer, The (1998)
35249	1	5.0	1732	Big Lebowski, The (1998)
34348	1	3.0	1676	Starship Troopers (1997)
2379	1	5.0	50	Usual Suspects, The (1995)
33992	1	3.0	1644	I Know What You Did Last Summer (1997)
33764	1	5.0	1625	Game, The (1997)
53190	1	5.0	3273	Scream 3 (2000)
35759	1	4.0	1793	Welcome to Woop-Woop (1997)
33745	1	4.0	1620	Kiss the Girls (1997)

图 6-10　合并、切片并排序后的数据

6.2.5　任务 2——找到与某个用户最相似的 *n* 个用户

6.2 任务 2

【任务描述】本案例采用基于用户的协同过滤推荐算法来完成推荐工作，为此在任务 1 的基础上，首先要统计某用户已评价了哪些电影，然后据此来计算该用户与其他用户的相似度，最后找到与该用户最相似的 *n* 个用户。根据任务目标按照以下步骤完成任务 2。

【任务目标】根据基于用户的协同过滤推荐算法，找到与某用户最相似的 *n* 个用户。

【完成步骤】

1. 统计各用户评论的电影和评分

因为用户编号 userId 和电影标题 title 是唯一的，所以以键值对{用户编号:{电影标题 1:评分,电影标题 2:评分,…}}的形式来保存用户评分的数据，从而形成每个用户关于电影评分的画像，代码如下。

```
1   datas = {}
2   for index,line in data.iterrows():
3           if not line['userId'] in datas.keys():
4           datas[line[0]] = {line[3]: line[1]}
5           else:
6           datas[line[0]][line[3]] = line[1]
```

代码行 2 迭代前面合并的数据集 data。代码行 3～4 判断用户信息若不在字典中，则添加一个新的键值对到字典中；如果存在，则在原用户键值对的值后面，添加{电影标题:评分}字典元素。执行上述代码，用户 1 评分的部分数据如图 6-11 所示。

```
{1: {'Toy Story (1995)': 4.0,
  'Wedding Singer, The (1998)': 4.0,
  'Big Lebowski, The (1998)': 5.0,
  'Starship Troopers (1997)': 3.0,
  'Usual Suspects, The (1995)': 5.0,
  'I Know What You Did Last Summer (1997)': 3.0,
  'Game, The (1997)': 5.0,
  'Scream 3 (2000)': 5.0,
  'Welcome to Woop-Woop (1997)': 4.0,
  'Kiss the Girls (1997)': 4.0,
  'Conan the Barbarian (1982)': 5.0,
  'Men in Black (a.k.a. MIB) (1997)': 3.0,
  'Face/Off (1997)': 5.0,
  'Dirty Dozen, The (1967)': 5.0,
  'Con Air (1997)': 4.0,
```

图 6-11　用户 1 评分的部分数据

2. 计算两个用户之间的相似度

任何两个用户之间的相似度，都是基于他们都看过且评分过的电影来判断的。由于每个用户评分的电影不完全一样，因此先要找到两个用户共同评分过的电影，然后计算两者之间的相似度，此处用欧氏距离来表示相似度。用于定义的相似度函数的代码如下。

```
1   def sim_Euclidean(userId1, userId2):
2       user1_data = datas[userId1]
3       user2_data = datas[userId2]
4       distance = 0
```

```
5     count=0
6     flag=False
7     for key in user1_data.keys():
8         if key in user2_data.keys():
9             flag=True
10            distance += pow(float(user1_data[key]) - 
  float(user2_data[key]), 2)
11            count+=1
12    if flag:
13        return (1/(1 + sqrt(distance)/count))
14    else:
15        return -1
```

代码行2～3分别获取用户1和用户2的电影评分信息，然后在代码行7中依次获取用户1评分过的电影标题，通过代码行8判断用户2是否也评分过此电影，如果条件成立，则通过代码行10计算两者的相似度。因为不同的用户评分过的电影数量不尽相同，所以取评分差距的平均值作为用户相似度计算标准。如果用户没有对共同的电影进行评分，就认为彼此相似度为-1；如果他们所有共同爱好的电影的评分完全一样，那么相似度为1。

3. 找到与某用户最相似的前 *n* 个用户

有了相似度计算方法，就可以利用步骤2的sim_Euclidean函数找到与指定用户最相似（最近邻）的前 *n* 个用户（此处 *n* 默认为10），代码如下。

```
1  def top10_similar(userId,n=10):
2      result = []
3      for user_Id in datas.keys():
4          if not user_Id == userId:
5              similar = sim_Euclidean(userId, user_Id)
6              result.append((user_Id, similar))
7      result.sort(key=lambda val: val[1],reverse=True)
8      return result[0:n]
```

代码行3遍历所有的用户；代码行4辨别如果不是指定用户本人，则通过代码行5计算彼此之间的相似度；计算完所有相似度后，在代码行7按相似度值进行降序排列，最后返回前 *n* 个最相似的用户数据。

以用户1为例，执行以下代码，查看与他最相似的10个用户的情况，如图6-12所示。

```
users=top10_similar(1,10)
```

```
[(77, 1.0),
 (85, 1.0),
 (253, 1.0),
 (291, 1.0),
 (414, 0.9313982361176572),
 (511, 0.9230769230769231),
 (597, 0.9142857142857143),
 (249, 0.9110883194626019),
 (380, 0.909289003604972 4),
 (448, 0.9091358367558803)]
```

图6-12　与用户1最相似的10个用户的情况

由图 6-12 可以看出，与用户 1 最相似的用户分别是用户 77、用户 85 等。找到了这些最相似的用户，接下来就可以向用户 1 推荐他可能感兴趣的电影了。

6.2.6 任务 3——给某个用户推荐前 *m* 部电影

6.2 任务 3

【任务描述】根据前面的计算，已经找到与某用户最相似的 *n* 个用户，下面只要找出这 *n* 个用户看过、但该用户没有看过的电影集，然后按评分由高到低排序，推荐前 *m* 部电影给该用户，即可完成最终的推荐任务。根据任务目标按照以下步骤完成任务 3。

【任务目标】找出与某用户最相似的其他用户看过的但该用户没有看过的电影集，取评分靠前的 *m* 部电影推荐给该用户。

【完成步骤】

1. 找出最近邻用户看过的但该用户没有看过的 *m* 部电影

定义一个函数 recommend_films，来向用户推荐他最近邻 *n* 个用户最喜欢的前 *m* 部电影（默认是 10 个最近邻，推荐 10 部电影），代码如下。

```
1   def recommend_films(userId,n=10,m=10):
2       top_sim_user_list = top10_similar(userId,n)
3       users = []
4   for res intop_sim_user_list:
5           users.append(res[0])
6       recommendations = []
7       for user_id in users:
8           items = datas[user_id]
9           for item in items.keys():
10              if item not in datas[userId].keys():
11                  recommendations.append((item, items[item]))
12      recommendations.sort(key=lambda val: val[1], reverse=True)
13       return recommendations[0:m]
```

代码行 2 找出指定用户的前 *n* 个最相似用户；然后通过代码行 7 遍历这 *n* 个用户；在代码行 8 获取每个最近邻用户评分过的所有电影，再遍历这些电影；在代码行 10 判断指定用户是否没看过该电影，如果条件成立，则把没看过的电影保存到列表变量 recommendations 中；在整个遍历结束后，返回评分靠前的 *m* 部电影的标题及评分。

2. 向指定用户推荐前 *m* 部电影

下面假设要向编号为 2 的用户推荐前 8 部电影，只需执行如下代码即可。

```
recommend_top10films=recommend_films(1 ,m=8)
for item,rating in recommend_top10films:
    print('{:50}{}'.format(item,rating))
```

运行结果如图 6-13 所示。

```
Pinocchio (1940)                              5.0
Schindler's List (1993)                       5.0
Heavenly Creatures (1994)                     5.0
Once Were Warriors (1994)                     5.0
Pulp Fiction (1994)                           5.0
In the Name of the Father (1993)              5.0
Dances with Wolves (1990)                     5.0
Snow White and the Seven Dwarfs (1937)        5.0
```

图 6-13　推荐给用户 2 的前 8 部电影

至此，采用基于用户的协同过滤推荐算法完成了对某个用户的电影推荐任务。从推荐的过程可以看出，这种推荐算法还是存在一些问题的，例如，如果两个用户共同评分过一部电影，且评分一样，另外两个用户共同评分过 3 部电影，且评分也一样，按照本案例的相似度计算方法，前后两组用户之间的相似度是一样的，但后两个用户有更多相同的爱好，且对电影的看法也高度一致，所以相似度理应高于前两个用户。对于这个问题，大家可以重新调整相似度计算方法，如给原相似度值乘一个放大系数 γ（$\gamma = n / \max(n)$），n 是任意两用户共同评分过的电影数，$\max(n)$是其最大值，这样就能进一步改善推荐效果。

6.3　案例 2——推荐你要一起购买的商品

6.3.1　提出问题

当顾客走进一家实体卖场或进入一个在线商店时，商家该如何向他推荐商品呢？或者作为一个卖场的管理者，该如何根据顾客已购买的商品类型，向他兜售关联的商品呢？假设卖场想搞一次商品促销活动，如何知道哪些捆绑商品往往是顾客喜欢的？进一步，为方便顾客购买，提升顾客消费体验，又该如何对卖场的商品摆放布局进行重新调整呢？这些问题的本质，实际就是要从大量（或者海量）的商品销售记录中，发现新的顾客购买模式。例如，一些记录显示，多数顾客在购买咖啡时，往往会顺便购买一份甜点，那么商家为了增加利润，通常会将甜点放在离咖啡更近的地方。

下面将根据一家卖场的购物清单历史数据，利用关联规则技术来分析众多购物行为中可能隐藏的购买模式，为商家的精准促销和优化销售策略的实行提供依据。

6.3.2　解决方案

观察购物清单历史数据会发现，每条购物记录所包含的商品种类是不一样的，有的顾客一次购买了 2 件商品、有的顾客一次购买了 3 件商品等，这些数据不像前文使用过的数据那么规范。因此，首先要进行数据的准备和处理，将购物清单中的商品按照表 6-6 的格式进行整理。

表 6-6　购物清单中的商品分布情况

商品 1 名称	商品 2 名称	…	商品 n 名称
1	0	0	1
……	……	……	……
0	1	0	0

表 6-6 中 1 表示某商品出现在某次购物清单中，0 表示没有出现。这样就形成了一个可反映所有种类商品在购物清单中是否出现的矩阵，方便后续的计算。然后利用 Apriori 算法对矩阵数据进行统计，计算出频繁项集。最后按照业务和实际情况筛选出一些强关联规则，用于向顾客推荐他可能要购买的一些商品。

问题的解决方案的流程如图 6-14 所示。

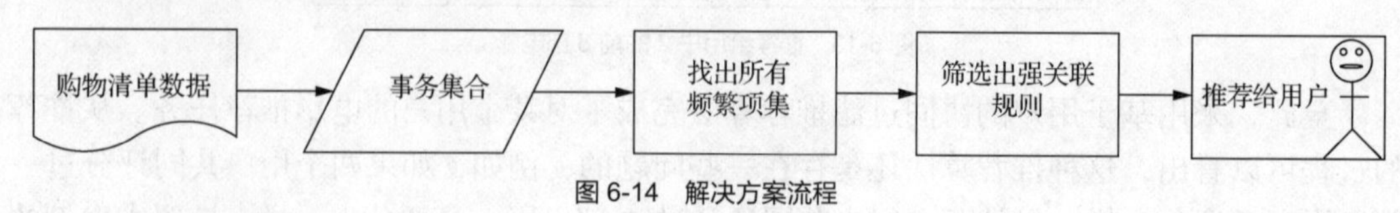

图 6-14 解决方案流程

6.3.3 预备知识

1. 事务型数据

购物清单数据与一般的数据有一些区别，如每一条购物记录长短不一、商品有先后次序等，把这种特征值有先后次序、作为一个整体行为产生的数据称为事务型数据。在机器学习的扩展库 mlxtend 中，提供了事务编码类，方便对二维矩阵进行事务编码（One-Hot 编码），mlxtend 按照表 6-6 所示的格式来记录每次消费在商品矩阵中的编码情况。用 True 表示购买此商品，False 表示没有购买此商品。

引例 6-2

【引例 6-2】将下列格式的数据转换成事务型数据。

（1）引例描述

购物清单如表 6-7 所示，可通过代码把它转换成事务型数据。

表 6-7 购物清单

清单号	购买的商品
1	牛奶、洋葱、鸡蛋、酸奶
2	洋葱、猪肉、芸豆
3	牛奶、苹果、芸豆、鸡蛋
4	玉米、洋葱、芸豆、冰淇淋、鸡蛋

（2）引例分析

利用事务编码类，创建一个以商品名称为字段名、一次购物记录为一行的矩阵。如果某商品出现在该记录中，则在商品列对应的单元中填充 1 或 True，否则填充 0 或 False。

（3）引例实现

在 cmd 命令窗口下执行如下命令，以安装机器学习扩展库 mlxtend。

```
pip3 install mlxtend
```

安装好 mlxtend 后，就可以编码实现本引例任务。实现的代码（case6-2.ipynb）如下。

```
1   import numpy as np
2   from mlxtend.preprocessing import TransactionEncoder
3   record=[['牛奶','洋葱','鸡蛋','酸奶'],['洋葱','猪肉','芸豆'],['牛奶',
    '苹果','芸豆','鸡蛋'],['玉米','洋葱','芸豆','冰淇淋','鸡蛋']]
```

```
4   te_Encoder = TransactionEncoder()
5   te_array = te_Encoder.fit(record).transform(record)
6   print(te_Encoder.columns_)
7   print(te_array)
```

代码行 2 导入事务编码函数类 TransactionEncoder；代码行 5 利用事务对象 te_Encoder 对购物清单记录按 One-Hot 编码进行转换，得到二维数组变量 te_array；随后的代码行 6～7 分别输出特征值名和对应的数值。转换后的矩阵如图 6-15 所示。

```
['冰淇淋', '洋葱', '牛奶', '猪肉', '玉米', '芸豆', '苹果', '酸奶', '鸡蛋']
[[False  True  True False False False False  True  True]
 [False  True False  True False  True False False False]
 [False False  True False False  True  True False  True]
 [ True  True False False  True  True False False  True]]
```

图 6-15 转换后的矩阵

由图 6-15 可以看出，这个矩阵的列数正好是购物清单中出现的 9 类不同的商品，矩阵的行数也正好对应 4 次购物。矩阵中元素值 True 较少，如果购物记录次数足够多，但商品种类相对较少，可以想象这个矩阵中的 True 会非常少，把这种类型的矩阵称为稀疏矩阵（sparse matrix）。稀疏矩阵实际上在内存中没有存储完整的矩阵，只是存储了元素值为 True 所占用的单元，这就使得该结构的内存效率远比一个大小相等的普通矩阵的内存效率高。

2. frequent_patterns 模块的主要函数

frequent_patterns 模块中包含 apriori 函数和关联规则函数 association_rules，它们的功能及参数说明如表 6-8 所示。

表 6-8 函数的功能及参数说明

函数名	参数说明	函数功能
apriori(df,min_support=0.5, use_colnames=False, max_len=None)	df：数据源； use_colnames：返回结果是否要带字段名； max_len：指定频繁 *k*-项集的最大值	计算频繁项集
association_rules(df, metric='confidence', min_threshold=0.8, support_only=False)	df：频繁项集； metric：关联规则计算方式； min_threshold：最小度量值； support_only：仅计算有支持度的项集	计算关联规则

【引例 6-3】计算购物清单中的频繁项集和关联规则。

（1）引例描述

按最小支持度为 0.5、最小置信度为 0.6 来计算表 6-7 购物清单中的频繁项集和关联规则。

引例 6-3

（2）引例分析

在引例 6-2 的基础上，将事务型数据 te_array 先转换成数据框类型，然后利用 apriori

函数和 association_rules 函数分别计算频繁项集和关联规则即可。

（3）引例实现

实现的代码如下。

```
1   from mlxtend.frequent_patterns import apriori
2   from mlxtend.frequent_patterns import association_rules
3   df_datas=pd.DataFrame(te_array,columns=te_Encoder.columns_)
4   freq_item=apriori(df_datas,min_support=0.5,use_colnames=True)
5   rules=association_rules(freq_item,min_threshold=0.6)
```

代码行 1～2 分别导入模块 apriori 和 association_rules，代码行 3 将事务型数据转换成数据框类型，以方便后续的计算。代码行 4～5 分别计算频繁项集和关联规则。

频繁项集 freq_item 的内容如图 6-16 所示。

	support	itemsets
0	0.75	(洋葱)
1	0.50	(牛奶)
2	0.75	(芸豆)
3	0.75	(鸡蛋)
4	0.50	(洋葱, 芸豆)
5	0.50	(鸡蛋, 洋葱)
6	0.50	(鸡蛋, 牛奶)
7	0.50	(鸡蛋, 芸豆)

图 6-16　最小支持度为 0.5 的频繁项集

由图 6-16 可以看出，相对而言，洋葱、芸豆和鸡蛋比较受顾客欢迎。（洋葱,芸豆）、（鸡蛋,洋葱）、（鸡蛋,牛奶）和（鸡蛋,芸豆）也常被顾客一起购买，但两者之间是否有关联、前者是否会影响后者的销售，还需做进一步的关联规则分析。

计算出的关联规则的内容如图 6-17 所示。其中，antecedents 为规则先导项，consequents 为规则后继项，antecedent support 为规则先导项支持度，consequent support 为规则后继项支持度，support 为规则支持度，confidence 为规则置信度，lift 为规则提升度，leverage 为规则杠杆率，conviction 为规则确信度。

	antecedents	consequents	antecedent support	consequent support	support	confidence	lift	leverage	conviction
0	(洋葱)	(芸豆)	0.75	0.75	0.5	0.666667	0.888889	-0.0625	0.75
1	(芸豆)	(洋葱)	0.75	0.75	0.5	0.666667	0.888889	-0.0625	0.75
2	(鸡蛋)	(洋葱)	0.75	0.75	0.5	0.666667	0.888889	-0.0625	0.75
3	(洋葱)	(鸡蛋)	0.75	0.75	0.5	0.666667	0.888889	-0.0625	0.75
4	(鸡蛋)	(牛奶)	0.75	0.50	0.5	0.666667	1.333333	0.1250	1.50
5	(牛奶)	(鸡蛋)	0.50	0.75	0.5	1.000000	1.333333	0.1250	inf
6	(鸡蛋)	(芸豆)	0.75	0.75	0.5	0.666667	0.888889	-0.0625	0.75
7	(芸豆)	(鸡蛋)	0.75	0.75	0.5	0.666667	0.888889	-0.0625	0.75

图 6-17　最小置信度为 0.6 的关联规则

尽管得到图 6-17 所示的 8 条关联规则，但只有关联规则 4 和 5 的提升度大于 1，为有效关联规则。但与这两条关联规则相比较，规则{牛奶,鸡蛋}的置信度为 1，更值得推荐，说明顾客在买牛奶的同时，基本都会拿上一些鸡蛋。因此，将这两者捆绑促销或放置在一起售卖是合理的。

6.3.4 任务 1——将 CSV 文件数据转换为事务型数据

6.3 任务 1

【任务描述】要分析的购物清单历史数据保存在文件 groceries.csv 中，这是某卖场一个月内所有顾客的购物记录。文件中每个购物清单所包含的商品种类是不一样的，也就是说每行数据的特征值个数不同，那就不能利用 pandas 的 read_csv 方法来读取数据。一种可行的方法是采用 csv 模块来逐行读取文件，将它们放在一个列表中，然后利用前文所介绍的事务编码方法，将原始数据集最终转换成事务型数据。新建文件 6-3_task.ipynb，根据任务目标按照以下步骤完成任务 1。

【任务目标】将 groceries.csv 文件所包含的购物记录转换成事务型数据，方便后续的关联规则分析。

【完成步骤】

1. 将文件数据保存到列表中

因为在对购物清单进行事务编码时，要求源数据类型是列表类型，因此采用 csv 模块来读取文件数据，将每行数据作为一个元素保存到一个列表中，实现代码如下。

```
1  import numpy as np
2  import csv
3  ls_data=[]
4  with open(r'data\groceries.csv','r') as f:
5      reader=csv.reader(f)
6      for row in reader:
7      ls_data.append(row)
```

代码行 2 导入处理 CSV 类型文件的 csv 模块，代码行 4～7 打开 groceries.csv 文件，进行文件读取操作，将逐行取出的数据保存到列表 ls_data 中，这样就可将原文件数据保存到一个列表中。

2. 对列表数据进行事务编码处理

导入相应的第三方库及模块，对列表 ls_data 进行事务编码处理，实现代码如下。

```
1  import pandas as pd
2  from mlxtend.preprocessing import TransactionEncoder
3  te = TransactionEncoder()
4  te_array = te.fit(ls_data).transform(ls_data)
5  df = pd.DataFrame(te_array, columns=te.columns_)
```

代码行 4 按 One-Hot 编码进行训练和转换，将列表 ls_data 的数据转换成事务型数据，并在代码行 5 将其再转换成数据框类型的数据，以方便后续利用 Apriori 算法处理数据。

执行上述代码后，执行代码 df.describe()来了解购物清单历史数据的概要情况，运行结果如图 6-18 所示。

	Instant food products	UHT-milk	abrasive cleaner	artif. sweetener	baby cosmetics	baby food	bags	baking powder	bathroom cleaner	beef	...
count	9835	9835	9835	9835	9835	9835	9835	9835	9835	9835	...
unique	2	2	2	2	2	2	2	2	2	2	...
top	False	False	False	False	False	False	False	False	False	False	...
freq	9756	9506	9800	9803	9829	9834	9831	9661	9808	9319	...

4 rows × 169 columns

图 6-18 购物清单历史数据的概要情况（部分截图）

由图 6-18 可以看出，出现在购物清单中的共有 169 种不同的商品，交易次数是 9835。每列商品的唯一取值只有两种（False 或 True），每次购物没有被购买（False）的商品占绝大多数（top，即频数最高），在所有购物记录中，每种商品出现的频率统计 freq 见图 6-18 的最后一行。

6.3.5 任务 2——找出购物清单中频繁被购买的商品

6.3 任务 2

【任务描述】将原始数据转换成事务型数据后，就可以进一步利用前文学习过的 Apriori 算法找出频繁项集，看哪些商品频繁出现在顾客的购物清单中。那么如何指定相对合理的最小支持度呢？只要找到合理的最小支持度初值，就可以采用逐步试验的方法最终发现频繁项集。因此，根据任务 1 的转换结果和下列任务目标，按照以下步骤完成任务 2。

【任务目标】指定合理的最小支持度，采用多次试验的方法，找出有意义的频繁项集。

【完成步骤】

1. 确定合理的最小支持度

通过前文的学习已经了解到，最小支持度实际就是某些商品频繁出现在购物清单中最低的购买数量，反映了商品在交易中的最低重要性。不妨先了解一下一种商品平均被购买的概率，以及结合购物的具体情况，去尝试设定最小支持度值。结合图 6-18 商品的分布情况，利用如下代码，可以计算出 30 天内一种商品平均被购买的概率。

```
1  mean_supp=1-np.mean((df.describe()).loc['freq'][:])/9835
2  print('一种商品平均被购买的概率：',mean_supp)
```

代码行 1 的 np.mean((df.describe()).loc['freq'][:])/9835 先计算出所有商品没有被购买的平均次数，然后除以总购买次数 9835 得到商品没有被购买的概率，最后用 1 减去这个值得到一种商品平均被购买的概率，也就是商品的平均支持度。运行结果如图 6-19 所示。

```
一种商品平均被购买的概率： 0.026091455765696048
```

图 6-19 商品平均被购买的概率

也就是一种商品每天被购买的次数为 0.02609×9835/30≈8.6 次，说明以这个频次被购买的商品是值得去发现其中可能会隐藏的一些规则的，所以尝试设定最小支持度为 0.02。

2. 找出频繁项集

由于暂时只想了解两种商品之间的规则，因此设定 max_len=2，以消除 3 种及以上商品频繁项集带来的影响，代码如下。

```
1   freq_item = apriori(df, min_support=0.02,max_len=2,use_colnames=
    True)
2   freq_item.sort_values(by='support',axis=0,ascending=False)
```

代码行 1 求出的频繁项集 freq_item 在代码行 2 中按支持度进行排序，结果如图 6-20 所示。

	support	itemsets
57	0.255516	(whole milk)
39	0.193493	(other vegetables)
43	0.183935	(rolls/buns)
49	0.174377	(soda)
58	0.139502	(yogurt)
...	...	...
75	0.020539	(whole milk, frankfurter)
76	0.020437	(whole milk, frozen vegetables)
96	0.020437	(tropical fruit, pip fruit)
60	0.020437	(whole milk, bottled beer)
67	0.020031	(other vegetables, butter)

120 rows × 2 columns

图 6-20　求出的频繁项集

由图 6-20 可以看出，共有 120 个频繁项集，包括 1-项集和 2-项集。全脂牛奶是最受顾客欢迎的，其次是其他蔬菜等，哪两种商品是频繁一起被购买的呢？通过下列代码可以筛选出它们来。

```
    freq_item.loc[freq_item['itemsets'].str.len()>1].sort_values(by=
'support',axis=0,ascending=False)
```

频繁 2-项集如图 6-21 所示。

	support	itemsets
91	0.074835	(other vegetables, whole milk)
103	0.056634	(whole milk, rolls/buns)
119	0.056024	(whole milk, yogurt)
106	0.048907	(root vegetables, whole milk)
85	0.047382	(root vegetables, other vegetables)
...	...	...
75	0.020539	(frankfurter, whole milk)
96	0.020437	(tropical fruit, pip fruit)
60	0.020437	(whole milk, bottled beer)
76	0.020437	(whole milk, frozen vegetables)
67	0.020031	(other vegetables, butter)

61 rows × 2 columns

图 6-21　频繁 2-项集

可以看出，共有 61 个频繁 2-项集，其中其他蔬菜与全脂牛奶一起被购买的概率约为 7.5%，其他商品（全脂牛奶，面包卷与面包）也常被顾客一起购买。至此可以知道单种商品或两种商品的销售情况。

6.3.6 任务 3——提取有用的销售关联规则

6.3 任务 3

【任务描述】在任务 2 中找出了一些频繁项集，知道了哪种商品是顾客相对喜欢的，哪两种商品是顾客偏好一起购买的。尽管这些信息有一定的商业价值，但对于商家来说，他们可能更关心的是如何能够从这些信息中发现某些销售关联规则和商业购买模型，以指导他们更好地调整或开展商业活动。因此，根据任务 2 的计算结果和下列任务目标，按照以下步骤完成任务 3。

【任务目标】指定合理的最小置信度，利用关联规则方法找出令人感兴趣的销售关联规则。

【完成步骤】

1. 挖掘出一些关联规则

类似的多数顾客同时购买两种商品是否是一种常见现象？商品之间是否存在一些必然的联系呢？这需要做进一步的分析。

尽管前文已经找出了一些频繁项集，但两种商品一起出现的可能性有多大？它们之间是否存在一些购买模式或者关联规则呢？为此，利用以下代码来获取一些关联规则。

```
1  rules=association_rules(freq_item,min_threshold=0.5)
2  rules.sort_values(by='confidence',axis=0,ascending=False)
```

执行上述代码，没有得到任何关联规则，说明设定的最小置信度 0.5 过高，需要降低置信度的阈值。尝试将最小置信度设定为 0.25，重新执行上述代码，产生的部分关联规则如图 6-22 所示。

	antecedents	consequents	antecedent support	consequent support	support	confidence	lift	leverage	conviction
6	(butter)	(whole milk)	0.055414	0.255516	0.027555	0.497248	1.946053	0.013395	1.480817
10	(curd)	(whole milk)	0.053279	0.255516	0.026131	0.490458	1.919481	0.012517	1.461085
12	(domestic eggs)	(whole milk)	0.063447	0.255516	0.029995	0.472756	1.850203	0.013783	1.412030
40	(whipped/sour cream)	(whole milk)	0.071683	0.255516	0.032232	0.449645	1.759754	0.013916	1.352735
35	(root vegetables)	(whole milk)	0.108998	0.255516	0.048907	0.448694	1.756031	0.021056	1.350401
22	(root vegetables)	(other vegetables)	0.108998	0.193493	0.047382	0.434701	2.246605	0.026291	1.426693
14	(frozen vegetables)	(whole milk)	0.048094	0.255516	0.020437	0.424947	1.663094	0.008149	1.294636
17	(margarine)	(whole milk)	0.058566	0.255516	0.024199	0.413194	1.617098	0.009235	1.268706
0	(beef)	(whole milk)	0.052466	0.255516	0.021251	0.405039	1.585180	0.007845	1.251315
38	(tropical fruit)	(whole milk)	0.104931	0.255516	0.042298	0.403101	1.577595	0.015486	1.247252
25	(whipped/sour cream)	(other vegetables)	0.071683	0.193493	0.028876	0.402837	2.081924	0.015006	1.350565
42	(yogurt)	(whole milk)	0.139502	0.255516	0.056024	0.401603	1.571735	0.020379	1.244132
31	(pip fruit)	(whole milk)	0.075648	0.255516	0.030097	0.397849	1.557043	0.010767	1.236375

图 6-22 产生的部分关联规则

2. 关联规则分析和评估

图 6-22 所示的关联规则是按置信度降序排列的，前 13 条关联规则的提升度均大于 1，

说明这些关联规则所涉及的两种商品是有关联的，前一种商品的销售是会影响后一种商品的销售的。观察编号为6的关联规则：{黄油}→{全脂牛奶}。该关联规则的置信度最高（约等于 0.5），提升度约为 2，说明在买黄油的顾客中，有一半的人同时购买了全脂牛奶，这符合顾客早餐时用黄油涂抹面包和饮用全脂牛奶的饮食搭配习惯。编号为22的关联规则也同样符合人的一般饮食习惯（根茎蔬菜与绿叶蔬菜常一起食用）。而关联规则10{豆腐}→{全脂牛奶}就相对有点令人费解，它可能是顾客的早餐和午餐所需食物的一种购买搭配。这些关联规则中，哪些关联规则是有用的？哪些关联规则的商业价值不大？哪些关联规则其实就是一类事实的重现？这些问题都需要做深刻的分析。一种常见的方法是将关联规则分类处理，然后探寻它们可能隐藏的有价值的信息。

（1）平凡的关联规则

平凡的关联规则指这类关联规则太平常、过于明显，一般是很明确的现象，关联规则的价值不值一提。如关联规则6。

（2）可行动关联规则

可行动的关联规则指这类关联规则能提供有价值的启示信息，它们是不常见的，但一般来说这类关联规则是明确且有用的，能据此来提高销售额。显然，本案例就是要寻找此类关联规则。

（3）费解的关联规则

如果商品之间的关联规则过于不明确，以至于很难搞清楚这些关联规则形成的原因，导致很难使用或者不可能使用这些关联规则，那么这些关联规则就是令人费解的。

通过上述关联规则分析，不难发现：将{黄油}→{全脂牛奶}、{豆腐}→{全脂牛奶}、{土鸡蛋}→{全脂牛奶}等关联规则应用于零售超市是很有用的。譬如根据关联规则提示，可以将这些商品捆绑促销，或者将这些商品尽可能放置在一个楼层以方便顾客购买，达到提高销售收入的效果。进一步，可以根据商家试图要促销的商品种类，如浆果类，从挖掘出的关联规则集中筛选出包含浆果的关联规则，然后根据置信度和提升度大小找到足够有用的关联规则。

本章小结

个性化推荐经历了多年的发展，已经成为互联网商城的标配，也是AI成功落地的应用之一，特别是在电商、资讯、音乐、短视频等热门领域得到了应用。作为无监督的学习过程，协同过滤推荐、关联规则等学习算法能够从没有任何先验知识的大规模数据中提取知识或发现新模式。在案例1中采用基于用户的协同过滤推荐算法来向用户推荐他可能喜欢的电影，尽管最终没有对推荐效果进行实际验证，但这种方法在理论上是切实可行的。案例2是一个购物清单小规模数据的关联规则分析，采用一个简单的Apriori算法，就发现了大量有趣且可用的购买模式，有些模式对于商家来说在未来的营销活动中可能是很有用的。总之，利用一些推荐算法，可以从表面杂乱无章的浩瀚数据海洋中找到感兴趣的东西，以达到良好效果。

课后习题

一、考考你

1. 下列算法不属于个性化推荐的是_____。

A. 协同过滤推荐　　B. 基于内容推荐

C. 关联规则推荐　　D. 分类推荐

2. 基于用户的协同过滤推荐算法的特点是_____。

A. 找出用户的特征　　B. 基于用户行为计算用户相似度

C. 找出物品的特征　　D. 计算物品的相似度

3. 下列_____方法不是用于计算相似度的。

A. 欧氏距离　　B. 皮尔逊相关系数

C. 均方根误差　　D. 余弦向量相似度

4. 关联规则中置信度的含义是_____。

A. 物品频繁出现的概率

B. 一个物品的销售数量对另一个物品的影响

C. 关联规则出现的概率

D. 两个物品同时出现的频率与前一个物品出现频率的比例

5. 关联规则分析过程中，对原始数据进行事务型数据处理的主要原因是_____。

A. 提高数据处理速度　　B. 节省存储空间

C. 方便算法计算　　D. 形成商品交易矩阵

二、亮一亮

1. 协同过滤推荐与关联规则推荐的区别是什么？他们各自适用于哪些场合？

2. 在案例1的推荐用户喜爱的电影中，如何计算两个用户之间的相似度？

三、帮帮我

1. 基于案例1的样本数据，利用基于物品的协同过滤推荐算法向用户推荐他喜欢的电影。

提示如下。

（1）给用户推荐那些和他之前喜欢的电影相似的电影。

（2）计算物品相似度：首先统计每部电影被哪些人评分过，记为{电影标题:{用户编号:评分}}；其次计算两部电影之间的相关系数，即计算两部电影 a、b 被相同人评分过的差异，记为 sim(a,b)；然后根据拟推荐用户曾经看过的电影的评分，以及与这些电影相似度最大的 m 部电影，根据公式"评分×sim(a,b)"计算用户对电影的兴趣度，记为{电影标题:兴趣度}；最后取兴趣度最大的前 n 部电影推荐给该用户，从而完成电影推荐工作。

2. 如某零售超市准备举办一场关于浆果旺季的促销活动，请你根据案例2的购物清单历史数据，找出包含浆果的所有可用关联规则，据此为超市提供营销建议或策略。

第❼章 语音识别：让机器对你言听计从

语言是人类交流的工具，是文化的载体，文化兴国运兴，文化强民族强。文字是人类文明的一个重要象征。两者一起使用既方便了沟通、保存了信息，又见证了历史、传承了人类智慧，为人类文明的进步照亮了前进的道路。在人类文明和科学技术迅猛发展的今天，各种机器助手以不同的形式出现在人们的周围，如可执行语音指令的机器人、能将语音记录成文字的录音笔、听口述检索病历的医疗系统等，这些机器助手都有一个共同的特点：能"听懂"人说的话，可通过语音与人交流。那么，机器是如何听懂人的话，识别出语音中蕴含的文字的呢？这就涉及了一种新的 AI 技术——语音识别。

本章内容导读如图 7-1 所示。

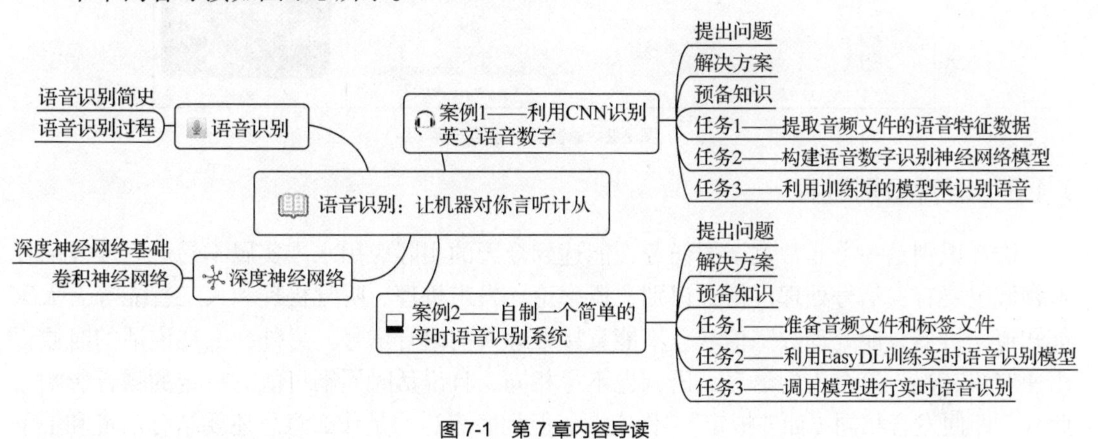

图 7-1　第 7 章内容导读

7.1 语音识别

语音识别（Speech Recognition，SR）是指将人说的话自动转换为文字或机器可以理解的指令的过程。语音识别的出现为实现人类梦寐以求的人机对话奠定了技术基础。语音识别在各行各业得到了广泛的应用，那么，它的技术发展经历了哪些重要阶段呢？

7.1.1 语音识别简史

语音识别的研究始于 20 世纪 50 年代初，迄今为止已有约 70 年的历史。

（1）1952 年，贝尔实验室成功研究出了世界上第一个能识别 10 个英文数字发音的识别系统。

（2）1960 年，英国的德内斯（Denes）等人采用基于动态时间规整的模板匹配方法成功研究出第一个计算机语音识别系统。

（3）20 世纪 80 年代以后，语音识别研究的重点逐渐转向大词汇量、非特定人连续语音识别。在研究思路上也发生了重大变化，即由传统的基于标准模板匹配的技术思路转向基于统计模型的技术思路。此外，将神经网络技术引入语音识别研究的技术思路得到重视和发展。

（4）2010 年之后，深度神经网络（Deep Neural Network，DNN）的兴起和分布式计算技术的进步使得语音识别研究获得重大突破。例如，2011 年，微软公司将深度神经网络成功应用于语音识别，语音识别错误率降低了近 30%。而在国内，科大讯飞、华为云语音、腾讯云智能语音、搜狗语音助手、紫冬口译、百度语音等都采用了最新的语音识别技术，相关公司开发出大量语音识别应用产品，如图 7-2 所示，将语音识别的应用推向一个个新的高潮，更进一步拓展了人类的生存和交流空间。

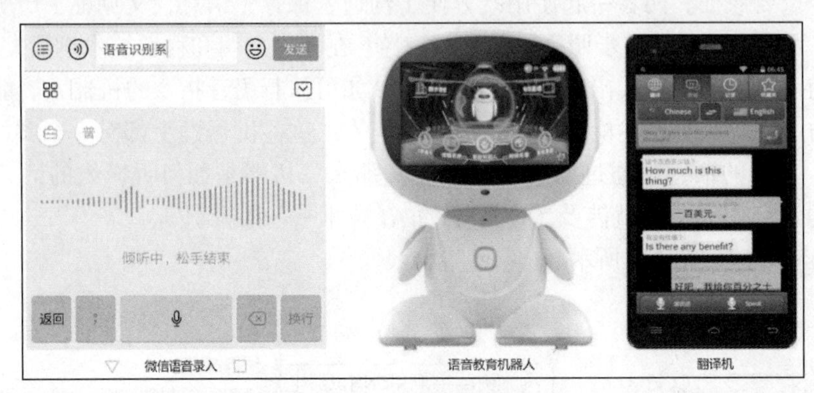

图 7-2　语音识别应用产品

7.1.2　语音识别过程

语音识别是一个非常复杂的任务，能达到今天的实际应用水准实属不易。它涉及的技术领域主要有：信号处理、模式识别、概率论、发声机理、听觉机理和人工智能等。大家都知道，机器只能处理数字信号，不能直接处理人的语音信号。另外，人在说话的时候，语速有快有慢，每个人的语音、语调也不尽相同，且说话时周围可能有一定的噪音影响。此外，即便发音相同（如“拟定”“你定”），但到底表达的是什么意思还要结合语境和上下文来进一步确定。还有，机器要进行预学习，以了解人类在语言交流中要用到哪些语料库等。不难想象，想让机器听懂人的话是很困难的任务，语音识别过程如图 7-3 所示。

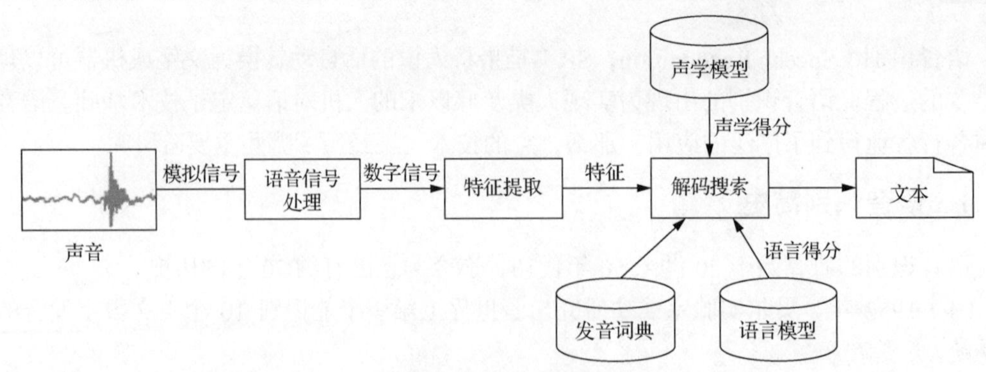

图 7-3　语音识别过程

语音识别主要包括以下 5 个关键要素。

（1）语音信号处理。人们所听到的声音是一种连续变化的模拟信号，并不能直接被计算机存储和处理，需要将它转化为在时间上离散的数字信号，数字信号的大小常用有限位的二进制数来表示，这个过程就是采样。例如，使用默认 8kHz 采样频率、16bit 量化精度、单声道来进行采样。与此同时，通过量化将时间上离散而幅度上连续的波形幅度值离散化，采样后的时域数字波形如图 7-4 所示，这样，声音就转换成了离散的数字信号，计算机就可以用不同的编码方式（如 MP3、WAV、PCM 等）来存储和处理这些数字信号了。

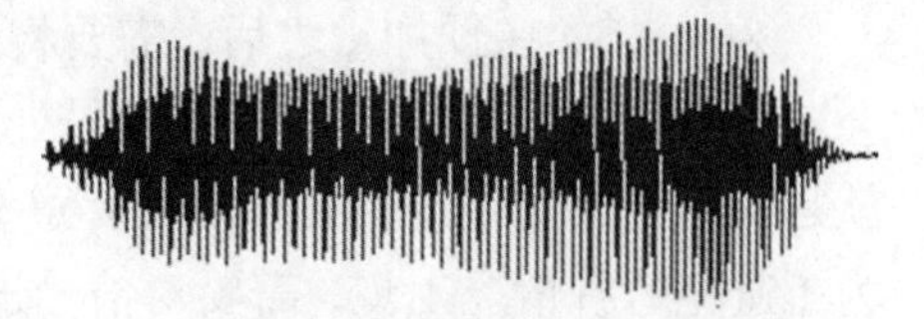

图 7-4 采样后的时域数字波形

显然，当采样频率较高时，这些波形看起来就是近似连续的，声音还原就越自然。但人耳只可以听到频率在 20Hz～30kHz、强度为-5dB～130dB 的声音，在这个范围之外的声音人耳是听不到的，在音频处理中可以忽略不计。因此，提高采样频率对于听觉感受的影响很小，却要耗费更多的存储空间。

（2）特征提取。人的声音包含了说话人的发音内容、方言口音、情感变化、声音大小等大量信息。在如此多的信息中，仅有少量的信息与语音识别有关。那如何让计算机“理解”声音呢？

尽管前面通过语音信号处理将声音转换成了数字信号，但在这些信号中只有少量的具有声学特征的信号与具体的声音有关。因此，需要通过特征提取在原始语音信号中提取出声音最具有辨识性的主要成分，过滤掉其他无关信息。例如，在分析一段音乐时，通常会用响度、音调和音色 3 个要素描述音乐的特征。其中，响度代表音乐音量的大小，也就是波形的振幅大小；音调代表音乐音调的高低，声音的频率越高，音调就越高，声音的频率越低，音调就越低，它对应于频谱；音色是一种除音调所对应的频率外伴随的高频成分所带来的更为复杂的音乐特征。通过分析不同音乐的波形及频谱，就能辨别出一段音乐的特征。

特征提取主要包括以下 4 个步骤。

① 预加重。预加重一般是语音信号处理的第一步。语音信号往往会有频谱倾斜（spectral tilt）现象，即高频部分的幅度会比低频部分的小，预加重在这里就是起到一个平衡频谱的作用，增大高频部分的幅度。一般使用一阶滤波器来实现预加重。图 7-5 所示为预加重前后的对比。

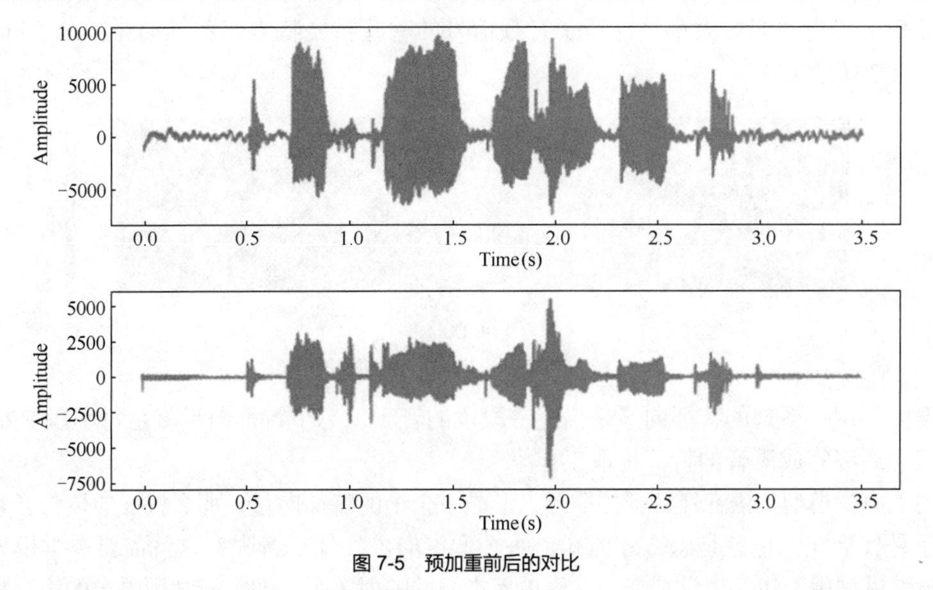

图 7-5 预加重前后的对比

由图 7-5 可以看出，经预加重后，频谱在高频部分的幅度得到了提升，起到了平衡频谱的作用。

② 分帧。在预加重之后，需要将信号分成短时帧。做这一步的原因是：信号中的频率会随时间变化（不稳定），一些信号处理算法（如傅里叶变换）通常希望信号是稳定的，也就是说对整个信号进行处理是没有意义的，因为信号的频率轮廓会随着时间的推移而丢失。为了避免这种情况出现，需要对信号进行分帧处理，认为每一帧之内的信号是短时不变的。一般帧长取 20ms～40ms，相邻帧之间有 50%±10%的帧长的覆盖。对于自动语音识别（Automatic Speech Recognition，ASR）而言，通常取帧长为 25ms，覆盖为 10ms。

③ 加窗和快速傅里叶变换（Fast Fourier Transform，FFT）。在分帧之后，通常需要对每帧的信号进行加窗处理。目的是让帧两端平滑地衰减，这样可以降低后续傅里叶变换后一些小束波的强度，取得更高质量的频谱。对于每一帧的加窗信号，进行 N 点 FFT，也称短时傅里叶变换（Short-Time Fourier Transform，STFT），N 通常取 256 或 512，然后计算得到图 7-6 所示的语音能量谱。

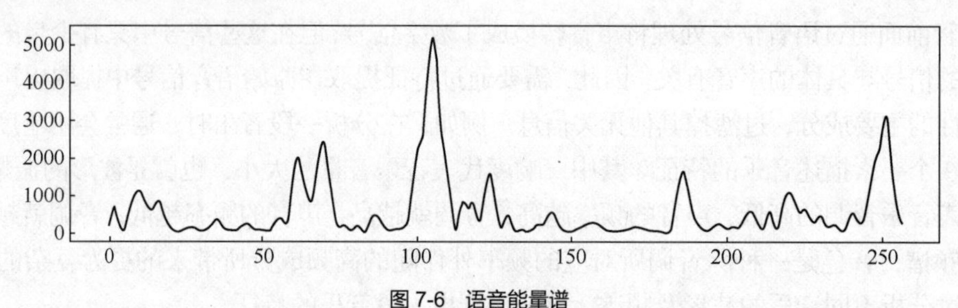

图 7-6 语音能量谱

④ 提取特征。在语音能量谱上应用 Mel 滤波器组，就能提取到 FBank（Filter Bank）特征。所谓 Mel 刻度，是一个能模拟人耳接收声音的规律的刻度。人耳在接收声音时呈现非线性状态，对高频的声音更不敏感，因此 Mel 刻度在低频区分辨度较高，在高频区分辨度较低。经 Mel 滤波器组转换后，最终得到声音特征。这些特征反映了音频信号在不同频率范围内的能力大小，保留了音频信号的一些重要特点，各帧的 FBank 特征频谱图如图 7-7 所示。

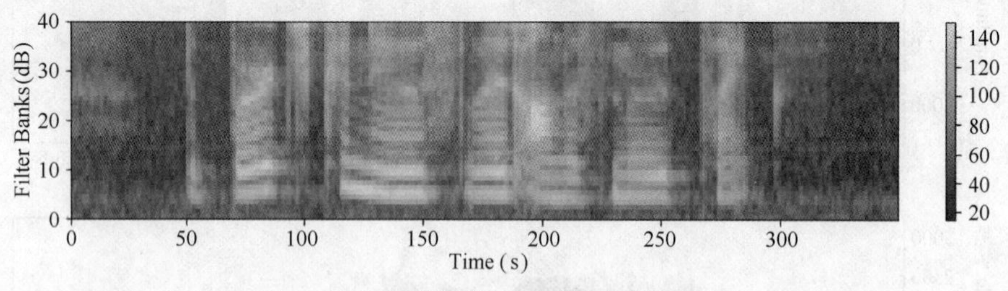

图 7-7 各帧的 FBank 特征频谱图

至此，用一系列的特征向量来描述一段段的音频，每个特征向量就是每小段 FBank 特征。从而最终完成语音的特征提取工作。

（3）声学模型。语音经特征提取后，形成一个个的特征向量，那么特征向量与音素的对应关系是什么呢？也就是怎么才能知道每个音素应该发什么音呢？这就需要声学模型的帮助。声学模型用于建立声学特征与建模单元之间的映射关系，即它能利用语音的声学特征把一系列语音帧转换成若干音素。因为语音中存在协同发音的现象，即音素是上下文相关的，所以一般采用3音素进行声学建模。目前主流的声学模型是基于深度神经网络的隐马尔可夫模型，该模型具有能利用语音特征的上下文信息和学习非线性的更高层次的特征表达的优点。基于该模型，利用大量的语音特征向量以及它们对应的音素，可以训练从特征向量到音素的分类器，从而在识别阶段能计算每一帧的特征向量到相应音素的声学得分（概率）。

（4）语言模型。语言模型就是用来计算一个句子的概率的模型。它利用语言表达的特点，将音素转换成文字，组成意义明确的语句。例如，输入拼音“zhegecainonghao”，其对应的句子有多种，通过语言模型可计算出“这个才弄好”发生的概率为90%，因为该句子比较常见，而“这个菜弄好”发生的概率要低些，只有50%，其他的句子发生的概率更低些。因此，转换成“这个才弄好”在多数情况下会比较合理。

（5）解码搜索。解码搜索的主要任务是在由声学模型、发音词典和语言模型构成的搜索空间中寻找最佳路径，尽快将语音转换成文本。解码时需要用到声学得分和语言得分，声学得分由声学模型计算得到，语言得分由语言模型计算得到。其中，每处理一帧特征向量都会用到声学得分，计算其对应的哪个音素的概率最大，但语言得分只有在解码到词级别时才会涉及，因为一个词一般会覆盖多帧语音特征。

由上述内容可以总结出语音识别的具体步骤如下。

（1）采集一小段语音，把它转换成数字信号，然后进行预加重、分帧和滤波处理，将其分成若干小段。

（2）按FBank特征或梅尔频率倒谱系数（Mel Frequency Cepstral Coefficients，MFCC）特征进行特征提取工作，为声学模型提供合适的特征向量。

（3）利用声学模型计算每一个特征向量在声学特征上的得分。

（4）利用语言模型计算该声音对应的可能词组序列的概率。

（5）根据已有的词典，对词组序列进行解码，得到最有可能表示的文本。

下面，以我国知名的智能语音和人工智能上市企业科大讯飞公司提供的在线语音识别产品为例，来感受一下语音识别的魅力。

访问讯飞开放平台的语音听写服务，进入图7-8所示的体验页面。

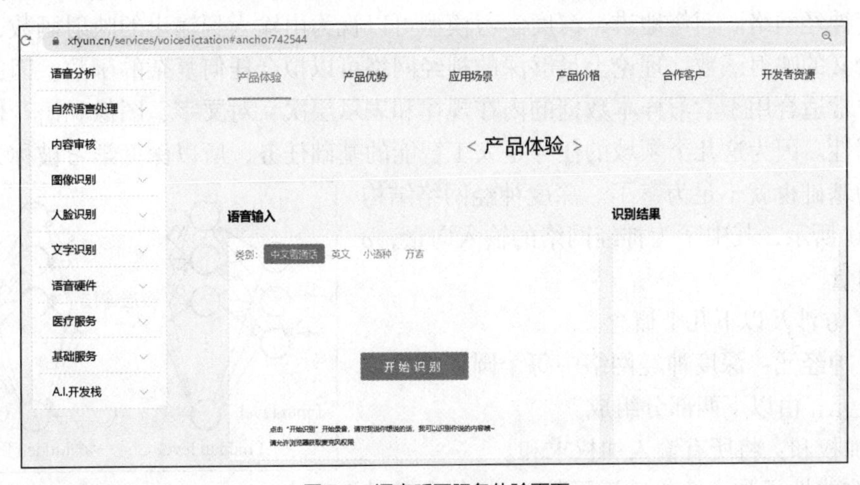

图7-8 语音听写服务体验页面

单击“开始识别”按钮，就能在左边的文本框中实时识别出说的内容。演示效果如图 7-9 所示。

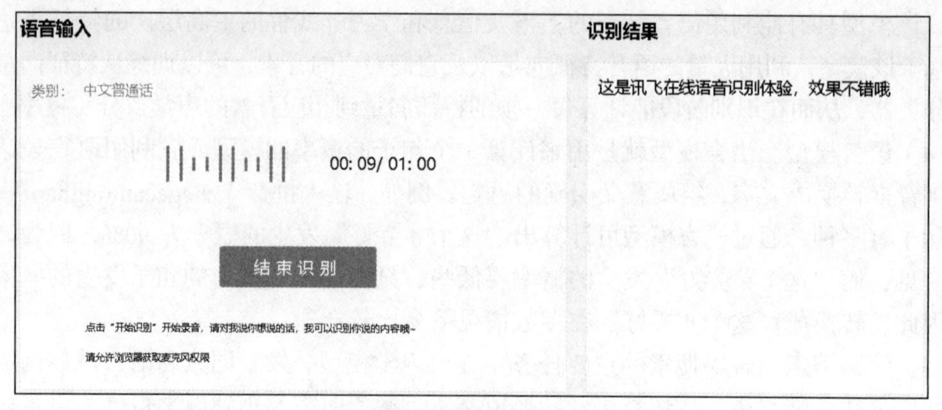

图 7-9　语音识别演示效果

7.2 深度神经网络

通过语音识别的过程可以看到，无论是语音的特征提取，还是声学模型的建立，都用到了深度神经网络，即深度学习。深度学习是人工智能一个新的研究方向，近年来其在语音识别、计算机视觉等多类应用中取得了突破性的进展，其根本动机在于建立模拟人类大脑的神经连接结构，进而给出数据化的解释。

7.2.1　深度神经网络基础

深度学习的异军突起，极大改变了机器学习的应用格局。今天，多数机器学习任务都可以使用深度学习模型完成，尤其在语音识别、计算机视觉和自然语言处理等领域，深度学习模型的效果比传统机器学习算法有显著提升。下面来认识深度神经网络的基本结构。

人工神经网络包括多个神经网络层，如卷积层、全连接层、长短期记忆网络（Long Short Term Memory，LSTM）等，每一层包括很多神经元，超过 3 层的非线性神经网络都可以被称为深度神经网络。通俗地讲，深度学习模型可以视为由输入到输出的映射函数，如图像到高级语义的映射函数，理论上足够深的神经网络可以拟合任何复杂的函数。因此深度神经网络非常适合用于学习样本数据的内在规律和表示层次，对文字、图像和语音任务有很好的适用性。因为这几个领域的任务是人工智能的基础任务，所以深度学习被称为实现人工智能的基础也就不足为奇了。深度神经网络结构如图 7-10 所示，其中 i 为神经网络的输入向量，o 为输出向量。

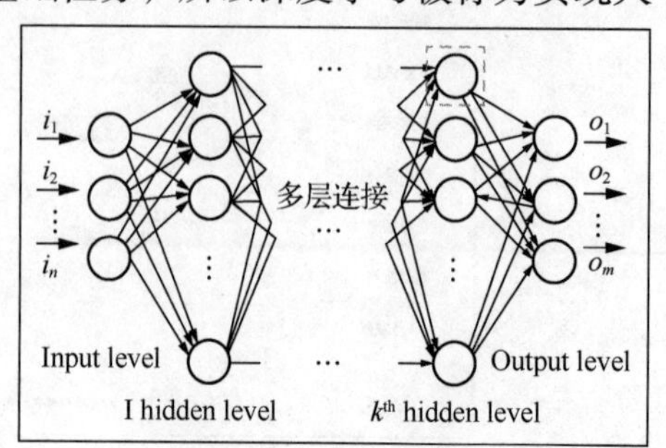

图 7-10　深度神经网络结构

图 7-10 涉及以下几个概念。

（1）神经元：深度神经网络中每个圆形的节点称为神经元，由以下两部分组成。

① 加权和：将所有输入加权求和。

② 非线性函数变换（激活函数）：加权和的结

果经过一个非线性函数变换，可让神经元计算具备非线性的能力。

（2）多层连接：大量的神经元按照不同的层次排布，形成多层的结构连接起来，当中间的隐藏层多于1时，即称深度神经网络。

（3）前向计算：从输入计算输出的过程，顺序为从深度神经网络前向后计算。

（4）计算图：以图形化的方式展现深度神经网络的计算逻辑又称为计算图。可以将3层的神经网络的计算图以公式的方式表示出来，如下，其中，Y为神经网络的输出值。

$$Y = f_3\left(f_2\left(f_1\left(\omega_1 \cdot x_1 + \omega_2 \cdot x_2 + \omega_3 \cdot x_3 + \cdots + b\right) + \cdots\right) + \cdots\right)$$

由此可见，深度神经网络并没有那么神秘，它的本质是一个含有很多参数的“大公式”。深度学习，恰恰就是通过组合低层特征形成更加抽象的高层特征（或属性类别）。例如，在计算机视觉领域，深度学习算法从原始图像学习得到低层次表达，如边缘检测器、小波滤波器等，然后在这些低层次表达的基础上，通过线性或者非线性组合，来获得高层次表达。此外，不仅图像存在这个规律，声音也是类似的。例如，研究人员从某个声音库中通过算法自动发现了20种基本的声音结构，其余的声音都可以由这20种基本结构来合成。

7.2.2 卷积神经网络

在图7-10所示的深度神经网络中，如果输入层向量有10^6个，假设隐藏层向量数目与输入层一样，那么从输入层到隐藏层的权重参数就有10^{12}个。还不考虑后面其他隐藏层的参数，这样参数就太多了，模型根本无法训练。所以像语音识别、图像处理这样的应用想要训练神经网络，就必须先减少参数以加快训练速度。

在20世纪60年代，大卫·休伯尔（David Hubel）和托斯坦·维厄瑟尔（Torsten Wiesel）在研究大脑皮层中用于局部敏感和方向选择的神经元时，发现其独特的网络结构可以有效地降低反馈神经网络的复杂性，继而提出了卷积神经网络（Convolutional Neural Network，CNN）。CNN的基本结构如图7-11所示。

图7-11 CNN的基本结构

（1）输入层。输入层接受输入数据，它会将输入数据传递给卷积层。

（2）卷积层。卷积层要进行卷积操作，这也是卷积神经网络名字的由来。在了解卷积操作前，先看这样一张图片，如图7-12所示。无论图7-12中的“X”被怎么旋转或者缩放，人眼都能很容易地识别出“X”。

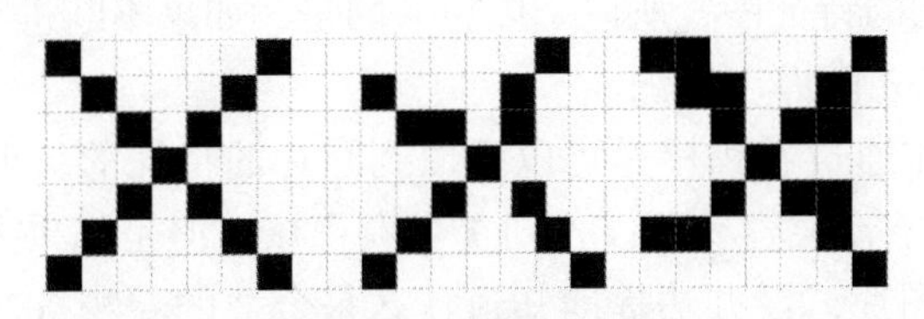

图7-12 不同形状的“X”

但是计算机不同，它看到的其实是一个个的像素矩阵，如图7-13所示。对像素矩阵进行特征的提取其实就是卷积操作要做的事情。

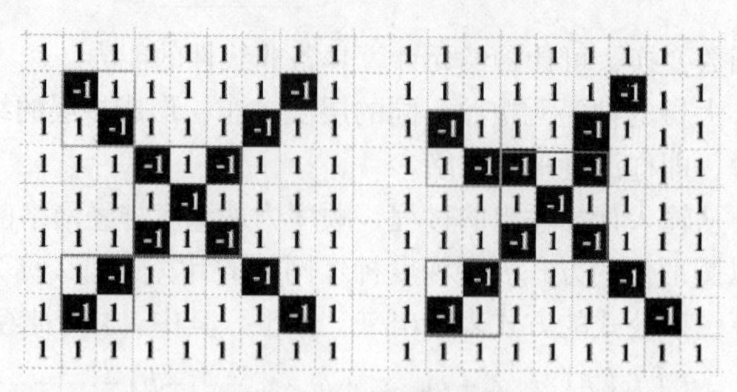

图 7-13 “X”的像素矩阵

仔细观察图 7-13，发现“X”即使进行了旋转，但是方框标记的区间在两张图中还是一致的，某种程度上，这其实就是“X”的特征。因此可以将这 3 个特征的区间提取出来，假设提取的尺寸大小是 3×3，就形成了图 7-14 所示的 3 个卷积核。

图 7-14 3 个卷积核

卷积核是如何进行卷积操作的呢？其实很简单，可以看一看图 7-15，就是用卷积核在图片的像素矩阵上一步步平移，就像扫地一样。每扫到一处就进行卷积的计算，计算方法很简单，左上角的卷积核扫到框线的位置，则卷积核矩阵的数字就和扫到的位置的矩阵的数字一一对应相乘然后相加，最后取一个均值，该值就是卷积核提取的特征值。

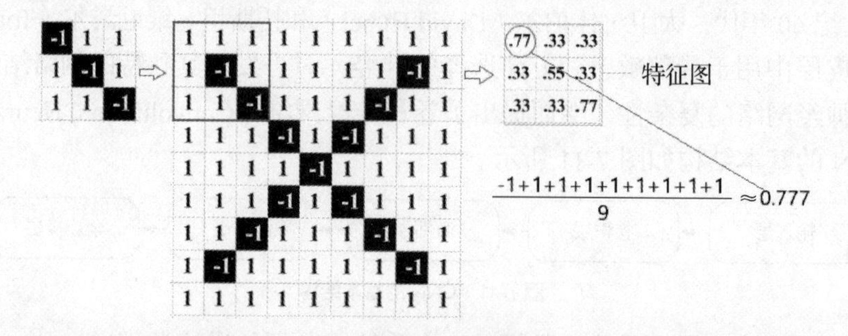

图 7-15 卷积计算

图 7-15 中卷积核的步长为 3，则卷积核从左到右、从上到下依次提取所有的特征组成一个行列数变少的矩阵，这个矩阵又称为特征图，如图 7-15 右边的矩阵所示。使用不同的卷积核也就能组成不同的特征图，所以可以想象的是，如果不断进行卷积操作，那么图片的矩阵会逐步地缩小，矩阵厚度增加。

可以看到卷积操作通过卷积核是可以提取到图片的特征的，但是如何提前知道卷积核呢？像图 7-12 的例子，很容易可以找到 3 个卷积核，但是如果要进行人脸识别，对具有成千上万个特征的图片，没办法提前知道什么是合适的卷积核。其实也没必要知道，因为不管选择什么样的卷积核，完全可以通过训练不断优化。初始时只需要随机设置一些卷积核，通过训练，模型其实自己可以学习到适合自己的卷积核，这也是卷积神经网络模型强大的地方。

（3）激活层。该层通过激活函数来提高卷积神经网络的非线性表达能力。一般的机器学习算法，如前文的决策树算法、支持向量机，这些算法都只能解决线性可分的问题，当遇到线性不可分的问题时它们便无能为力了。而卷积神经网络如此强大的原因之一就在于其引入了激活函数，激活函数经过隐藏层之间的层层调用，使得卷积神经网络可以逼近任意函数，解决线性模型所不能解决的问题。如使用图 7-16 所示的 ReLU 函数将图 7-15 矩阵中负数的值转换成 0，也就是使用激活函数将负数变为 0。该函数本质上就是 $\max(0,x)$。激活函数的这一步处理其实也是为了方便运算。

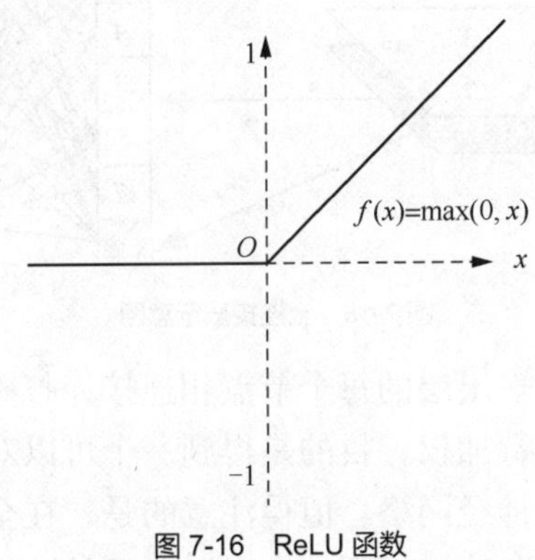

图 7-16 ReLU 函数

可以看出，采用 ReLU 函数作为激活函数，当 $x>0$ 时，梯度恒为 1，无梯度耗散问题，收敛快；当 $x<0$ 时，该层的输出为 0，训练完成后为 0 的神经元越多，稀疏性越大。增大神经网络的稀疏性，提取出来的特征就越具有代表性，泛化能力越强，即得到同样的效果，真正起作用的神经元越少，网络的泛化性能越好；大量为 0 的神经元会使整个神经网络的运算量很小。

（4）池化层。池化，也叫下采样，本质其实就是对数据进行缩小。因为语音识别和人脸识别等，通过卷积操作可以得到成千上万个特征图，每个特征图有很多的像素点，这对于后续的运算而言时间会变得很长。池化其实就是对每个特征图进一步提炼的过程。如图 7-17 所示，原来 4×4 的特征图经过池化操作之后变成了更小的 2×2 的矩阵。池化的常用方法有两种，一种是最大池化（max pooling），即对邻域内特征点取最大值作为最后的特征值；另一种是均值池化（average pooling），即取邻域内特征点的平均值作为最后的特征值。

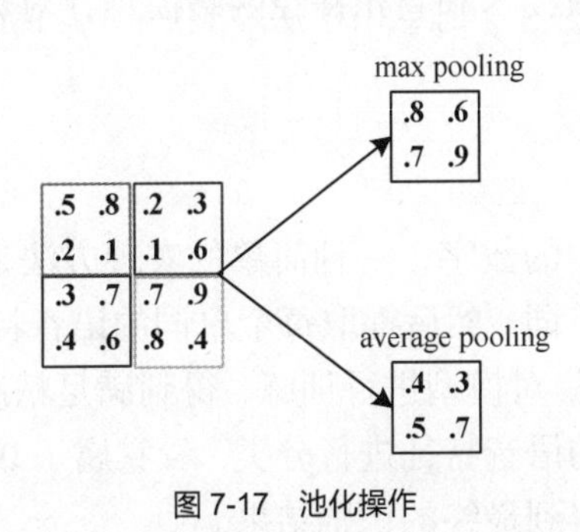

图 7-17 池化操作

（5）全连接层。通过前面的不断卷积、激活和池化，就得到了样本的多层特征图，然后将最终得到的特征图排成一列，即将多层的特征映射为一个一维的向量，形成全连接层，如图 7-18 所示。

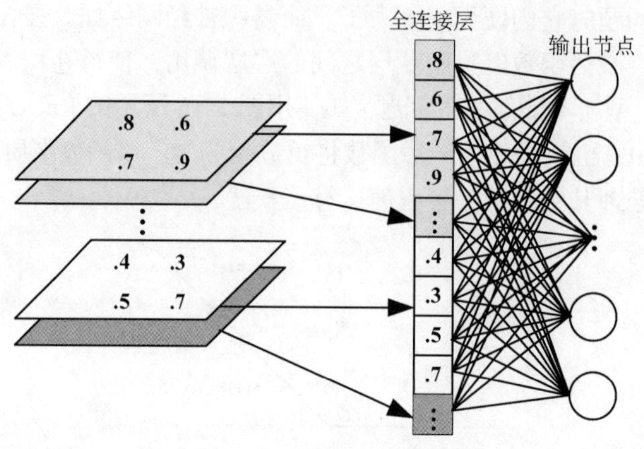

图 7-18　全连接层示意图

全连接层的每个特征值与输出层的每个节点相连接，打破了卷积特征的空间限制，对卷积层获得的不同的特征值进行加权，目的是得到一个可以对不同类别进行区分的得分或概率，这样就最终形成了卷积神经网络。值得注意的是，在全连接层排成一列的数值是权重，这些权重是通过训练、反向传播得到的，通过权重的计算，可以知道不同分类的概率是怎样的。

7.3 案例 1——利用 CNN 识别英文语音数字

7.3.1 提出问题

数字 0～9 是生活中常见的 10 个基数，在医院、银行、饭店等场所，由于资源和人手受限，人们必须排队等候服务，因此叫号系统应运而生。任何一个数字，都是由 10 个基数构成的，英文叫号系统在播报序号时，如果能将对应的阿拉伯数字及时显示在大屏上，这对于以非英文为母语的人而言，无疑是一件很好的事，能帮助他们避免因语言障碍而错过叫号。因此，有必要借助于机器来实现英文语音数字的识别。

下面，利用语音特征提取技术和卷积神经网络模型，对英文语音数字进行识别以解决上述问题。

7.3.2 解决方案

为识别出一段英文语音中的数字，一种简单的实现方法是，首先将语音进行切分，按说话的停顿节奏切分出每个单词，然后提取每个单词的语音特征；其次构建一个多层 CNN 模型，利用 0～9 的语音样本集对模型进行训练，得到满足精度要求的模型；最后利用训练好的模型逐个对提取的单词的语音特征进行分类，看它属于 0～9 中的哪个数字，并将分类出的数字组合起来，就可以得到最终的识别结果。

问题的解决方案的流程如图 7-19 所示。

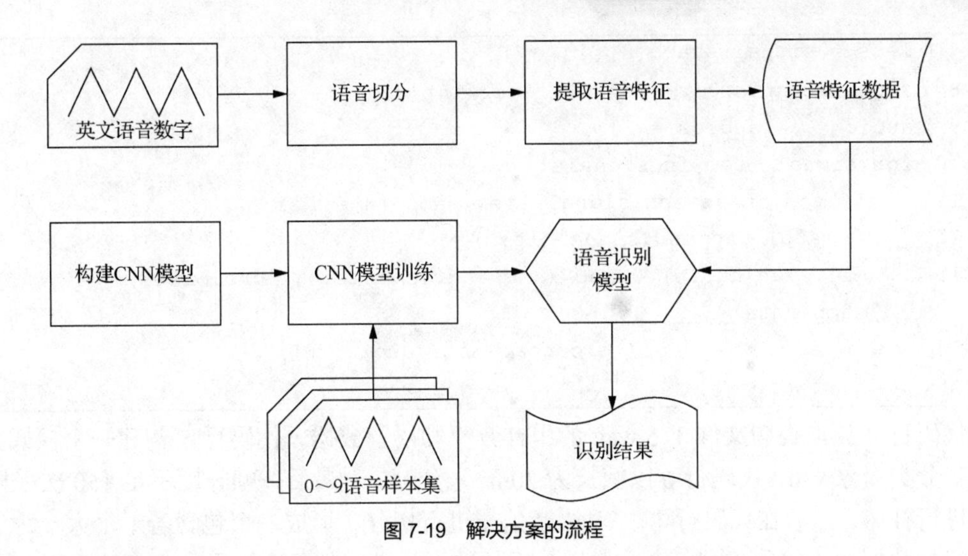

图 7-19 解决方案的流程

7.3.3 预备知识

语音识别过程中，要用到语音检测模块 webrtcvad、语音特征提取模块 python_speech_features 和飞桨框架 PaddlePaddle。

1. webrtcvad 模块

webrtcvad 模块是一个语音活动检测器的 Python 接口，它通过语音激活检测（Voice Activity Detection，VAD）算法将语音信号分类为有效或无效，据此来判断语音的开始和结束，也就能从语音中切分出一个个单词。

【引例 7-1】切分音频文件中有效的语音信号。

（1）引例描述

有音频文件 1_5.wav，其中是数字 1 和 5 的英文读音，将这个音频文件中的语音信号进行切分，把每个单词的语音数据提取出来。

引例 7-1

（2）引例分析

先读取 WAV 文件，按语音帧进行分段，然后利用 webrtcvad 模块来检测哪段语音信号是有效语音，将有效语音依次保存起来，从而实现提取单词语音数据的目的。

（3）引例实现

编程前要使用如下命令先安装 webrtcvad 模块。

```
pip3 install webrtcvad
```

然后编程完成语音信号切分，实现的代码（case7-1.ipynb）如下。

```
1  import scipy.io.wavfile as wav
2  import webrtcvad
3  import numpy as np
4  samp_rate, signal_data = wav.read('data/1_5.wav')
5  vad = webrtcvad.Vad(mode=3)
6  signal= np.pad(signal_data,(0,160-(signal_data.shape[0]%int
    (samp_rate*0.02))),'constant')
```

```
7  lens = signal.shape[0]
8  signals =np.split(signal, lens//int(samp_rate*0.02))
9  audio = [];audios = []
10 for signal_item in signals:
11     if vad.is_speech(signal_item,samp_rate):
12         audio.append(signal_item)
13     elif len(audio)>0 and (not vad.is_speech(signal_item,
       samp_rate)):
14         audios.append(np.concatenate(audio, 0))
15         audio= []
```

代码行 4 读取音频文件 1_5.wav 的采样频率和语音数据，代码行 5 构建一个模式为 3 的声音分类对象 vad，代码行 6 以帧长为 20ms 来分帧，对最后一帧长度不足 160 次采样的部分进行补 0，然后在代码行 8 中对语音信号进行切分，形成一个包含若干个大小为 160 的数组的数据帧。代码行 11～15 对切分后的数据帧进行判断，如果是语音帧，则在变量 audio 中进行累计，如果不是语音帧且语音结束，则将语音帧统一转换成一维数组 audios 输出。audios 的内容如图 7-20 所示。

```
[array([ 16, 150, 294, ...,  85,  59,  51], dtype=int16),
 array([931, 604, 307, ..., -38,  -9,  18], dtype=int16)]
```

图 7-20 audios 的内容

由图 7-20 可以看出，英文数字 1 和 5 的语音信号被成功切分出来，分别保存到两个一维数组中。

2. python_speech_features 模块

有效语音信号被切分出来后，如何辨别这些语音信号具有独有的特征呢？这时就要用到 python_speech_features 模块，该模块提供了计算一个语音信号的 MFCC 特征和一阶、二阶差分系数的方法。MFCC 特征描述了一帧语音的静态特征，一阶、二阶差分系数描述了帧之间的动态信息，三者的结合就比较完整地描述了语音信号的全部特征。

引例 7-2

【引例 7-2】提取语音信号的语音特征。

（1）引例描述

按 MFCC 方法提取语音信号的语音特征，并输出提取结果。

（2）引例分析

从语音信号集中取出单个语音信号，对其计算 MFCC 特征（默认 13 个特征参数）和一阶、二阶差分系数，为保证与后续训练模型要求的数据格式一致，还需要对特征数据进行填充、转置等操作。

（3）引例实现

先使用如下命令安装 python_speech_features 模块。

```
pip3 install python_speech_features
```

然后编写如下代码，实现语音特征的提取。

```
1  from python_speech_features import mfcc,delta
2  wav_feature = mfcc(audios[0],8000)
3  d_mfcc_feat = delta(wav_feature,1)
4  d_mfcc_feat2 = delta(wav_feature,2)
5  feature =np.concatenate([wav_feature.reshape(1,-1,13),d_mfcc_feat.
   reshape(1,-1,13),d_mfcc_feat2.reshape(1,-1,13)], 0)
6  if feature.shape[1]>64:
7  feature = feature[:,:64,:]
8  else:
9  feature =np.pad(feature,((0,0),(0,64-feature.shape[1]),(0,0)),
   'constant')
10 feature = feature.transpose((2,0,1))
11 feature = feature[np.newaxis,:]
```

代码行2计算引例7-1中切分出来的第一个语音信号audios[0]的MFCC特征值。代码行3～4分别计算这些语音帧的一阶、二阶差分系数。代码行5将所有特征值转换成三维矩阵并合并，合并后的三维矩阵含有3个多行13列的二维特征矩阵。代码行6～9对每个二维特征矩阵的行数（高度）进行截取或填充，不足64行的在后面填充0，以保证经处理后的特征矩阵是一个3通道64×13的矩阵。代码行10将特征矩阵进行转置，把原来的矩阵(0,1,2)转换为(2,0,1)，即将三维矩阵中某一元素原来的索引坐标(x,y,z)转换为(z,x,y)，转换后的矩阵则是一个13通道3×64的矩阵。代码行11为特征矩阵增加一个新的维度，由原来的三维变成四维，特征矩阵转换的目的是满足网络模型对输入数据体的要求。提取的语音特征如图7-21所示。

```
array([[[[ 1.50488583e+01,  1.51186821e+01,  1.52201710e+01, ...,
           0.00000000e+00,  0.00000000e+00,  0.00000000e+00],
         [ 3.49118974e-02,  8.56563109e-02,  1.58480339e-01, ...,
           0.00000000e+00,  0.00000000e+00,  0.00000000e+00],
         [ 4.12449038e-02,  9.44881568e-02,  1.41938531e-01, ...,
           0.00000000e+00,  0.00000000e+00,  0.00000000e+00]],
                                  ...,
        [[-1.30220918e+01, -2.40000422e+01, -9.29902244e+00, ...,
           0.00000000e+00,  0.00000000e+00,  0.00000000e+00],
         [-5.48897522e+00,  1.86153466e+00,  1.01051916e+01, ...,
           0.00000000e+00,  0.00000000e+00,  0.00000000e+00],
         [-3.53181180e-01,  2.21879350e+00,  2.64683349e+00, ...,
           0.00000000e+00,  0.00000000e+00,  0.00000000e+00]]]])
```

图7-21　提取的语音特征

3. PaddlePaddle 框架

PaddlePaddle（中文名为飞桨）是百度公司提供的一个开源的产业级深度学习框架，有全面的官方支持的工业级应用模型，涵盖自然语言处理、计算机视觉、推荐引擎等多个领域，并开放了多个领先的预训练模型。飞桨同时支持稠密参数场景和稀疏参数场景的大规模深度学习并行训练，支持千亿规模参数、数百个节点的高效并行训练。另外，飞桨拥有多端部署能力，支持服务器端、移动端等多种异构硬件设备的高速推理，在预测性能方面有显著优势。目前飞桨已经实现了应用程序接口（Application Program Interface，API）的稳定和向后兼容，具有完善的中英双语使用文档。飞桨的应用框架如图7-22所示。

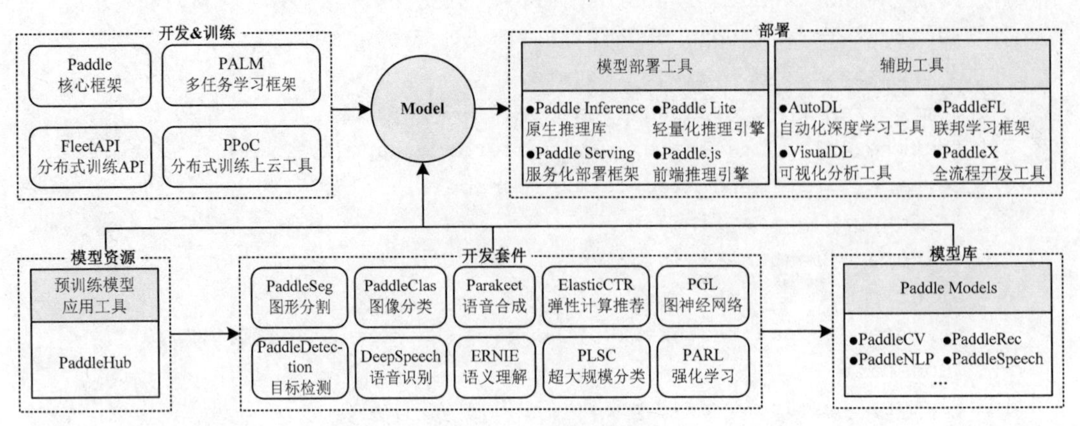

图 7-22　飞桨的应用框架

图 7-22 的上半部分是从开发、训练到部署的全流程工具，下半部分是管理工具各领域的开发套件和模型库等模型资源。飞桨除提供用于模型研发的基础框架外，还推出了一系列的工具，来支持深度学习模型从训练到部署的全流程。其主要的工具如下。

（1）模型训练工具

飞桨提供了分布式训练框架 FleetAPI，还提供了开启云上分布式训练的便捷工具 PPoC。同时，飞桨支持多任务训练，可使用多任务学习框架 PALM。

（2）模型部署工具

飞桨针对不同硬件环境，提供了丰富的支持方案。

① Paddle Inference：飞桨原生推理库，用于服务器端模型部署，支持 Python、C、C++、Go 等语言，是将模型融入业务系统的首选工具。

② Paddle Serving：飞桨服务化部署框架用于云端服务化部署，可将模型作为单独的 Web 服务。

③ Paddle Lite：飞桨轻量化推理引擎，用于 Mobile 及物联网（Internet of Things，IoT）等场景的部署，有着广泛的硬件支持。

④ Paddle.js：飞桨前端推理引擎，使用 JavaScript 部署模型，用于在浏览器、小程序等环境中快速部署模型。

（3）其他全流程的辅助工具

① AutoDL：飞桨自动化深度学习工具，自动搜索最优的网络结构与超参数，免去用户在诸多网络结构中选择困难的烦恼和人工调参的繁琐工作。

② VisualDL：飞桨可视化分析工具，不仅提供重要模型信息的可视化呈现，还允许用户在图形上进行进一步的交互式分析，得到对模型状态和问题的深刻认知，启发并优化思路。

③ PaddleFL：飞桨联邦学习框架，可以让用户运用外部伙伴的服务器端资源进行训练，但又不泄露业务数据。

④ PaddleX：飞桨全流程开发工具，可以让用户方便地基于 PaddleX 制作出适合自己行业的图形化 AI 建模工具。

（4）模型资源

飞桨提供了预训练模型管理工具、丰富的端到端开发套件和模型库。

① PaddleHub：预训练模型管理和迁移学习组件，提供超过 100 个预训练模型，覆盖自然语言处理、计算机视觉、语音识别、智能推荐四大领域。实现了模型即软件，即 PaddleHub 通过 Python API 或者命令行工具，使用一行代码就能完成预训练模型的预测功能。PaddleHub 结合微调 Fine-tune API，几行代码就能完成迁移学习，是进行原型验证（Proof of Concept，PoC）的首选工具。

② 开发套件：飞桨针对具体的应用场景提供了全套的研发工具，如图像检测场景不仅提供了预训练模型，还提供了数据增强等工具。开发套件也覆盖计算机视觉、自然语言处理、语音识别、智能推荐这些主流领域，甚至还覆盖图神经网络和增强学习。与 PaddleHub 不同，开发套件可以提供一个领域极致优化（state of the art）的实现方案，曾有国内团队使用飞桨的开发套件拿下了国际建模竞赛的大奖。一些典型的开发套件如下。

- ERNIE：飞桨语义理解套件，支持各类训练任务的微调、保证极速推理的 Fast-Inference API，其兼具灵活部署的 ERNIE Service 和具备轻量方案的 ERNIE Tiny 系列工具集。
- PaddleClas：飞桨图像分类套件，目的是为工业界和学术界提供便捷易用的图像分类任务模型和工具集，打通模型开发、训练、压缩、部署全流程，助力用户训练更好的图像分类模型和实现应用落地。
- PaddleDetection：飞桨目标检测套件，目的是帮助用户更快、更好地完成模型的训练、精度速度优化到部署全流程。其以模块化的设计实现了多种主流目标检测算法，并且提供了丰富的数据增强、网络组建、损失函数等模块，集成了模型压缩和跨平台高性能部署能力，具备高性能、模型丰富和工业级部署等特点。
- PaddleSeg：飞桨图形分割套件，覆盖了 U-Net、DeepLabv3+、ICNet、PSPNet 和 HRNet 等主流的分割模型。它通过统一的配置，帮助用户更便捷地完成从训练到部署的全流程图像分割应用。其具备丰富的数据增强、主流模型覆盖、高性能和工业级部署等特点。
- PLSC：飞桨超大规模分类套件，为用户提供了大规模分类任务从训练到部署的全流程解决方案。其提供了简洁易用的高层 API，通过数行代码即可实现千万类别分类神经网络的训练，并提供快速部署模型的能力。
- ElasticCTR：飞桨弹性计算推荐套件，提供了分布式训练 CTR（Click Through Rate，点击率）预估任务和 Serving 流程一键部署方案，以及端到端的 CTR 训练和二次开发的解决方案。具备产业实践基础、弹性调度能力、高性能和工业级部署等特点。
- Parakeet：飞桨语音合成套件，提供了灵活、高效、先进的文本到语音合成工具套件，帮助用户更便捷、高效地完成语音合成模型的开发和应用。
- PGL：飞桨图神经网络套件，原生支持异构图，支持分布式图存储及分布式学习算法，覆盖业界大部分图学习网络，帮助用户灵活、高效地搭建不同领域的图神经网络。
- PARL：飞桨强化学习套件，为百度夺冠神经信息处理系统（Neural Information

Processing System，NeurIPS）大会 2019 和 NeurIPS 大会 2018 立下功劳。具有高灵活性、可扩展性和高性能的特点，支持大规模的并行计算，覆盖 DQN、DDPG、PPO、IMPALA、A2C、GA3C 等主流强化学习算法。

由此可见，利用飞桨能节省编写大量底层代码的精力，用户只需关注模型的逻辑结构。同时，深度学习工具简化了计算过程，降低了深度学习入门门槛，这对于学习者来说，无疑是件很好的事。另外，利用飞桨具备灵活移植性的特点，可将代码部署到 CPU、GPU 或移动端上，选择具有分布式性能的深度学习工具会使模型训练更高效，减少部署和适配环境的烦恼。

引例 7-3

【引例 7-3】搭建一个预测房价的神经网络模型。

（1）引例描述

按照第 3 章案例 1 的问题描述，搭建一个基于房屋面积因素进行房价预测的神经网络模型。

（2）引例分析

利用飞桨来搭建该神经网络模型，主要包括两个部分：一是导入相关的库文件，二是创建模型类。其中模型类主要是定义初始化方法__init__和前向计算方法 forward，因为本模型实质是定义一个线性回归的网络结构，所以只需要定义一层全连接层。

（3）引例实现

先执行以下命令安装飞桨核心框架。

```
pip3 install paddlepaddle -i https://pypi.tuna.tsinghua.edu.cn/simple
```

然后编写以下代码搭建房价预测神经网络模型。

```
1  import paddle.fluid as fluid
2  from paddle.fluid.dygraph import Linear
3  class Regressor(fluid.dygraph.Layer):
4      def __init__(self):
5          super().__init__()
6          self.fc=Linear(input_dim=1,output_dim=1,act=None)
7      def forward(self,inputs):
8          x=self.fc(inputs)
9          return x
```

代码行 1 导入飞桨的主包 fluid，目前飞桨大部分的实用函数均在 paddle.fluid 包内。代码行 2 从动态图的类库 dygraph 中导入全连接线性变换类 Linear。代码行 3～9 定义一个线性回归网络 Regressor，其中只有一个全连接层 fc，输入维度为 1（房屋面积），输出维度为 1（房价）。因为该模型只是一个线性回归模型，所以定义激活函数为 None，通过前向计算方法来搭建神经网络结构，实现前向计算过程，并返回预测结果，在本引例中返回房价预测结果。

7.3 任务 1

7.3.4 任务 1——提取音频文件的语音特征数据

【任务描述】事先准备了一个单声道、8kHz 采样频率、16bit 量化精度的音频文件 audio.wav，为方便提取语音特征数据，减少代码冗余和提高代码的可移植性，将 7.3.3 小节中的【引例 7-1】和【引例 7-2】的代码封装在类 VoiceFeature 中，通过调用语音切分方法 vad 和特征数据提取方法 get_mfccw 来完成音频文件的语音特征数据提取任务，为后续进一步的语音识别做好数据准备工作。新建文件 7-3_task1.ipynb，根据任务目标，按照以下步骤完成任务 1。

【任务目标】提取音频文件 audio.wav 的语音特征数据，按后续语音数字识别神经网络模型的输入数据格式要求，得到一个形状为(n,13,3,64)的特征数据矩阵，其中 n 指音频中包含的数字个数。

【完成步骤】

1. 设计特征数据提取类 VoiceFeature

定义类 VoiceFeature，主要包含两个成员方法 vad 和 get_mfcc，分别实现语音切分和特征数据提取功能，具体的代码见前文的【引例 7-1】和【引例 7-2】，在此不赘述。

为方便模块的调用，需要在 Jupyter Notebook 环境中将类 VoiceFeature 另存为 VoiceFeature.py 文件，操作方法如图 7-23 所示。

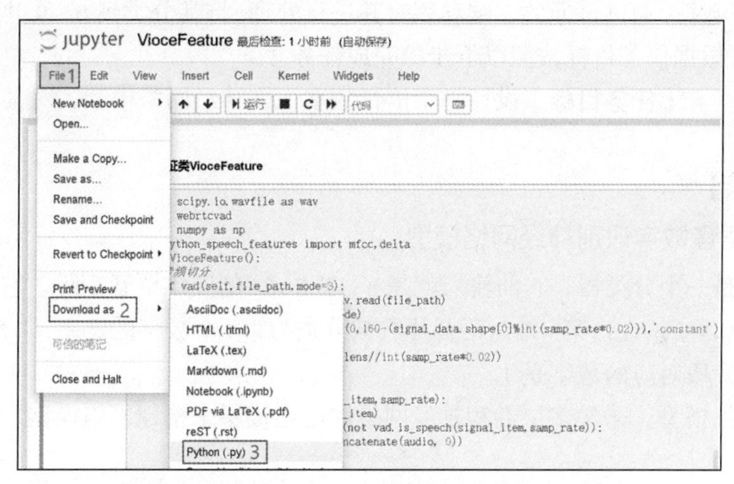

图 7-23 将类 VoiceFeature 另存为 VoiceFeature.py 文件

2. 提取语音特征数据

在文件 7-3_task1.ipynb 中调用模块 VoiceFeature，编写以下代码，得到满足神经网络模型输入格式的特征数据。

```
1  from VoiceFeature import *
2  voicefeature=VoiceFeature()
3  audios,samp_rate=voicefeature.vad('data\\audio.wav')
4  features = []
5  for audio in audios:
6      feature = voicefeature.get_mfcc(audio, samp_rate)
7      features.append(feature)
8  features =np.concatenate(features, 0).astype('float32')
```

代码行 1 导入 VoiceFeature 模块中的所有类，代码行 2 创建对象 voicefeature，代码行 3 调用对象 voicefeature 的方法 vad 完成语音切分。代码行 4～8 对切分出的语音数据集 audios

采用 MFCC 算法进行特征数据提取，提取后的结果保存在矩阵变量 features 中。执行如下命令查看 features 的矩阵形状，如图 7-24 所示。

```
(4, 13, 3, 64)
```

图 7-24 features 的矩阵形状

```
features.shape
```

由图 7-24 可以看出，特征矩阵 features 含 4 个语音数字，其特征数据分别保存在 13 通道 3×64 的矩阵中。为识别出是哪 4 个语音数字，还需要构建语音数字识别神经网络模型，利用模型对其做进一步处理。

7.3.5 任务 2——构建语音数字识别神经网络模型

7.3 任务 2

【任务描述】前文已经提到，利用多层卷积神经网络不仅能进行图像分类，也能完成语音识别。可以根据任务 1 提取到的每个语音数字发音的特征数据，通过普通的二维卷积对其进行处理，将其分类到 0～9 共 10 个类别上。根据任务目标按照以下步骤完成任务 2。

【任务目标】设计一个语音数字识别神经网络模型，对其进行训练并保存最优模型。

【完成步骤】

1. 定义语音数字识别神经网络模型

该模型就是一个分类器，它的输入就是 $n\times13\times3\times64$ 的四维语音矩阵，它的输出是十维向量，即 $\boldsymbol{Y}=(y_0,y_1,\cdots,y_9)$，第 i 维是语音片段被分类为第 i 个数字的概率，如 $\boldsymbol{Y}=(0,1,\cdots,0)$，则表示该语音片段对应的数字是 1。

为简化网络模型，采用多层卷积神经网络和全连接层来构建网络模型，其网络模型结构如图 7-25 所示。

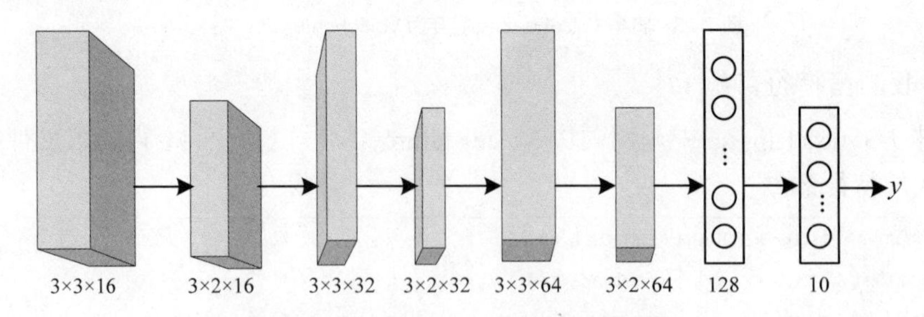

图 7-25 语音数字识别神经网络模型结构

在图 7-25 中，每两层卷积层为一个块，前一层负责提取特征数据，后一层负责下采样，经过 6 层卷积操作后，形成 1×8×64 单通道特征输出，经过两层的全连接层进行分类，最终得到识别结果。模型的实现代码如下。

```
1  class AudioCNN(fluid.dygraph.Layer):
2      def __init__(self):
3          super().__init__()
```

```
4          self.conv1 = Conv2D(num_channels=13,num_filters=16,
   filter_size=3,stride=1,padding=1)
5          self.conv2 = Conv2D(16,16,(3,2),(1,2),(1,0))
6          self.conv3 = Conv2D(16,32,3,1,1)
7          self.conv4 = Conv2D(32,32,(3,2),(1,2),(1,0))
8          self.conv5 = Conv2D(32,64,3,1,1)
9          self.conv6 = Conv2D(64,64,(3,2),2)
10 self.fc1 = Linear(input_dim=1*8*64,output_dim=128,act='relu')
11         self.fc2 = Linear(128,10,act='softmax')
12      # 定义前向网络
13 def forward(self, inputs, labels=None):
14         out = self.conv1(inputs)
15         out = self.conv2(out)
16         out = self.conv3(out)
17         out = self.conv4(out)
18         out = self.conv5(out)
19         out = self.conv6(out)
20 out =reshape(out, [-1,8*64])
21         out = self.fc1(out)
22         out = self.fc2(out)
23         if labels is not None:
24             loss = softmax_with_cross_entropy(out, labels)
25             acc = accuracy(out, labels)
26             return loss, acc
27         else:
28             return out
```

代码行 4 定义的二维卷积层的输入通道数与输入数据的通道格式一致（为 13），采用 16 个卷积核，卷积核大小即滤波器尺寸为 3×3，步长为 1、填充尺寸为 1，进行特征数据提取。在代码行 5 中，紧接着利用尺寸为 3×2 的滤波器，按水平、垂直方向设置步长分别为 1 和 2、无填充来实现下采样。代码行 6～9 又完成两组特征数据提取和下采样操作，代码行 10 主要对卷积后的特征数据进行降维，形成一个 1×128 的向量，最后在代码行 11 完成分类操作。

代码行 13～28 定义前向网络，其中代码行 14～22 采用初始化方法__init__中定义好的网络层依次对输入数据 inputs 进行前向处理，代码行 23～28 返回处理后的结果，如果样本带有标签，则计算分类误差 loss 和分类精度 acc，否则直接返回分类结果 out。

2. 模型训练及保存最优模型

语音样本集采用 Free-Spoken-Digit-Dataset 语音集，该语音集一共有 3000 条数据。模型的训练过程定义主要包括以下几个方面。

（1）以动态图 dygraph 的 guard 函数指定运行训练的机器资源，表明在 with 作用域下的程序均执行在本机的 CPU、GPU 资源上，程序会以飞桨动态图的模式实时执行。

（2）创建定义好的模型 AudioCNN 实例，并将模型的状态设置为训练。

（3）加载训练数据和测试数据。

（4）设置训练迭代次数，启动模型迭代训练。在迭代过程中，可以观察到模型的训练误差和训练精度。

（5）最后保存训练好的模型。

模型训练的代码从略，具体可参考飞桨 AI Studio 中的“音频分类：英文数字语音分类”项目，模型训练完成后，通过以下代码来保存模型，以备测试或校验的程序调用。

```
fluid.save_dygraph(optimizer.state_dict(), 'final_model')
```

然后就可以利用模型来测试英文语音数字的识别效果了。

7.3.6 任务 3——利用训练好的模型来识别语音

7.3 任务 3

【任务描述】通过任务 1 已经获取了英文数字的语音特征，并在任务 2 中对构建的神经网络模型进行了训练。下面就利用保存的模型对语音特征数据进行分类工作，将分类结果合并，从而最终完成对语音的识别任务。根据任务目标按照以下步骤完成任务 3。

【任务目标】利用训练好的语音数字识别神经网络模型，对语音特征数据进行分类识别，得到音频文件 audio.wav 的识别结果。

【完成步骤】

1. 配置模型识别的机器资源

从前文的模型定义和训练来看，训练好最后的模型所花的时间相对还是很少的，主要是所使用的 AudioCNN 卷积神经网络比较简单。但现实生活中，可能会遇到更复杂的机器学习、深度学习任务，需要运算速度更高的硬件（GPU、TPU），甚至同时使用多个机器共同执行一个任务（多卡训练和多机训练）。但本案例是在普通的计算机上进行训练和预测，所以通过以下语句配置模型识别的机器资源。

```
with fluid.dygraph.guard(place=fluid.CPUPlace()):
```

2. 加载模型参数给模型实例

首先要构造一个模型实例 model，然后将前文训练好的模型 final_model 参数加载到模型实例中。加载完毕后，还需将模型的状态调整为校验状态 eval，这是因为模型在训练过程中要同时支持正向计算和反向传导梯度，此时的模型比较臃肿，而校验状态 eval 的模型只需支持正向计算，此时模型的实现简单且性能较高。对应的代码如下。

```
1  model = AudioCNN()
2  params_dict, _ = load_dygraph('data/final_model')
3  model.set_dict(params_dict)
4  model.eval()
```

代码行 1 构造神经网络类 AudioCNN 的一个模型实例 model，代码行 2 加载目录 data 下训练好的模型 final_model，代码行 3 给模型实例 model 加载参数，代码行 4 完成对模型的校验，模型只用于预测。

3. 将提取的特征数据输入模型，得到识别结果

在任务 1 中提取出英文语音数字的语音特征 features，下面就基于该特征数据，利用训练好的模型进行语音识别，实现的代码如下。

```
1   features =to_variable(features)
2   out = model(features)
3   result = ''.join([str(num) for num in np.argmax(out.numpy(),1).
    tolist()])
4   print('语音数字的识别结果是：',result)
```

代码行 1 将多维矩阵转换成飞桨支持的张量类型，代码行 2 将特征数据 features 作为模型的输入来预测识别结果。由于模型的输出 out 仍是一个张量类型，因此在代码行 3 中对其进行 numpy 转换，将其转换成一个二维数组，然后按行求各行中的最大值的索引，因为索引值与预测的数字值是一一对应的，故最后的拼接结果 result 实际就是识别的数字。识别的结果如图 7-26 所示。

```
语音数字的识别结果是： 5 7 9 6
```

图 7-26　音频文件 audio.wav 的识别结果

可以看到，模型准确识别出音频文件 audio.wav 的内容，说明卷积神经网络的确可用于语音识别，且能获得较好的识别效果。

7.4 案例 2——自制一个简单的实时语音识别系统

7.4.1　提出问题

在使用手机与人聊天时，往往会使用语音录入功能将人们的说话内容及时输入编辑栏中，这样不仅解放了双手，而且能让对方很方便、直接地看到聊天的具体内容。另外，随着网络直播的流行，看到主播在说话时，说话内容会实时转写为字幕显示在屏幕上，让观众能自主选择用“眼”或者用“耳”来了解主播所说的内容，这对于有听力障碍的观众而言无疑是一件好事。在大会现场或教学场所，有时会看到主讲嘉宾的演讲内容实时逐字出现在屏幕上，极大提升了演讲效果，也减轻了记录人员的工作压力。那么，以上场景中的语音录入是如何实现的呢？

这就要涉及实时语音识别技术。通过对案例 1 的学习，可以了解到语音识别的几个关键要素：样本数据、建模和模型训练等。对于一般用户而言，样本数据的收集可能不是一个大的问题，只要肯花时间就完全可以胜任。而在建模方面，如果没有一定的 AI 基础，可能会面临一些困难。另外。模型训练是有算力要求的，普通用户可能还不具备这一条件。因此，要解决上述问题，还需要克服一些困难。令人鼓舞的是，百度大脑提供了一个包括创建模型、训练模型、上线模型和调用模型的 AI 开发平台，让人们能轻松解决上述问题。

下面，将利用收集到的语言数据和标签文件，通过 EasyDL 这个定制化 AI 训练及服务

平台，完成一个简单的实时语音识别系统的开发。

7.4.2 解决方案

首先，要在百度智能云平台上创建使用账号，以便有权限来访问百度智能云提供的一些开发功能。其次，要事先准备好语音数据及标签文件，以便利用 EasyDL 预置的神经网络模型进行训练和迭代更新。然后将符合训练精度要求的模型进行部署。最后在应用程序中调用发布的实时语音识别模型对语音进行识别，以达到实时语音识别的效果。

问题的解决方案的流程如图 7-27 所示。

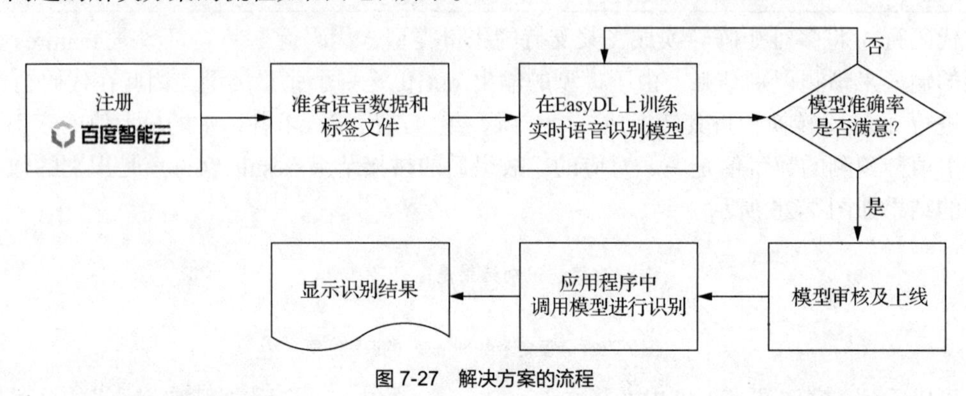

图 7-27 解决方案的流程

7.4.3 预备知识

由案例 1 不难看出，对于一般用户而言，根据应用需求来构建一个神经网络模型并不是一件轻松的事情，另外，还需要足够的算力来完成模型的训练。那么，有没有一种相对简单易行的方法可用来完成模型的构建、训练和部署呢？幸运的是，百度大脑能帮助人们解决上述问题。

EasyDL 是百度大脑推出的零门槛 AI 开发平台，面向各行各业有定制 AI 需求、零算法基础或者追求高效率开发 AI 的企业用户。其支持包括数据管理与数据标注、模型训练、模型部署的一站式 AI 开发流程。原始图像、文本、音频、视频等数据经过 EasyDL 加工、学习、部署，可通过公有云 API 调用，或部署在本地服务器端、小型设备、软硬一体方案的专项适配硬件上，通过软件开发工具包（Software Development Kit，SDK）或 API 进一步集成。根据目标用户的应用场景及深度学习的技术方向，EasyDL 在 2020 年之前先后推出了图 7-28 所示的 6 个通用产品。

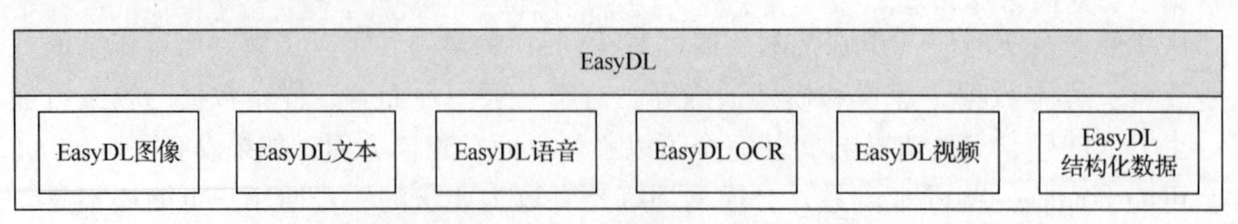

图 7-28 EasyDL 推出的 6 个通用产品

6 个通用产品的主要应用场景如下。

（1）EasyDL 图像：定制基于图像进行多样化分析的 AI 模型，实现图像内容理解分类、图中物体检测定位等，适用于图像内容检索、安防监控、工业质检等场景。

（2）EasyDL 文本：基于百度大脑 ERNIE 领先的语义理解技术，提供 NLP 定制与应用能力，广泛应用于各种自然语言处理的场景。

（3）EasyDL 语音：定制语音识别模型，精准识别业务专有名词，适用于数据采集录入、语音指令、呼叫中心等场景，以及定制声音分类模型，用于区分不同声音类别。

（4）EasyDL OCR：定制化训练文字识别模型，结构化输出关键字段内容，满足个性化卡证票据识别需求，适用于证照电子化审批、财税报销电子化等场景。

（5）EasyDL 视频：定制化分析视频片段内容、跟踪视频中特定的目标对象，适用于视频内容审核、人流与车流统计、养殖场牲畜移动轨迹分析等场景。

（6）EasyDL 结构化数据：挖掘数据中隐藏的模式，解决二分类、多分类、回归等问题，适用于客户流失预测、欺诈检测、价格预测等场景。

EsayDL 最大的功能优势如下。

（1）无需了解算法细节，5 分钟即可上手，最快 10 分钟完成模型训练。

（2）内置百度超大规模预训练模型和自研 AutoDL 技术，只需少量数据就能训练出高精度模型。

（3）针对特定场景的专项算法调优，结合多种手段提升模型泛化能力，训练出的模型在生产环境中具有高可用性。

下面就借助 EasyDL 开发一个简单的实时语音识别系统，一睹 EasyDL 的风采，体验触手可及的人工智能魅力。

7.4.4 任务 1——准备音频文件和标签文件

【任务描述】设计一个实时语音识别系统的核心是训练出一个高精度的实时语音识别模型，这就需要为模型准备一份业务场景下的语音“标准答案”，即音频文件和对应的标签文件。显然，模型的精度很大程度上取决于这份“标准答案”，“标准答案”的内容要与关联的场景强相关，只有这样，才有可能获得满意的模型效果。根据任务目标，按照以下步骤完成任务 1。

【任务目标】按 EasyDL 的要求，以及模型的应用场景，准备一定数量的测试集（音频文件+标签文件），以备模型训练之需。

【完成步骤】

1. 音频文件的准备

准备的音频文件共 300 个，并不针对特定的场景，它们属于具有聊天性质的一些生活内容。如果实时语音识别模型的业务使用范围较广（如某行业领域模型），建议测试集的音频文件在 1000～3000 个之间会相对较好；如果只是针对某些特定场景训练，可只提供几十个或几百个该场景的音频文件。

在格式上，采用 16kHz 采样频率、8bit 量化精度和单声道的 PCM/WAV 文件格式进行录音。如果录音格式不符合上述要求，则需要采用 FFmpeg 之类的多媒体处理工具进行格式转换。特别需要注意的是：所有的音频文件名请不要包含中文、特殊符号、空格等字符；所有音频文件需直接打包压缩为 ZIP 文件格式，文件大小不超过 100MB，解压后单个音频文件大小不超过 150MB。压缩音频文件操作如图 7-29 所示。

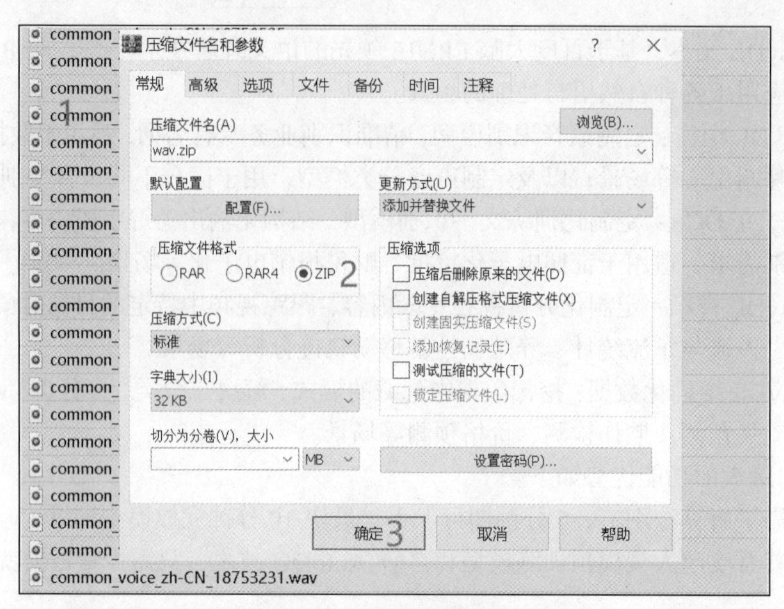

图 7-29 压缩音频文件操作

先将所有音频文件放在一个文件夹中，然后打开该文件夹，选中所有文件，如图 7-29 的步骤 1 所示；然后将其添加到压缩文件，在弹出的“压缩文件名和参数”对话框中选择 ZIP 格式压缩，如图 7-29 的步骤 2 所示，而不是对该文件夹直接进行压缩；最后单击“确定”按钮即可。

2. 标签文件的准备

标签文件包含了所有音频文件所述的内容，应与音频文件相对应的内容一致，通过图 7-30 的格式进行标注。

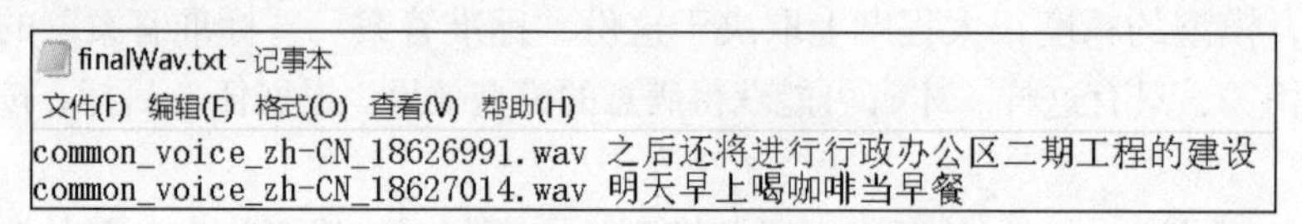
finalWav.txt - 记事本

文件(F) 编辑(E) 格式(O) 查看(V) 帮助(H)

common_voice_zh-CN_18626991.wav 之后还将进行行政办公区二期工程的建设
common_voice_zh-CN_18627014.wav 明天早上喝咖啡当早餐

图 7-30 标签文件格式

标签文件为 TXT 文本，由音频文件名称、标签内容两部分构成，用空格分隔，文件名带扩展名或不带扩展名均可，单个音频文件对应的文本长度不要超过 5000 字，文件为 GBK 编码。由此可见，标签文件是识别语音的“标准答案”，EasyDL 预设的语音识别模型通过这个“标准答案”及关联音频文件的迭代训练和学习，具有较高的智能语音识别能力。

7.4.5 任务 2——利用 EasyDL 训练实时语音识别模型

【任务描述】有了准备好的音频文件和标签文件，就可以基于这些训练集开展预设模型的训练工作，最终得到满足精度要求的实时语音识别模型。根据下列任务目标，按照以下步骤完成任务 2。

【任务目标】创建实时语音识别模型，基于任务 1 的训练集对模型进行迭代训练，直至获得满意的模型效果。

【完成步骤】

1. 创建模型

根据百度智能云账号登录 EasyDL，如图 7-31 所示。

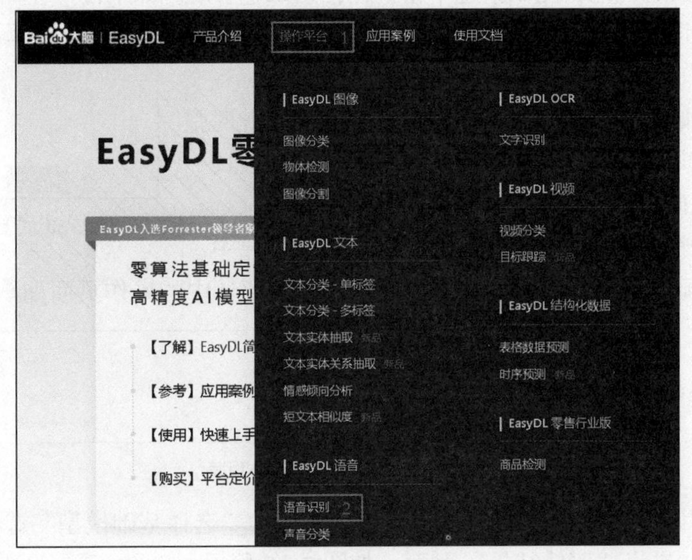

图 7-31　EasyDL 主页

先单击“操作平台”选项，在出现的下拉对话框中单击“语音识别”按钮进入语音自训练平台，然后进行创建模型的系列操作。模型的创建包括“基础信息”“上传测试集”“选择基础模型”3 个主要环节。

（1）基础信息

基础信息包括产品类型、模型名称、公司/个人、所属行业、应用场景、应用设备、功能描述、邮箱地址、联系方式等内容，如图 7-32 所示。

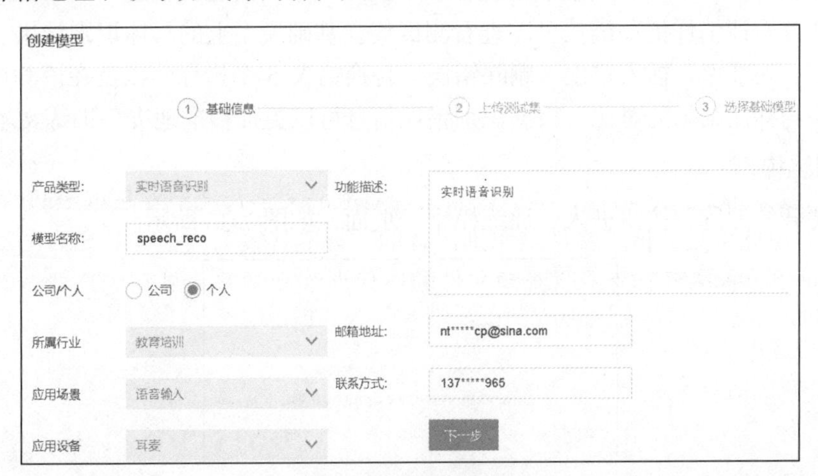

图 7-32　“基础信息”页面

填写基础信息时要根据业务场景选择对应的产品类型，对于其他内容也要根据实际应用选择匹配项，填写的信息尽量做到描述准确，这样有利于模型的训练和后续的应用工作。

单击“下一步”按钮进入“上传测试集”页面。

（2）上传测试集

上传的业务音频文件和标签文件用于评估基础模型及训练后模型的准确率，建议测试集要覆盖业务中的所有词汇，测试集越丰富，评估结果越客观。如果模型在训练过程中“见到过”所有的业务词汇，学习的内容足够丰富，那么训练出来的模型效果就更好。如图 7-33 所示，上传音频文件和标签文件后，单击“开始评估”按钮，进入后台评估状态，此时弹窗提示评估完毕时间，并自动跳转回“我的模型”列表页。

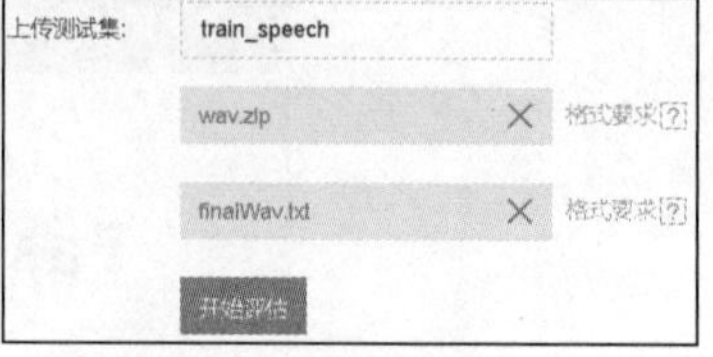

图 7-33 “上传测试集”页面

（3）选择基础模型

在模型评估期间，“训练状态”栏显示模型在创建中，“操作”栏只有预计完成模型评估时间的提示。模型评估中的操作页面如图 7-34 所示。

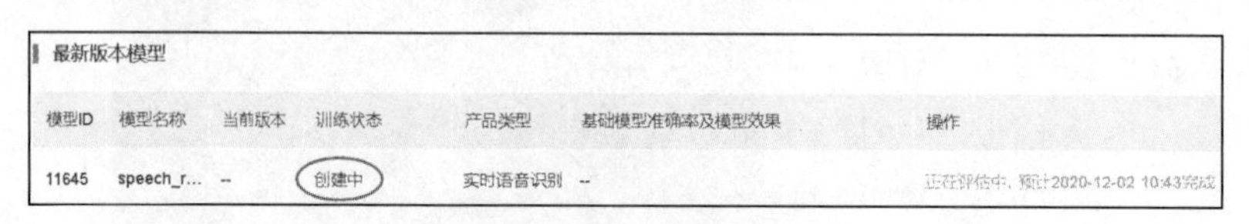

图 7-34 模型评估中的操作页面

待完成模型评估后，单击图 7-34 中“操作”栏的“选择基础模型”选项（模型评估后会出现该选项），进入“评估结果”页面，如图 7-35 所示。

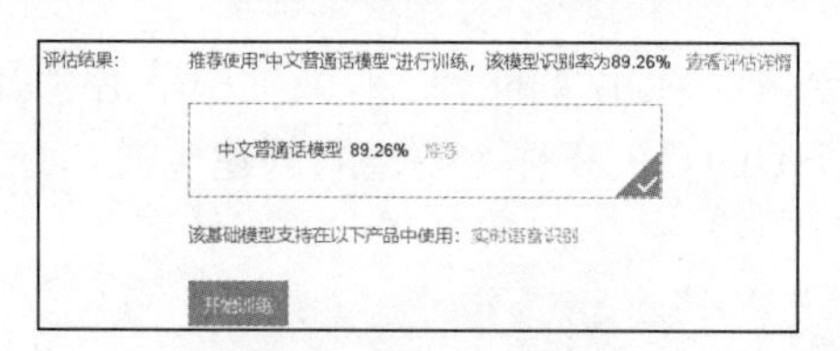

图 7-35 “评估结果”页面

由图 7-35 可以看出，本基础模型识别率为 89.26%，满足模型进一步训练的要求。单击图中的“查看评估详情”链接可以查看测试集在基础模型上的具体识别结果。评估详情包括字准率、句准率、插入错误、删除错误、替换错误 5 个指标，以及在该测试集上的具体识别结果与标注结果的对比，根据识别错误信息可以更加精准地准备训练文本。

2. 训练模型

单击“开始训练”按钮进入“训练模型”页面，如图 7-36 所示。

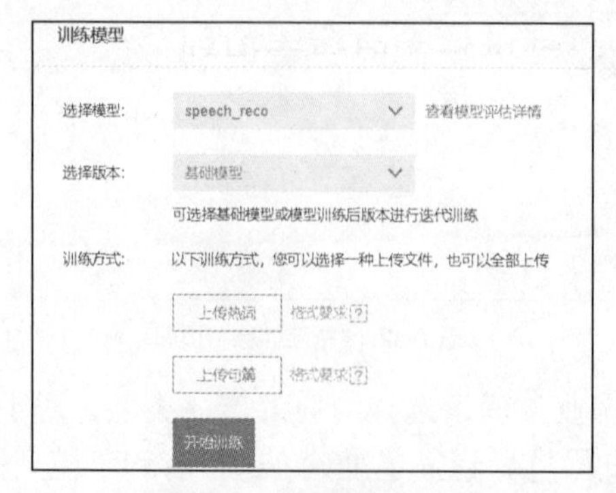

图 7-36 “训练模型”页面

由图 7-36 可以看出，有“热词”“句篇”两种训练方式可以选择，可以上传热词，或者上传长段文本的句篇，也可以同时上传这两种进行训练。此处仅按格式上传热词后，单击“开始训练”按钮，就转入模型训练过程，此过程耗时较长。待模型训练完成后，在“我的模型”列表页可以查看模型训练结果，如图 7-37 所示。

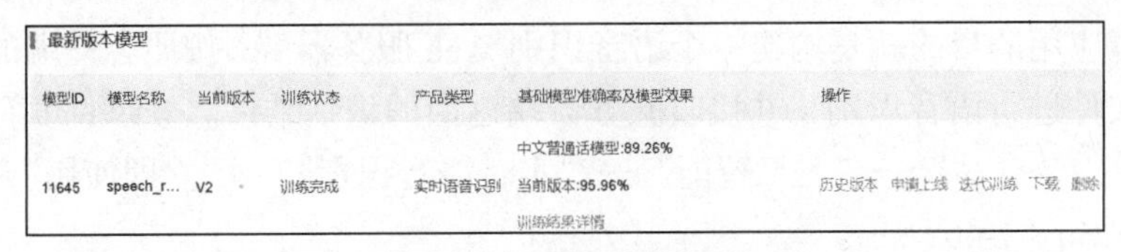

图 7-37　模型训练结果

可以看出，基础模型经热词训练后，模型准确率由原来的 89.26%提升到 95.96%。单击 “训练结果详情”链接，可以查看训练后模型在测试集上的识别详情，包括字准率、句准率、插入错误、删除错误、替换错误 5 个指标，以及在测试集上的具体识别详情。如果对当前模型训练结果不满意，可以在当前版本基础上或者基础模型上继续添加新的训练语料，进行迭代训练以获得新的模型版本。

3. 上线模型

在图 7-37 中单击“申请上线”链接或在左侧导航栏中单击“上线模型”按钮，选择要上线的模型和版本进行上线，如图 7-38 所示。

申请上线后需要后台管理员进行审核，一般 1～3 天内会有审核结果，可在“我的模型”列表页中查看审核状态。申请上线经审核通过后，则模型自动上线，此时模型的状态信息如图 7-39 所示。

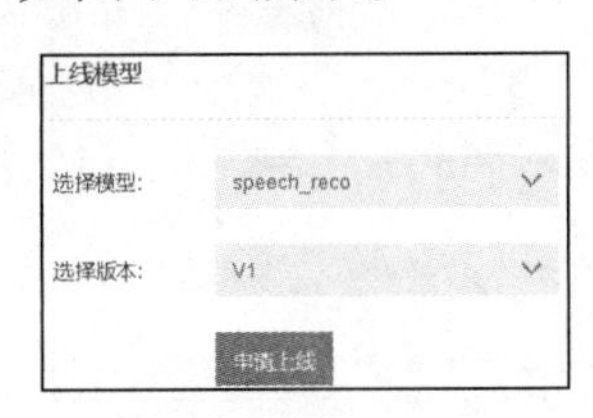

图 7-38　申请模型上线

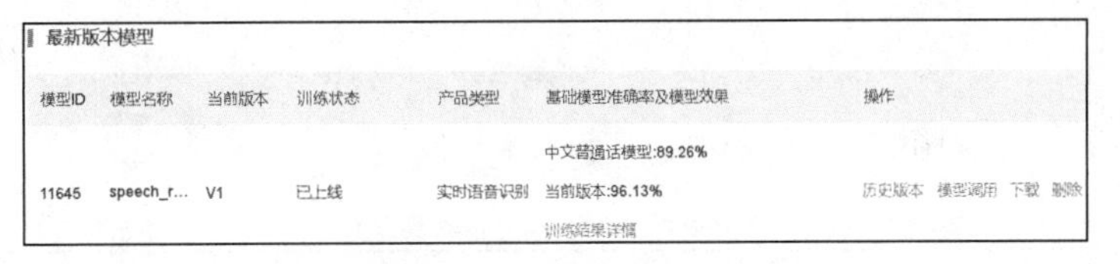

图 7-39　模型上线后的状态信息

模型上线后，单击“操作”栏中的“模型调用”链接，可以按照调用操作步骤，根据业务情况选择合适的调用方式，在应用程序中配置鉴权参数和专属模型参数即可使用该模型进行语音识别。

7.4.6　任务 3——调用模型进行实时语音识别

【任务描述】有了上线后的模型，该如何使用此模型进行实时语音识别呢？一般在应用程序中可以选用以下方式来调用该模型：一种是采用 WebSocket 协议的连接方式，边上传音频文件边获取识别结果；另一种是采用 SDK 的流式协议，即边说边识别语音。此处考虑应用程序的简单性，借助百度智能云提供的应用部署功能，采用 WebSocket 协议方式调用部署在百度智能云上的模型应用，根据任务 3 的任务目标，按照如下步骤完成任务 3。

7.4 任务 3

【任务目标】设计一个应用程序，调用部署在百度智能云上的实时语音识别模型对音频文件进行实时语音识别，并输出识别结果。

【完成步骤】

1. 创建语音应用

创建语音应用的目的就是构建一个语音识别 Web 服务器端，按照客户端的请求方式对上传的音频文件进行语音识别，并接收服务器端返回的识别结果。登录百度智能云后进入主页，依次单击“产品”→“人工智能”→“实时语音识别”→“立即使用”，进入创建语音应用页面，如图 7-40 所示。

应用

已建应用: 3 个

管理应用

创建应用

用量

请选择时间段 2020-12-12 - 2020-12-12

API	调用量	调用失败	失败率	详细统计
短语音识别-中文普通话	0	0	0%	查看
短语音识别-英语	0	0	0%	查看
短语音识别-粤语	0	0	0%	查看

图 7-40 创建语音应用页面

单击“创建应用”按钮，一步步按照提示就可以创建语音应用。单击“管理应用”按钮，就可以看到已经创建好的一些应用，如图 7-41 所示。

应用列表

+ 创建应用

	应用名称	AppID	API Key	Secret Key	创建时间	操作
1	自训练模型语音识别	23137351	DGOZF[illegible]wz1GgQtFGyTcTHhX	******* 显示	2020-12-11 15:27:39	报表 管理 删除
2	实时语音识别	22834963	[illegible]dRpHrj9rYpwrcfTuSg2zp	******* 显示	2020-10-17 11:48:07	报表 管理 删除
3	语音识别01	22756807	cabyk813K76iasfF[illegible]X4	******* 显示	2020-09-25 15:19:10	报表 管理 删除

图 7-41 创建好的 3 个应用

图 7-41 中的 AppID、API Key 和 Secret Key 是访问该应用的鉴权参数，如果参数错误，则服务器端会拒绝访问。创建应用后，在“可用服务列表”中领取不同 API 的免费额度或购买次数包等服务。如果没有领取免费额度或购买次数包，会导致后续的语音识别等请求失败。

2. 编写语音识别程序

（1）导入相应的第三方库

使用 import 命令导入如下第三方库。

```
1  import websocket
2  import threading
3  import time
4  import uuid
5  import json
```

```
6   import logging
```

本语音识别程序使用实时流式方式来访问语音 Web 服务，故在代码行 1 导入 websocket 库。代码 2 导入 threading 库，利用该库来创建线程并以线程的方式来发送数据帧。代码行 3 导入 time 库，用于程序中的延时控制。代码行 4 导入通用唯一标识符库 uuid，用于标识客户机的请求身份。代码行 5 导入 json 库，以满足语音识别请求及返回消息的数据格式处理要求。代码行 6 导入的 logging 库用于日志分析，跟踪程序执行情况。

（2）定义语音识别发送开始帧函数

在该函数中，向服务器端发送带有鉴权、语音识别模型 ID 等参数的开始帧，具体代码如下。

```
1   pcm_file = 'realtime_asr/long.pcm'
2   logger = logging.getLogger()
3   def send_start_params(ws):
4       req = {
5           "type": "START",
6           "data": {
7               "appid": 22834963,
8               "appkey": 'GY7dRpHrj9rYpwrcfTuSg2zp',
9               "dev_pid": 15372,
10              "lm_id": 11645,
11              "cuid": "yourself_defined_user_id001",
12              "sample": 16000,
13              "format": "pcm"
14          }
15      }
16      body = json.dumps(req)
17      ws.send(body, websocket.ABNF.OPCODE_TEXT)
18      logger.info("发送带参数的开始帧:" + body)
```

代码行 1～2 分别定义要识别的音频文件和日志跟踪器，代码行 3～18 定义 WebSocket 协议的开始帧请求函数 send_start_params。数据帧的内容在代码行 7～13 中定义，分别是语音应用的 AppID、API Key 鉴权参数，专属模型参数 dev_pid 和 lm_id，用户标识 cuid 以及待识别的音频文件格式（采样频率 sample、文件类型 pcm）。

（3）定义发送数据帧函数

该函数实现以二进制方式发送数据帧，每个数据帧之间有一定的时间间隔，具体代码如下。

```
1   def send_audio(ws):
2       chunk_ms = 160
3       chunk_len = int(16000 * 2 / 1000 * chunk_ms)
4       withopen(pcm_file, 'rb') as f:
5           pcm = f.read()
6       index = 0
```

```
7       total = len(pcm)
8       logger.info("send_audio total={}".format(total))
9       while index < total:
10          end = index + chunk_len
11          if end >= total:
12              end = total
13          body = pcm[index:end]
14          ws.send(body, websocket.ABNF.OPCODE_BINARY)
15          index = end
16          time.sleep(chunk_ms / 1000.0)
```

代码行 2 定义每帧长度 chunk_ms 为 160ms 的语音数据，具体字节数 chunk_len 在代码行 3 中进行计算。代码行 4～5 以二进制格式读取语音文件，并将读取的结果保存到变量 pcm。代码行 8 以日志消息的形式显示要发送数据帧的总长度。代码行 9～16 逐帧发送二进制的语音数据，每帧发送完毕后等待 0.16ms 进入下一帧。

（4）定义发送结束帧函数

当整个语音数据发送完毕后，通过该函数提示服务器端数据帧发送完毕，以便断开连接，节约资源，实现代码如下。

```
1   def send_finish(ws):
2       req = {
3           "type": "FINISH"
4       }
5       body = json.dumps(req)
6       ws.send(body, websocket.ABNF.OPCODE_TEXT)
7       logger.info("send FINISH frame")
```

上述代码以文本方式发送结束帧，发送完毕后显示一行“send FINISH frame”日志消息。

（5）定义通信连接建立后的回调函数

当通信连接建立后，就会触发 onopen 事件，调用该函数以线程的方式发送开始帧、数据帧和结束帧，具体代码如下。

```
1   def on_open(ws):
2       def run(*args):
3           send_start_params(ws)
4           send_audio(ws)
5           send_finish(ws)
6       threading.Thread(target=run).start()
```

代码行 6 启动一个线程，执行目标函数 run，run 函数的定义见代码行 2～5，其功能是依次调用前面定义的发送开始帧函数 send_start_params、发送数据帧函数 send_audio 和发送结束帧函数 send_finish。

（6）定义其他的 WebSocket 回调函数

这些回调函数主要包括客户端接受服务器端数据的处理函数、通信发生错误时的处理函数以及连接关闭时的处理函数，具体代码如下。

```
1  def on_message(ws, message):
2      data=json.loads(message)
3      if 'result' in data:
4          logger.info("识别结果: " +data['result'])
5  def on_error(ws, error):
6      logger.error("error: " + str(error))
7  def on_close(ws):
8      logger.info("ws close ...")
```

代码行 2 将服务器返回的消息通过 JSON 格式数据解析为字典类型数据，并通过代码行 3～4 对解析结果进行判别，如果字典 data 中包含有键 result，则将语音识别结果以日志消息形式输出。代码行 5～6 连接发生错误的回调函数，代码行 7～8 连接关闭的回调函数。

（7）主程序代码

程序从此处开始执行，代码如下。

```
1  logger.setLevel(logging.INFO)
2  uri = "ws://vop.baidu.com/realtime_asr" + "?sn=" +
   str(uuid.uuid1())
3  ws_app = websocket.WebSocketApp(uri, on_open=on_open, on_message=
   on_message, on_error=on_error, on_close=on_close)
4  ws_app.run_forever()
```

代码行 1 设置日志的级别为 INFO，只有等于或大于该级别的日志消息才会被处理。代码行 2 定义 WebSocket 协议的访问地址。代码行 3 构建一个 WebSocket 应用实例，将前面定义的回调函数与对应的监听事件绑定起来。代码行 4 让该 WebSocket 应用实例无限运行。执行主程序代码，语音识别结果如图 7-42 所示。

```
[2020-12-26 09:46:21,053] [send_start_params()][INFO] 发送带参数的开始帧:{"type": "START", "data": {"appid": 22834963, "appkey": "GY7dRpHrj9rYpwrcfTuSg2zp", "dev_pid": 15372, "lm_id": 11645, "cuid": "yourself_defined_user_id001", "sample": 16000, "format": "pcm"}}
[2020-12-26 09:46:21,061] [send_audio()][INFO] send_audio total=4621824
[2020-12-26 09:46:23,542] [on_message()][INFO] 识别结果: 卫
[2020-12-26 09:46:24,029] [on_message()][INFO] 识别结果: 你
[2020-12-26 09:46:24,332] [on_message()][INFO] 识别结果: 你好
[2020-12-26 09:46:24,540] [on_message()][INFO] 识别结果: 你好我
[2020-12-26 09:46:27,050] [on_message()][INFO] 识别结果: 你好我是办公室的
[2020-12-26 09:46:28,729] [on_message()][INFO] 识别结果: 你好我是办公室的您身边
[2020-12-26 09:46:28,881] [on_message()][INFO] 识别结果: 你好我是办公室的您身边或
[2020-12-26 09:46:29,057] [on_message()][INFO] 识别结果: 你好我是办公室的会议您这边或者
                                          ......
[2020-12-26 09:48:45,770] [on_message()][INFO] 识别结果: 您好
[2020-12-26 09:48:46,130] [on_message()][INFO] 识别结果: 您好还
[2020-12-26 09:48:46,435] [on_message()][INFO] 识别结果: 您好还在
[2020-12-26 09:48:47,266] [on_message()][INFO] 识别结果: 您好还在吗
[2020-12-26 09:48:52,571] [send_finish()][INFO] send FINISH frame
[2020-12-26 09:48:52,731] [on_message()][INFO] 识别结果: 您好，还在吗？
[2020-12-26 09:48:52,731] [on_close()][INFO] ws close ...
```

图 7-42　语音识别结果（开始及结束的部分截图）

由图 7-42 可以看出，利用自训练语音识别模型开发的实时语音识别模型的识别效果还不是非常令人满意，读者可以结合应用场景对原实时语音识别模型进行再补充训练，以进一步提高语音识别准确率。

本章小结

当今世界，信息层出不穷，国家交流和合作日益频繁，在此过程中语言成为推动全球化发展不可忽视的力量。利用 AI 技术实现语音识别和语音合成是突破语言障碍的重要手段之一。随着 AI 技术的不断进步和完善，语音识别产品推陈出新，在译文流畅度和识别精确度上均有很好的表现。其中，深度神经网络功不可没，尤其是卷积神经网络，正大放异彩。在案例 1 中，基于卷积神经网络设计了一个简单的语音数字识别神经网络模型，通过提取语音特征数据对模型进行训练，取得了较好的语音识别效果，从而验证了卷积神经网络在语音识别方面的威力。为降低技术门槛，减少模型的训练成本和缩短周期，百度公司推出了 EasyDL，其包含图像、文本、语音和视频等自训练平台，让用户可以根据具体的业务场景来轻松高效完成模型的创建、训练、上线和调用工作。案例 2 运用 EasyDL，训练出一个实时语音识别模型，并在百度智能云上线和创建应用，最后完成一个简单的实时语音识别系统。需要指出的是，尽管类似 EasyDL 的一些 AI 应用平台提高了将 AI 应用落地的效率，但具有扎实的神经网络基础，还是非常有助于灵活运用 AI 技术来解决业界的一些应用问题。

课后习题

一、考考你

1. 语音识别技术主要包括语音信号处理、_____、声学模型、语言模型和解码搜索 5 个关键要素。

A. 采用频率　　B. 分频技术　　C. 特征提取　　D. 模型训练

2. 深度神经网络与基本神经网络的区别是_____。

A. 输入层节点数不同　　B. 输出层节点数不同

C. 隐藏层层数不同　　D. 激活函数不同

3. 卷积神经网络的主要特点是具有_____。

A. 池化层　　B. 全连接层　　C. 卷积操作　　D. 多层隐藏层

4. 卷积神经网络的池化层的本质是_____。

A. 提取特征数据　　B. 提高模型泛化能力

C. 过滤不必要的数据　　D. 对数据进行缩小

5. 关于 EasyDL，错误的说法是_____。

A. 可定制高精度 AI 模型　　B. 自定制模型可迭代训练

C. 只用于语音识别模型的定制　　D. 几乎零基础就可以上手使用

二、亮一亮

1. 请简述语音识别的过程。

2. 什么是深度神经网络？什么是卷积神经网络？两者有何异同？

三、帮帮我

1. 利用百度智能云创建一个语音识别应用，来识别本地的一个短音频文件。

提示如下。

（1）使用命令 pip3 install baidu-aip 安装 AipSpeech 模块。

（2）创建一个 AipSpeech 的客户端对象 client。

（3）调用 client 的自动语音识别方法 asr 将本地音频文件发送到服务器端，并对返回的数据进行解析从而得到语音识别结果。

2. 对案例 2 出现的识别错误现象，增加相应的音频文件和标签文件，对自训练模型进行迭代训练，然后上线重新调用，最后观察自制实时语音识别系统的识别结果是否有明显改善。

第❽章 人脸识别：机器也认识你

随着人工智能技术的崛起和发展，机器不仅能“听懂”人的声音，而且能“看出”人的身份。例如，机器能对图像进行分类，“看懂”图像记录的内容，甚至能识别出视频中拍摄的内容，机器具有类似人的视觉功能。在计算机视觉领域，最热门的应用技术之一是人脸识别技术，如生活中的手机“刷脸解锁”、消费中的“刷脸支付”“眨眼支付”、金融银行中的“刷脸认证”等，这些都是人脸识别技术的典型应用场景。在这个“信息就是生产力”的时代，信息的私密性显得尤为重要，如何安全有效、方便快捷地识别一个人的身份，保障个人信息安全，使人民群众获得感、幸福感、安全感更加充实、更有保障，成为许多应用领域必须解决的一个重要问题。那么，机器是怎样来识别这是一张人脸的呢？又是如何识别“此脸非彼脸”的呢？带着这些问题，这一章来探寻人脸识别背后的奥秘。

本章内容导读如图 8-1 所示。

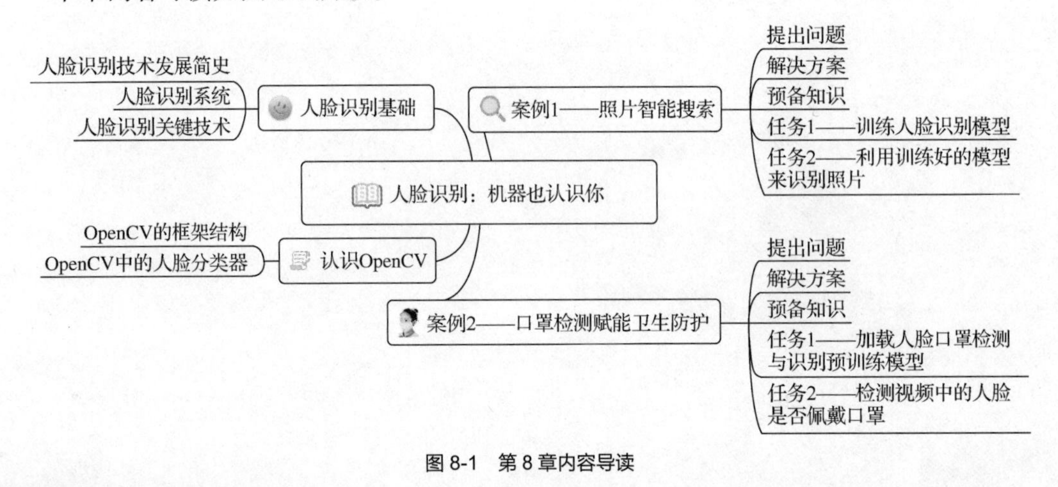

图 8-1 第 8 章内容导读

8.1 人脸识别基础

人脸识别技术，是基于人的脸部特征信息进行身份识别的一种生物识别技术。具体是指用摄像机或摄像头采集含有人脸的图像或视频流，并自动在图像或视频流中检测和跟踪人脸，进而对检测到的人脸进行脸部处理的一系列相关技术，通常也叫人像识别、面部识别等。

8.1.1 人脸识别技术发展简史

早在 20 世纪 50 年代，认知科学家就已着手对人脸识别展开研究。20 世纪 60 年代，人脸识别工程化应用研究正式开启。当时的研究主要利用了人脸的几何结构，通过分析人脸五官特征点及其之间的拓扑关系进行人脸识别。这种方法简单直观，但是一旦人脸姿态、表情发生变化，则精度严重下降。

21 世纪的前 10 年，随着机器学习理论的发展，学者们相继探索出了基于遗传算法、支持向量机、增强算法（boosting）、流形学习及核方法等进行人脸识别的方法。

2009 年～2012 年，稀疏表达（Sparse Representation）因为其优美的理论和对遮挡因素的健壮性成为当时的研究热点。与此同时，业界也基本达成共识：基于人工精心设计的局部特征描述子进行特征提取和子空间方法进行特征选择能够取得最好的识别效果。伽柏（Gabor）及 LBP（Local Binary Pattern，局部二进制模式）特征描述子是迄今为止在人脸识别领域较为成功的两种人工设计局部特征描述子。

这期间，对各种人脸识别影响因子的针对性处理也是研究热点，如人脸光照归一化、人脸姿态校正、人脸超分辨及遮挡处理等。LFW（Labeled Faces in the Wild，一种常用的人脸数据集）人脸识别公开竞赛在此背景下开始流行，当时最好的识别系统尽管在受限的 FRGC（Face Recognition Grand Challenge，人脸识别大挑战）测试集上能取得 99%以上的识别精度，但是在 LFW 测试集上的最高精度仅在 80%左右，距离“实用”还颇远。

自此之后，研究者们不断改进网络结构，同时扩大训练样本规模，将 LFW 测试集上的识别精度不断提升到新的高度。如 2013 年，微软亚洲研究院的研究者首度尝试了 10 万规模的训练数据，并基于高维 LBP 特征和 Joint Bayesian 方法在 LFW 训练集上获得了 95.17%的精度。这一结果表明：大规模的数据集对于有效提升非受限环境下的人脸识别精度很重要。然而，以上所有这些非神经网络经典方法，都难以应对大规模数据集的训练场景。

2014 年前后，随着大数据和深度学习的发展，神经网络备受瞩目，它在图像分类、手写体识别、语音识别等应用中获得了远超经典方法的结果。香港中文大学的研究团队提出将卷积神经网络应用到人脸识别上，采用 20 万规模的训练数据，在 LFW 数据集上第一次得到超过人类水平的识别精度，这是人脸识别发展历史上的一座里程碑。表 8-1 给出了人脸识别发展中的经典方法及其在 LFW 数据集上的精度。一个基本的趋势是：训练数据规模越来越大，识别精度越来越高。

表 8-1　人脸识别发展中的经典方法及其在 LFW 数据集上的精度

时间	方法	训练数据	方法描述	LFW 数据集精度
1990 年	Eigenfaces	小于 1 万	主成分分析	60.02%
2006 年	LBP+CSML	小于 1 万	局部二值模式+度量学习	85.57%
2013 年	High-dim LBP	10 万	高维 LBP+Joint Bayesian	95.17%
2014 年	Deep ID	20 万	CNN+Softmax	97.45%
2015 年	VGG	260 万	VGG+Softmax	98.95%
2016 年	FaceNet	2 亿	Inception+Triplet-loss	99.63%

8.1.2　人脸识别系统

由前述可知，人脸识别是一个比较复杂的过程。由于人脸的生物特征具有唯一、固定、不易损坏、仿造困难、抗不配合等特性，因此被广泛用于金融服务、公安司法刑侦、自助服务和信息安全等领域。一个完整的人脸识别系统包括以下 4 个部分：人脸图像采集及检测、人脸图像预处理、人脸图像特征提取和人脸图像识别，如图 8-2 所示。

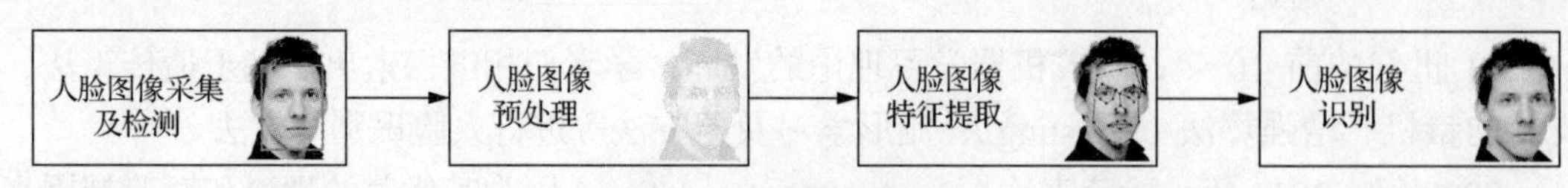

图 8-2　人脸识别系统构成

1. 人脸图像采集及检测

通过摄像头以静态或动态的形式将人脸图像采集下来，只要用户在采集设备的拍摄范围内，采集设备就会自动搜索并拍摄用户此时此刻的位置和表情图像。那如何知道拍摄的图像中是否存在人脸呢？这就需要人脸检测来识别。

人脸检测是人脸识别的前期预处理阶段，用于在复杂的场景及背景图像中寻找特定的人脸区域，并分离出人脸，即准确标注出人脸的位置和大小。显然，人脸的寻找是可以根据某些模式和特征来完成的，就像人类用某些显著特征来区分不同的物体一样。这些模式和特征有：颜色、轮廓、纹理、结构或者直方图特征等。把这些特征信息挑选出来，并利用它们实现人脸检测。

还有一些其他的技术也可以实现人脸检测，如基于模板匹配的人脸检测技术：从数据库当中提取人脸模板，接着采取一定的模板匹配策略，使抓取的人脸图像与从模板库提取的图像相匹配，由相关性的高低和所匹配的模板大小确定人脸大小及位置信息。还有基于统计的人脸检测技术：对于由“人脸”“非人脸”图像构成的人脸正、负样本库，采用统计方法强化训练模型，从而实现对人脸和非人脸的图像进行检测和分类。

2. 人脸图像预处理

直接获取的原始图像由于受到各种条件的限制和随机干扰，往往不能直接用于人脸识别，如光照明暗程度及设备性能的优劣等，这些因素往往使图像存在有噪点、对比度不够等缺点。另外，距离远近、焦距大小等又使得人脸在整个图像中间的大小和位置不确定。为了保证人脸图像中人脸大小、位置及人脸图像质量的一致性，必须对人脸图像进行预处理。

人脸图像预处理主要包括人脸扶正、人脸图像的增强和归一化处理等工作。人脸扶正是为了得到人脸端正的人脸图像；人脸图像增强是为了改善人脸图像的质量，不仅使图像在视觉上更加清晰，而且使图像更利于计算机的处理与识别；归一化处理的目标是取得尺寸一致、灰度取值范围相同的标准化人脸图像。

3. 人脸图像特征提取

基于人类视觉特性的基本原理，利用人脸的眼睛、鼻子、嘴唇、眉毛和下巴等关键部位的几何特征和它们之间结构关系的几何描述，可以将不同的人脸区分开。关于人脸图像特征提取的方法，归纳起来主要有 3 类：基于五官的特征提取方法、基于模板的特征提取方法和基于代数方法的特征提取方法。

（1）基于五官的特征提取方法。该方法过多依赖于先验知识，需要在自适应和检测准确率之间进行权衡，受到人脸表情、姿态等的影响很大。对人脸五官如眼睛、鼻子、嘴唇等进行描述，并考虑眼睛、鼻子、嘴唇之间的位置关系，将五官之间的欧氏距离、角度及其大小和外形量化成一系列参数，可以比较准确地提取到人脸的基本特征。

（2）基于模板的特征提取方法。人脸的基本轮廓和脸部五官位置基本是固定的，在提取特征之前先定义一个标准的模板。定义模板需要用到人脸五官的几何特征矢量，它可以通过虹膜中心、内眼角点、外眼角点、鼻尖点、鼻孔点、耳屏点、耳下点、口角点、头顶点、眉内点和眉外点等关键点得到。标准模板可以是固定模板，也可以是参数可变的可变性模板。固定模板比较简单，但是随着环境的变化模板也要更换，有很大的局限性，一般只针对简单的人脸图像；可变性模板以五官的几何特征作为模板的参数，定义一个能量函数，通过改变参数使能量函数值最小化，能量函数值越小越接近提取目标。

（3）基于代数方法的特征提取方法。此类方法使用代数变换来提取人脸图像特征，其中比较经典的方法是特征脸方法。人脸由一些基本特征就可以描述，如鼻子、眼睛和嘴唇等特征，因此描述人脸的图像可以缩小到很小的空间。特征脸方法依据 K-L 变换，可以将协方差矩阵分解，将原始图像变换到一个新的维数较低的特征空间，它通过计算矩阵的特征值和特征向量，利用人脸图像的代数特征信息来提取脸部五官的特征。这类方法具有无需提取眼睛、嘴唇和鼻子等几何特征的优点，但在单样本的情况下识别率不高，且在人脸模式数较大时计算量大。

4. 人脸图像识别

一旦提取到人脸的特征向量，就可以按某种机器学习算法将此特征向量与数据库中存储的特征模板进行搜索匹配。通过设定一个阈值，如果两特征向量非常相似或它们之间的“距离”非常小，当相似度超过这个阈值时，则找到待识别对象，输出匹配得到的结果。由此可见，人脸图像特征提取是整个人脸识别系统中的关键环节，特征描述越精确，就越能体现人脸的差异性和独特性，有助于改善人脸识别的效果。

8.1.3 人脸识别关键技术

为进一步弄清楚人脸识别的基本原理，更好地发挥人脸识别技术在具体场景中的作用，有必要了解人脸识别涉及的几种关键技术。

1. 人脸检测

人脸检测实际上是一种二分类技术，正如前文所介绍的鸢尾花分类器一样，人脸分类器预测图像扫描区域是人脸还是非人脸，如图 8-3 所示。

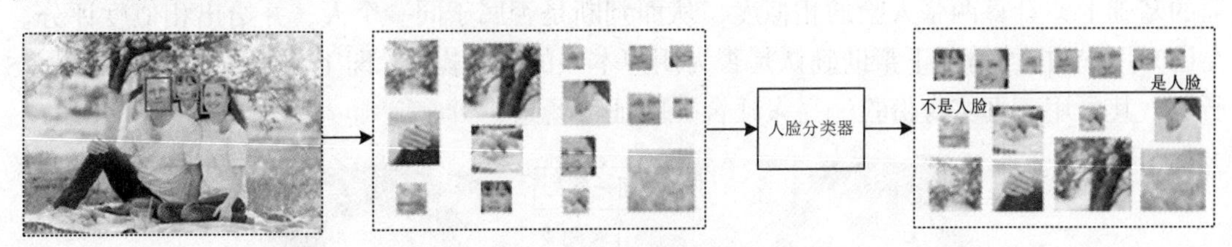

图 8-3 人脸检测示意图

由此可见，一个图像首先被分割为大小不等、成千上万的图像块。这种分割是很密集的，然后每一个图像块都会经由人脸分类器去预测它是否为人脸，如果预测为人脸，则会在图像块的位置显示出识别框的模样。显然，人脸分类器是预先训练好的分类模型，它“知道”哪种图像块是人脸或人脸的一部分。读者可能会问，不同尺寸、不同位置的图像块可能被同时预测为是人脸，那一张人脸上不是会有很多识别框了吗？的确如此，但可以通过后处理融合技术，将这些属于一张人脸的多个识别框融合为一个识别框，如图 8-3 中的最左图所示。

2. 人脸特征提取

每个人的脸部特征都是有区别的，那如何将一张人脸的特征提取出来，形成一个固定长度的字符串或固定格式的数值串，以此来对人脸的特征进行表征呢？一种常用的做法是对人脸的关键点，如眼睛、眉毛、嘴唇及鼻子轮廓等按照某种特征提取算法，将关键点坐标与预定模式进行比较，然后计算人脸的特征值。图 8-4 所示为关键点分布情况。

（a）

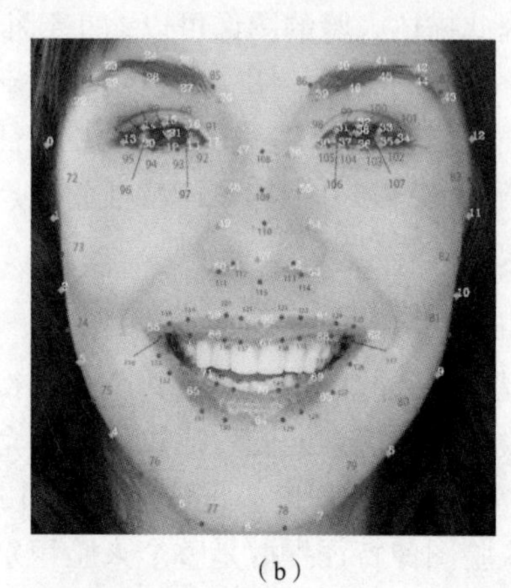

（b）

图 8-4　72 个关键点（a）和 150 个关键点（b）分布情况

通过关键点可以较准确地识别多种人脸属性，如性别、年龄、表情、情绪等，将其作为识别人脸的重要特征。如根据人脸五官关键点坐标将人脸对齐（通过旋转、缩放、抠取等操作将人脸调整到预定的大小和形态），然后利用性别分类算法和年龄估计算法进行属性分析，计算人的性别和年龄。

3. 人脸识别

人脸识别主要分为两种应用场景，即人脸比对和人脸搜索。人脸比对是在提取人脸特征的基础上，计算两张人脸的相似度，从而判断是否属于同一个人，并给出相似度评分。在已知用户 ID 的情况下帮助确认是否为用户本人的比对操作（即 1∶1 身份验证）如图 8-5 所示，其可用于真实身份验证、人证合一验证等场景。

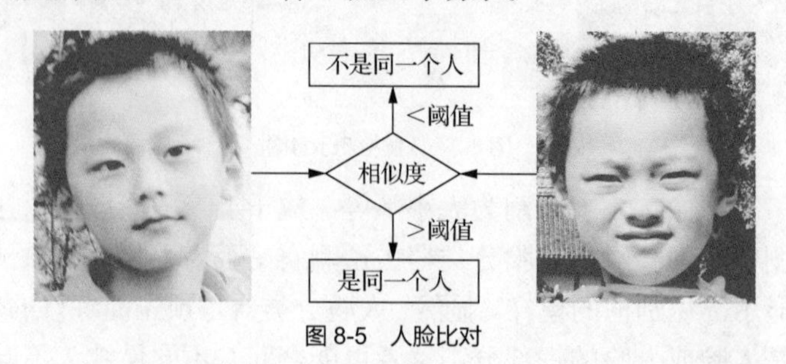

图 8-5　人脸比对

人脸搜索是指在一个指定人脸库中查找相似的人脸。给定一个图像，将其与指定人脸

库中的 N 张人脸进行比对，找出最相似的一张或多张人脸图像，根据待识别人脸与现有人脸库中的人脸匹配程度，返回用户信息和匹配度（一般按相似度降序排列），即 1：N 人脸检索，如图 8-6 所示，其可用于用户身份识别、身份验证等相关场景。

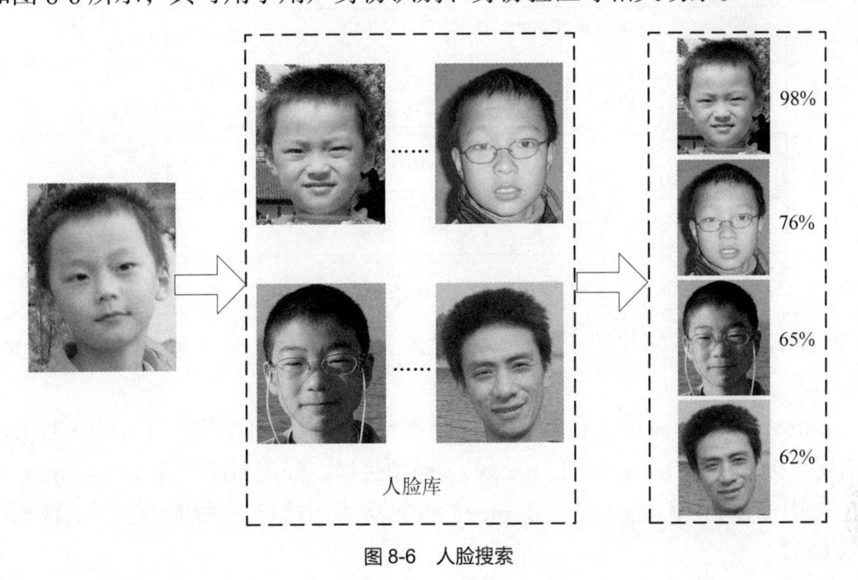

图 8-6 人脸搜索

8.2 认识 OpenCV

“看”是人类与生俱来的能力，人类利用视觉能从复杂的环境中分辨出他想要找的东西、聚焦他感兴趣的对象，即便有时环境恶劣，他也能一眼认出亲朋好友。正因为人类被赋予了视觉，所以人们才对周围的世界有更多的生活经验和联想认知，可以从容地处理视觉信息。借助一些工具，如 OpenCV，也能让计算机具有类似人类的视觉。

8.2.1 OpenCV 的框架结构

OpenCV 是一个基于伯克利软件发行版（Berkeley Software Distribution，BSD）许可发行的开源、跨平台计算机视觉和机器学习软件库，可以运行在 Linux、Windows、Android 和 mac OS 等操作系统上。它由一系列 C 函数和少量 C++类构成，同时提供了 Python、Ruby、MATLAB 等语言的接口，它轻量且高效，实现了图像处理和计算机视觉方面的很多通用算法。OpenCV 的一个目标是提供易于使用的计算机视觉接口，从而帮助人们快速建立精巧的视觉应用，常应用于工业产品质量检验、医学图像处理、安保、交互操作、相机校正、立体视觉及机器人等领域。OpenCV 的框架结构如图 8-7 所示。

图 8-7 中主要模块的功能如下。

（1）Core 核心功能模块：包含 OpenCV 基本数据结构、动态数据结构、绘图函数、数组操作相关函数、辅助功能、系统函数、宏及 OpenGL 的互操作等内容。

（2）Imgproc 图像处理模块：包含线性和非线性的图像滤波、图像的几何变换、其他图像转换、直方图相关计算、结构分析和形状描述、运动分析和对象跟踪、特征检测和目标检测等内容。

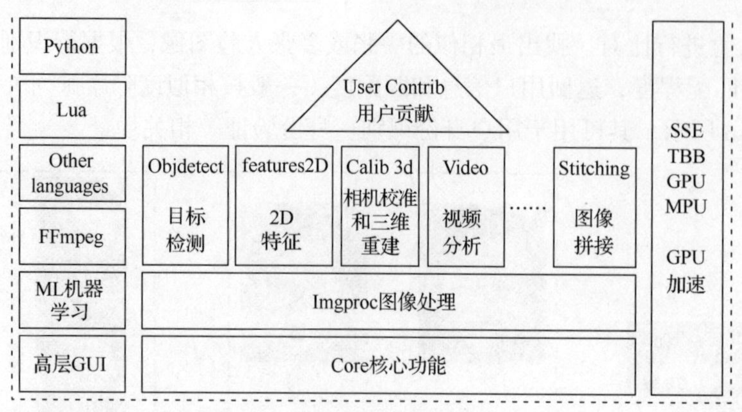

图 8-7　OpenCV 的框架结构

（3）Objdetect 目标检测模块：包含级联分类（Cascade Classification）和 Latent SVM 这两个部分。

（4）features2D 特征模块：包含特征检测和描述、特征检测器（Feature Detectors）通用接口、描述符提取器（Descriptor Extractors）通用接口、描述符匹配器（Descriptor Matchers）通用接口、通用描述符（Generic Descriptor）匹配器通用接口、关键点绘制函数和匹配功能绘制函数等内容。

（5）Calib 3D 相机校准和三维重建模块：包含基本的多视角几何算法、单个立体摄像头标定、物体姿态估计、立体相似性算法及 3D 信息的重建等。

（6）Video 视频分析模块：该模块包括运动估计、背景分离、对象跟踪等视频处理相关内容。

（7）Stitching 图像拼接模块：包含流水线拼接、特点寻找和匹配图像、估计旋转、自动校准、图像歪斜操作、接缝估测、曝光补偿和图像混合等内容。

（8）ML 机器学习模块：基本上是统计模型和分类算法，包含统计模型（Statistical Models）、一般贝叶斯分类器（Normal Bayes Classifier）、k 近邻、支持向量机、决策树、提升法、梯度提高树（Gradient Boosted Trees）、随机树（Random Trees）、超随机树（Extremely Randomized Trees）、期望最大化（Expectation Maximization）、神经网络和 MLData 等内容。

8.2.2　OpenCV 中的人脸分类器

为了在 Python 环境下使用 OpenCV，请使用以下命令安装 Python 版本的 OpenCV 第三方库 opencv-python。

```
pip3 install opencv-python
```

以上命令安装最新版本的 opencv-python，也可以执行下列命令安装指定版本的 opencv-python。

```
pip3 install opencv-python==4.2.0.32
```

安装好 opencv-python 后，在 Python 的第三方模块文件夹 site-packages 下会有一个新的文件夹 cv2，在 cv2/data/下保存了许多用于检测人脸、眼睛、微笑等的训练好的分类器，这些分类器以 XML 文件的形式存储，如图 8-8 所示。

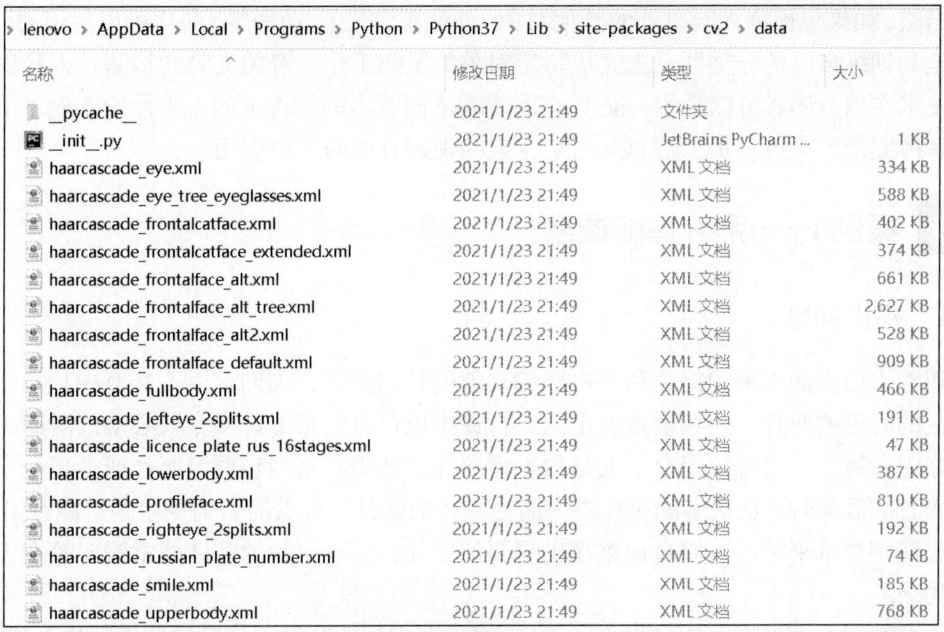

\> lenovo > AppData > Local > Programs > Python > Python37 > Lib > site-packages > cv2 > data

名称	修改日期	类型	大小
__pycache__	2021/1/23 21:49	文件夹	
__init__.py	2021/1/23 21:49	JetBrains PyCharm ...	1 KB
haarcascade_eye.xml	2021/1/23 21:49	XML 文档	334 KB
haarcascade_eye_tree_eyeglasses.xml	2021/1/23 21:49	XML 文档	588 KB
haarcascade_frontalcatface.xml	2021/1/23 21:49	XML 文档	402 KB
haarcascade_frontalcatface_extended.xml	2021/1/23 21:49	XML 文档	374 KB
haarcascade_frontalface_alt.xml	2021/1/23 21:49	XML 文档	661 KB
haarcascade_frontalface_alt_tree.xml	2021/1/23 21:49	XML 文档	2,627 KB
haarcascade_frontalface_alt2.xml	2021/1/23 21:49	XML 文档	528 KB
haarcascade_frontalface_default.xml	2021/1/23 21:49	XML 文档	909 KB
haarcascade_fullbody.xml	2021/1/23 21:49	XML 文档	466 KB
haarcascade_lefteye_2splits.xml	2021/1/23 21:49	XML 文档	191 KB
haarcascade_licence_plate_rus_16stages.xml	2021/1/23 21:49	XML 文档	47 KB
haarcascade_lowerbody.xml	2021/1/23 21:49	XML 文档	387 KB
haarcascade_profileface.xml	2021/1/23 21:49	XML 文档	810 KB
haarcascade_righteye_2splits.xml	2021/1/23 21:49	XML 文档	192 KB
haarcascade_russian_plate_number.xml	2021/1/23 21:49	XML 文档	74 KB
haarcascade_smile.xml	2021/1/23 21:49	XML 文档	185 KB
haarcascade_upperbody.xml	2021/1/23 21:49	XML 文档	768 KB

图 8-8　训练好的分类器

图 8-8 中的分类器是 Haar 特征分类器，Haar 特征分为 4 类：边缘特征、线性特征、中心特征和对角线特征。它们一起组合成特征模板。特征模板内有白色和黑色两种矩形，并定义该模板的特征值为白色矩形像素之和减去黑色矩形像素之和。Haar 特征反映了图像的灰度变化情况。例如，脸部的一些特征能由矩形特征简单描述，如眼睛比脸颊颜色要深、鼻梁两侧比鼻梁颜色要深、嘴唇比周围颜色要深等。Haar 特征分类器的基本工作原理是：用一个子窗口在待检测的图像窗口中不断移位滑动，子窗口每到一个位置，就会计算出该区域的 Haar 特征，然后用训练好的级联分类器对该特征进行筛选，一旦该特征通过了所有强分类器的筛选，则判定该区域为人脸。除此之外，OpenCV 还支持使用 LBP 特征进行人脸检测。

可以利用图 8-8 中不同的分类器进行检测，以识别不同的对象。其中常用的分类器及其说明如表 8-2 所示。

表 8-2　常用的分类器及其说明

分类器名称	说明
haarcascade_frontalface_default.xml	人脸分类器（默认）
haarcascade_frontalface_alt2.xml	人脸分类器（Haar 方法）
haarcascade_profileface.xml	人脸分类器（侧视）
haarcascade_eye.xml	眼部分类器
haarcascade_lefteye_2splits.xml	眼部分类器（左眼）
haarcascade_righteye_2splits.xml	眼部分类器（右眼）
haarcascade_fullbody.xml	身体分类器
haarcascade_smile.xml	笑脸分类器

当然，如果想检测人脸以外的其他对象，如汽车、花卉、动物等，同样可以使用 OpenCV 来构建和训练自己的分类器，去完成特定对象的检测工作。有关人脸的检测、人脸识别等相关技术文档，读者可以去 OpenCV 官网查看不同版本的软件下的一些使用实例。下面就结合具体案例，来进一步了解 OpenCV 在人脸识别方面的一些应用。

8.3 案例 1——照片智能搜索

8.3.1 提出问题

随着人们生活水平的提高和手机照相功能的日趋完善，人们可以不经意中拍摄很多值得回忆的时刻的照片，一场说走就走的旅行途中也可以记录下许多令人心动的瞬间，不知不觉之中，每个人身边都保存了大量的生活照片。然而，每当想重温照片或者想分享一张特别满意的靓照时，从众多的照片中一遍遍翻找的确是一件费时费力的事情。能否借助 AI 的人脸识别技术来帮助人们自动整理出想要的照片，实现照片的智能搜索呢？答案无疑是肯定的。

下面就利用人脸识别技术和 OpenCV，对相册中的照片进行自动挑选以解决上述问题。

8.3.2 解决方案

从相册中找出指定人物的系列照片，对于人工操作而言，并不是一件困难的事情，但寻找的效率可能不尽如人意，毕竟手动翻阅每张照片是件耗时费力的事。让计算机替代人来完成这件事，难点在于如何从被检测照片中识别出与目标人脸高度相似的人脸，如果被检测照片中有此人脸，说明该照片就是想要的那一张，否则该照片将被忽略。因此，一种可行的方案是：首先，训练计算机认识不同样式的同一系列人脸，让它知道其实这些照片上的人是同一个人，从而得到目标人脸识别模型；其次，遍历相册中的每张照片，检测出该照片上所有的人脸，提取人脸特征，然后用目标人脸识别模型依次对人脸特征进行预测比对，两者之间只要有一次高度匹配，就保留该照片，并立即进入下一张照片的搜索，如果均不匹配，则忽略该照片，进行下一张照片的搜索，直至搜索完所有的照片；最后得到的所有保留照片就是智能搜索的结果。至此，整个照片智能搜索过程结束。

问题的解决方案的流程如图 8-9 所示。

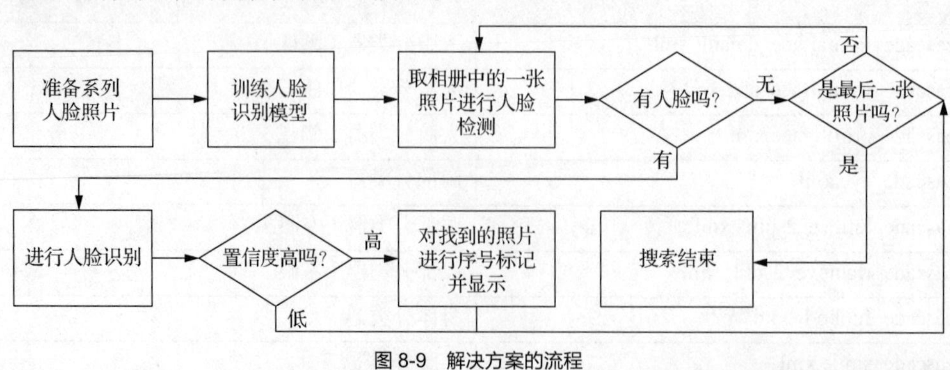

图 8-9　解决方案的流程

8.3.3 预备知识

利用 OpenCV 来智能搜索照片，有两个重要的环节：一是人脸区域的检测，这要用到前文提到的人脸分类器；二是基于人脸区域数据的人脸识别，这要用到人脸识别算法。下面分别来了解 OpenCV 中人脸分类器和人脸识别算法的使用方法。

1. 人脸分类器

可以从网络上下载别人训练好的人脸分类器，也可以自己训练。在此使用表 8-2 中默认的人脸分类器来检测照片中的人脸。

【引例 8-1】检测照片中的所有人脸，并用矩形框标识人脸区域。

（1）引例描述

照片文件 pic1.jpg 是一张含有两张人脸的生活照片，请把该照片中的人脸检测出来，并用黑色矩形框进行标识。

引例 8-1

（2）引例分析

先利用事先训练好的人脸检测模型来构建一个人脸分类器，然后读取照片文件，为改善人脸检测效果，将其转换成灰度图。接下来，用人脸分类器检测出照片中的人脸区域，并用矩形框标识，最后显示有人脸标记的图像即可。

（3）引例实现

按照引例分析，编程完成照片中人脸的检测，实现的代码（case8-1.ipynb）如下。

```
1   import cv2
2   import numpy as np
3   faceCascade=cv2.CascadeClassifier('data/haarcascade_frontalface_
    default.xml')
4   img=cv2.imread('data/pic1.jpg')
5   gray=cv2.cvtColor(img,cv2.COLOR_BGR2GRAY)
6   faces=faceCascade.detectMultiScale(gray,1.3,5)
7   for (x,y,w,h)in faces:
8       cv2.rectangle(img,(x,y),(x+w,y+h),(0,0,0),1)
9   cv2.imshow('pic',img)
10  cv2.waitKey(0)
11  cv2.destroyAllWindows()
```

为方便调用默认的人脸分类器，将文件 haarcascade_frontalface_default.xml 复制到源程序所在位置的 data 文件夹下，通过代码行 3 来构建人脸分类器 faceCascade。代码行 4 读取照片文件 pic1.jpg，代码行 5 将其转换成灰度图。代码行 6 对灰度图 gray 按搜索窗口比例系数为 1.3、相邻矩形最小个数为 5 的扫描方式检测人脸，并返回检测到的人脸矩形框向量数组。代码行 7～8 遍历该向量数组，在图像 img 中人脸的相应位置绘制出一个个的矩形框。代码行 9 显示绘制有人脸矩形框的图像，代码行 10 一直等待用户的按键响应，按任意键继续，并通过代码行 11 关闭所有的窗口。检测的人脸结果如图 8-10 所示。

由图 8-10 可以看出，照片中的两张人脸被成功检测出来，人脸的位置及大小数据如图 8-11 所示。

图 8-10 检测的人脸结果

```
faces
array([[ 79,  64, 129, 129],
       [290,  56, 147, 147]], dtype=int32)
```

图 8-11 人脸的位置及大小数据

2. 人脸识别算法

目前 OpenCV 支持特征脸 EigenFace、线性判别分析脸 FisherFace 和直方图脸 LBPHFace 这 3 种人脸识别算法。

（1）EigenFace 人脸识别算法

EigenFace 算法的基本思想是：把人脸从像素空间变换到另一个空间，在另一个空间中做相似性的计算。首先选择一个合适的子空间，将所有的图像变换到这个子空间中，然后在这个子空间中衡量相似性或者进行分类学习。通过变换到另一个空间，同一个类别的图像会聚到一起，不同类别的图像会距离比较远。这是因为图像受各种因素的影响，如光照、视角、背景和形状等，会造成同一个目标的图像存在很大的视觉信息上的不同，在原像素空间中不同类别的图像在分布上很难用简单的线或者面切分开，但是如果变换到另一个空间，就可以很好地把它们切分开。

EigenFace 算法利用主成分分析（Principal Component Analysis，PCA）得到人脸分布的主要成分，对训练集中所有人脸图像的协方差矩阵进行特征值分解，得到对应的特征向量，这些特征向量就是“特征脸”。每个特征向量或者“特征脸”相当于捕捉或者描述人脸之间的一种变化或者特性，这就意味着每张人脸都可以表示为这些特征向量的线性组合。经过 PCA 空间变换后，每一个特征向量在这个空间下就是一个点，这个点的坐标就是这张人脸在每个特征下的投影坐标。计算每个人脸特征向量之间的距离，若距离小于某一阈值，可认为这些特征向量代表同一个人的脸，否则代表不同的人的脸。

（2）FisherFace 人脸识别算法

该算法由现代统计学的奠基人之一罗纳德 · 费希尔（Ronald Fisher）提出，故称为 FisherFace 算法。FisherFace 算法是基于线性判别分析（Linear Discriminant Analysis，LDA）算法实现的，LDA 算法的基本思想是：将高维样本数据投影到最佳分类的向量空间，保证数据在新的子空间中有更大的类间距离和更小的类内距离。特征脸图像反映的是原始模式变化最大的成分，以使得图像重建后的均方差最小，因此 EigenFace 算法受光照条件等与人脸识别无关的因素的影响较大。而 FisherFace 算法的线性判别分析算法利用了类成员信息并抽取了一个特征向量集，该特征向量集强调的是不同人脸的差异而不是光照条件、人脸表情和方向的变化。FisherFace 算法结合了 PCA 和 LDA 的优点，既保留了原始人脸空间数据的绝大部分主要特征，又考虑了原始图像中不同类别之间的分类特征，并在此基础上实现了原始人脸空间向特征空间的转换，最终形成 FisherFace 特征向量，其后续的人脸识别步骤和 EigenFace 算法完全一致。

（3）LBPHFace 人脸识别算法

局部二进制编码直方图（Local Binary Patterns Histograms，LBPH）是基于提取图像特征

的 LBP 算子，如果直接使用 LBP 编码图像用于人脸识别，其实和不提取 LBP 特征区别不大，因此在实际的 LBP 应用中，一般采用 LBP 编码图像的统计直方图作为特征向量进行分类识别。该算法的大致思路是：先使用 LBP 算子提取图像特征，这样可以获取整个图像的 LBP 编码图像；再将该 LBP 编码图像分为若干个区域，获取每个区域的 LBP 编码直方图，从而得到整个图像的 LBP 编码直方图。该算法能够在一定范围内减少因为没完全对准人脸区域而造成的误差。其另一好处是可以根据不同的区域赋予不同的权重系数，如人脸图像往往在图像的中心区域，因此中心区域的权重往往大于边缘区域的权重。通过对图像进行上述处理，人脸图像的特征便提取完了。最后当需要进行人脸识别时，只需要将待识别的人脸数据与数据集中的人脸特征进行对比即可，特征距离最近的便是同一个人的人脸。

OpenCV 的扩展包 opencv-contrib-python 提供了相应的函数以方便构建上述 3 种人脸识别算法的模型，因此在使用人脸识别模型前，要执行以下命令安装 OpenCV 扩展包。

```
pip3 install opencv-contrib-python
```

扩展包提供的 3 种人脸识别模型函数如表 8-3 所示。

表 8-3　3 种人脸识别模型函数

函数名	说明
EigenFaceRecognizer_create	创建 EigenFace 人脸识别模型
FisherFaceRecognizer_create	创建 FisherFace 人脸识别模型
LBPHFaceRecognizer_create	创建 LBPHFace 人脸识别模型

由于 LBPHFace 算法不会受到光照、缩放、旋转和平移的影响，且执行性能高，通用性较好，因此是 OpenCV 中首选的人脸识别算法。

【引例 8-2】识别指定照片中的人是谁。

（1）引例描述

有两组照片集分别是两个人的，另外单独提供一张照片，让计算机识别出该照片是两组中的哪个人。

引例 8-2

（2）引例分析

采用 LBPHFace 算法构建一个人脸识别模型，基于两组照片集对该模型进行训练，让计算机先“认识”这两个人，然后用训练好的模型去预测指定的那张照片可能是谁，并查看置信度评分。

（3）引例实现

根据上述引例分析，将两组照片集分别存放在两个文件夹中，文件夹的名字就是人物的名字。待识别照片放在与文件夹相同的目录下，如图 8-12 所示。

huangshuai

limu

who.jpg

图 8-12　两组照片集及待识别照片

编写如下代码（case8-2.ipynb），以识别图 8-12 中的照片 who.jpg 中的人物是 huangshuai 还是 limu。

```
1  import cv2
2  import os
3  import numpy as np
4  images=[]
5  labels=[]
6  whoPath=''
7  name2num={'huangshuai':1,'limu':2}
8  num2name={1:'huangshuai',2:'limu'}
9  faceCascade=cv2.CascadeClassifier('data/haarcascade_frontalface_
   default.xml')
10 for root,dirs,filenames in os.walk('data\\case8-2\\'):
11     for filename in filenames:
12 if filename!='who.jpg':
13             filePath=os.path.join(root,filename)
14             img=cv2.imread(filePath,0)
15             faces=faceCascade.detectMultiScale(img,1.3,3)
16 name=filePath.split('\\')[-2]
17 for (x,y,w,h) in faces:
18                 images.append(img[y:y+h,x:x+w])
19                 labels.append(name2num[name])
20         else:
21             whoPath=os.path.join(root,filename)
22 faceRecognizer=cv2.face.LBPHFaceRecognizer_create()
23 faceRecognizer.train(images,np.array(labels))
24 whoimg=cv2.imread(whoPath,0)
25 whoFace=faceCascade.detectMultiScale(whoimg,1.3,3)
26 for(x,y,w,h) in whoFace:
27 pred_index,conf_score=faceRecognizer.predict(whoimg[y:y+h,x:x+w])
28     print('待识别照片中的人是:',num2name[pred_index])
29     print('置信度评分=',conf_score)
```

代码行 4～5 分别用列表类型的人脸数据集 images、标签集 labels 保存用于训练人脸识别模型的人脸数据集和标签集。在代码行 7～8 定义人物“huangshuai”“limu”对应的标签号为“1”“2”。代码行 9 构建一个人脸分类器 faceCascade。代码行 10～21 对指定目录 data\\case8-2\\下的文件夹及文件进行遍历，如果文件不是待识别照片 who.jpg，则将它们作为训练集。在代码行 15 检测出人脸，并在代码行 18～19 将人脸数据和标签数据分别保存到列表 images 和 labels 中。若是待识别照片，则在代码行 21 保存其路径。代码行 22 构建一个 LBPHFace 类型的人脸识别模型，并在代码行 23 利用人脸数据集 images 和标签集 labels 对该模型进行训练。代码行 26～29 对照片 who.jpg 中的人脸进行识别，在代码行 27 用训练好的模型对该照片的人脸进行预测，返回人物标签号 pred_index 和置信度评分 conf_score，并在代码行 28～29 分别输出识别的人物名字和置信度评分。照片的识别结果如图 8-13 所示。

```
待识别照片中的人是: limu
置信度评分= 43.436413586212915
```

图 8-13 照片的识别结果

由图 8-13 可以看出，计算机正确识别出照片 who.jpg 中的人物是 limu，该结论的置信度评分约为 43，小于 50，说明匹配度还是较高的。若置信度评分等于 0，说明完全匹配，LBPHFace 算法一个好的识别效果的置信度评分参考值要低于 50，而高于 80 的参考值被认为是效果不好的置信度评分。

需要指出的是，对于人脸识别模型的训练，训练集越多，预测效果越好。模型一旦训练好，可以用 XML 文件的形式将其保存起来，以便下次直接读取调用，以避免每次预测前都要训练一次的麻烦。

8.3.4 任务 1——训练人脸识别模型

【任务描述】文件夹 persons 中有目标人物的几张照片，用照片中的人脸去训练人脸识别模型，让模型“认识”该人脸，并保存该模型，以便后续利用该模型去“辨认”照片集中的人脸。新建文件 8-3_task1.ipynb，根据任务目标，按照以下步骤完成任务 1。

8.3 任务 1

【任务目标】提取照片中的人脸数据构成训练集，使用训练集对 LBPHFace 人脸识别模型进行训练，将训练好的模型保存起来。

【完成步骤】

1. 构建一个人脸分类器

为方便代码重用，在文件 8-3_task1.ipynb 中定义函数 get_face_cascade，以构建一个人脸分类器，代码如下。

```
1   import cv2
2   import os
3   import numpy as np
4   def get_face_cascade(model_file):
5       faceCascade=cv2.CascadeClassifier(model_file)
6        returnfaceCascade
```

代码行 5 利用 cv2 中已训练好的人脸检测文件 model_file 来构建一个人脸分类器 faceCascade。

2. 生成目标人脸数据的训练集

根据前文的解决方案，需要获取目标对象的人脸数据和标签数据，作为人脸识别模型的训练集。编写以下代码，得到训练集。

```
1   def get_faces_trains(file_path,model_file):
2       images=[]
3       labels=[]
4       faceCascade=get_face_cascade(model_file)
5       for file in os.listdir(file_path):
6           filePath=os.path.join(file_path,file)
```

```
7          img=cv2.imread(filePath,0)
8          faces=faceCascade.detectMultiScale(img,1.3,3)
9          x,y,w,h=faces[0]
10         images.append(img[y:y+h,x:x+w])
11         labels.append(1)
12     return images,labels
13 images,labels=get_faces_trains('data/persons/','data/haarcascade_
   frontalface_default.xml')
```

代码行 2～3 定义的变量分别保存人脸数据和标签数据。代码行 5～11 遍历文件目录 file_path 下所有的目标人物照片文件，在代码行 7 读入灰度图，在代码行 8 利用人脸分类器对灰度图检测人脸，然后在代码行 10～11 分别保存人脸数据和标签数据，因为已知训练照片属于同一个人，所以标签数据相同。代码行 13 利用定义好的函数 get_faces_trains 来获取 data/persons/目录下目标人脸的训练集。

3. 训练人脸识别模型

有了步骤 2 的训练集，就可以对 LBPHFace 人脸识别模型进行训练，代码如下。

```
1  faceRecognizer=cv2.face.LBPHFaceRecognizer_create()
2  faceRecognizer.train(images,np.array(labels))
3  faceRecognizer.save('data/models/my_LBPHfaceRec.xml')
```

标签集 labels 是列表类型的，需要转换成向量类型，然后在代码行 2 对人脸识别模型进行训练，并在代码行 3 将训练好的模型保存起来，以备后续随时调用。至此，就得到了一个可用于搜索照片的人脸识别模型。

8.3.5 任务 2——利用训练好的模型来识别照片

8.3 任务 2

【任务描述】任务 1 已经按照指定的人物照片训练好了人脸识别模型，下一步就可以利用该模型，去照片集中搜索想要的照片。根据任务目标，按照以下步骤完成任务 2。

【任务目标】搜索照片集中与目标人脸高度相似的照片，并显示搜索结果。

【完成步骤】

1. 加载训练好的模型

初始化人脸识别方法，读取训练好的模型文件，将其作为识别照片的人脸分类器。代码如下。

```
1  faceRecognizer1=cv2.face.LBPHFaceRecognizer_create()
2  faceRecognizer1.read('data/models/my_LBPHfaceRec.xml')
```

2. 搜索照片集中要找的照片

有了人脸分类器 faceRecognizer1，就定义方法 search_photos，用它去搜索与目标人脸相似的照片，代码如下。

```
1  def search_photos(file_path,model_file):
```

```
2     faceCascade=get_face_cascade(model_file)
3     i=0
4     for file in os.listdir(file_path):
5         filePath=os.path.join(file_path,file)
6         pred_img=cv2.imread(filePath)
7         gray=cv2.cvtColor(pred_img,cv2.COLOR_BGR2GRAY)
8         faces=faceCascade.detectMultiScale(gray,1.3,3)
9         x,y,w,h=faces[0]
10        pred_index,conf_score=faceRecognizer1.predict(gray[y:y+h,
   x:x+w])
11        if conf_score<50:
12            i+=1
13            cv2.putText(pred_img,str(i),(x+int(w/2),y+int(h/2)),
   cv2.FONT_HERSHEY_SIMPLEX,1,(0,0,255),3)
14            cv2.imshow('foundImage',pred_img)
15            cv2.waitKey(0)
16        cv2.destroyAllWindows()
17 search_photos('data/photos/','data/haarcascade_frontalface_
   default.xml')
```

代码行 4～16 是遍历目录 file_path 下的照片集，代码行 7 将读取的彩色图转换成灰度图，代码行 10 用人脸分类器 faceRecognizer1 去预测当前人脸数据应归属于哪一类、置信度如何。代码行 11～16 判断如果置信度评分小于 50，则说明当前照片中的人脸与目标人脸高度相似，通过代码行 13 在人脸中间部位写上序号，然后通过代码行 14 显示该照片。代码行 17 调用定义的函数 search_photos，完成照片的搜索任务。搜索到的 6 张照片如图 8-14 所示。

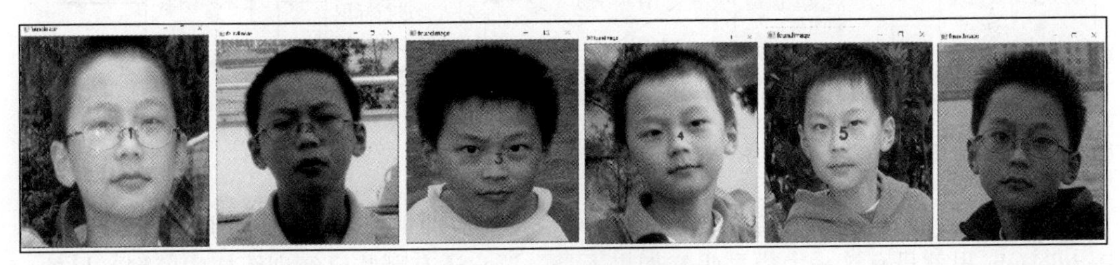

图 8-14　搜索到的 6 张照片

可以看出，搜索到的 6 张照片上的人脸与原目标人脸是同一个人的，说明本次智能搜索是有效的。当然，在实际应用过程中，不排除漏搜和多搜的情况，这时就要考虑通过调参，甚至更改人脸分类器和识别模型等方法来改善搜索效果。

8.4 案例 2——口罩检测赋能卫生防护

8.4.1 提出问题

传染病是由各种病原体引起的，能在人与人、动物与动物或人与动物之间相互传播的一类疾病。通常这类疾病的传播方式有空气传播、水源传播、食物传播、接触传播、土壤传播、垂直传播（母婴传播）、体液传播、粪口传播等。口罩作为保护人们呼吸系统的过滤屏障，可有效预防传染病。越来越多的人开始意识到外出佩戴口罩的重要性。为了提前控制传染病的传播，是否可以运用 AI 技术设计一个口罩智能监测系统，来做好卫生防护工作呢？令人鼓舞的是，百度飞桨开源了一个口罩人脸检测及分类模型，为本问题的解决提供了一个高效的方案。

下面将利用百度自研免费的“口罩人脸识别”预训练模型，来设计一个口罩检测系统，助力卫生防护。

8.4.2 解决方案

先从 PaddleHub 加载百度飞桨人脸口罩检测与识别模型，并打开摄像头来捕获场景视频。为减小计算量和保证识别效果，对视频中的帧图像进行适当的缩放处理。接下来利用模型对处理后的数据帧进行人脸口罩识别，如果检测到没佩戴口罩的人脸，则用红色框线和文字进行标识；如果人脸上戴有口罩，则用绿色框线和文字进行标识，然后实时显示视频效果。如此反复对视频数据帧进行人脸口罩识别，直至没有读到视频数据帧或用户按下“Esc”键退出人脸口罩检测。

问题的解决方案的流程如图 8-15 所示。

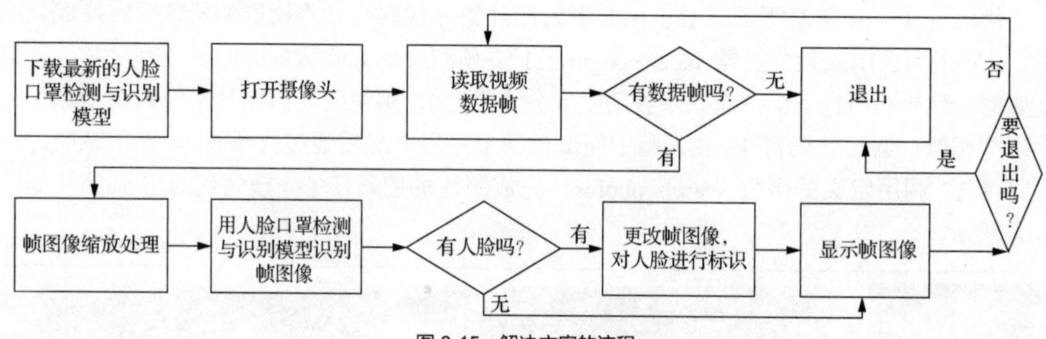

图 8-15 解决方案的流程

8.4.3 预备知识

前面已经提到，百度公司的开源人脸口罩检测与识别预训练模型存放在 PaddleHub 里，PaddleHub 里就只有这一个模型吗？如果不是，那它还有哪些已经训练好的模型？另外，PaddleHub 究竟是一个怎样的工具呢？带着这些问题，接下来去一探 PaddleHub 的真容。

1. PaddleHub

PaddleHub 是一个基于飞桨（PaddlePaddle）开发的预训练模型管理工具。它基于飞桨领先的核心框架，精选优秀的算法，提供了基于百亿级大数据训练的预训练模型，避免用户花费大量精力和算力从头开始训练一个模型。利用 PaddleHub 可以便捷地获取这些预训练模型，并完成模型的管理和一键预测。截至 2020 年 11 月，其预训练模型总量达到 182 个。对于开发者而言，可能仅用十余行代码，就能完成特定场景的应用开发和迁移学习。

（1）PaddleHub 的安装

在体验和使用 PaddleHub 之前，可以通过以下命令来安装这个预训练模型管理工具。

```
pip3 install paddlehub==1.7.1 -i https://pypi.tuna.tsinghua.edu.cn/
simple
```

或者也可以使用以下命令。

```
pip3 install paddlehub
```

安装完毕以后，执行以下命令查看 PaddleHub 的版本及其他信息，如图 8-16 所示。

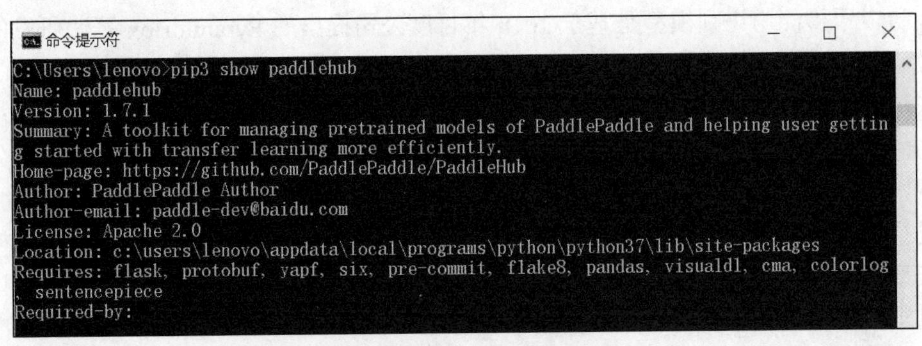

图 8-16 查看 PaddleHub 的信息

（2）PaddleHub 的主要特色

① 通过 PaddleHub，开发者可以便捷地获取飞桨生态下的所有预训练模型，涵盖图像分类、目标检测、词法分析、语义模型、情感分析、语言模型、视频分类、图像生成这 8 类主流模型共 40 余个。

② PaddleHub 引入了模型即软件的概念，通过 Python API 或者命令行工具，可以一键完成预训练模型的预测。此外它还借鉴了 Anaconda 和 pip 软件包管理的理念设计了一套命令行接口。特别是在“深度学习时代”，模型发展的趋势会逐渐向软件工程靠拢，未来的模型可以是一个可执行程序，能一键预测；也可以是第三方库，通过模型插拔的方式提高开发者的开发效率。

同时 PaddleHub 里的预训练模型会有版本的概念，通过不断迭代升级的方式可以提升模型的效果。通过命令行工具，可以方便快捷地实现模型的搜索、下载、安装、预测等功能，对应的主要关键命令有 search、download、install、run 等。

例如，在安装完成飞桨和 PaddleHub 以后，使用词法分析模型 LAC（Lexical Analysis of Chinese，汉语词汇分析）就可以一键实现分词，简单易用，代码示例如下所示。

```
hub run lac --input_text "今天是个好日子"
```

执行结果如图 8-17 所示。

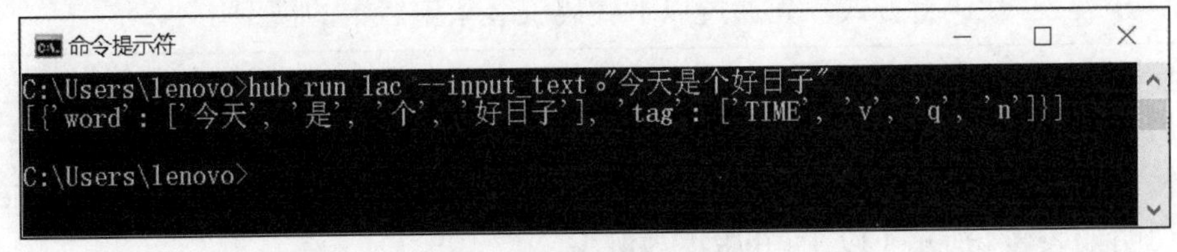

图 8-17 利用模型一键分词

③ 通过 PaddleHub Fine-tune API，结合少量代码即可完成大规模预训练模型的迁移学习。PaddleHub 提供了基于飞桨实现的 Fine-tune API，重点针对大规模预训练模型的 Fine-tune 任务做了高阶的抽象，让预训练模型能更好地服务于用户特定场景的应用。大规模预训练模型结合 Fine-tune，可以在更短的时间内实现模型的收敛，同时具备更好的泛化能力。

有关 PaddleHub 的详情，请访问百度飞桨官网中的 PaddleHub。

2. 人脸口罩检测与识别模型

人脸口罩检测与识别模型是基于 2018 年百度公司提出的 PyramidBox 算法研发的，该算法被收录于欧洲计算机视觉国际会议（European Conference on Computer Vision，ECCV），可在人流密集的公共场所检测海量人脸数据，同时，将佩戴口罩和未佩戴口罩的人快速识别标注。该模型由两个功能单元组成，可以分别完成人脸口罩的检测和人脸口罩的分类。经测试，模型的人脸口罩检测算法基于 FaceBoxes 的主干网络加入了超过 10 万的人脸口罩数据进行训练，可在准确率为 98%的情况下，使召回率显著提升 30%。而人脸口罩检测与识别模型可实现对人脸是否佩戴口罩的判断，口罩判断准确率达到96.5%，满足常规口罩检测的需求。开发者基于自有场景数据还可以进行二次模型优化，可进一步提升模型准确率和召回率。

人脸口罩检测与识别模型的安装及预测分为以下两种方法。

（1）方法 1：命令行方式。执行以下命令，将指定版本的模型安装在计算机里，这里安装的版本是 1.3.1。

```
hub install pyramidbox_lite_server_mask==1.3.1
```

安装后的结果如图 8-18 所示。

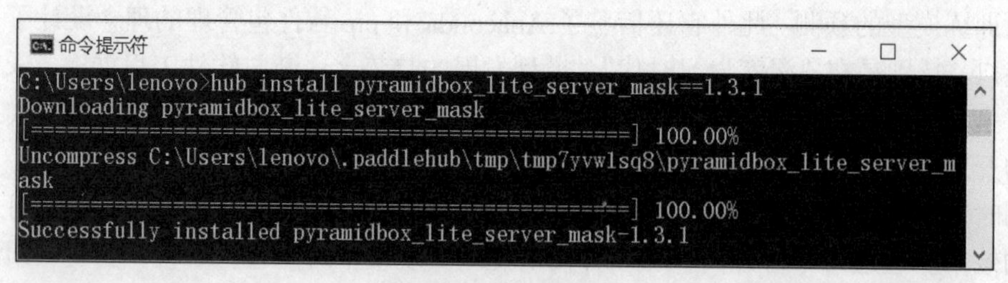

图 8-18 安装后的结果

接下来就可以通过如下命令行进行预测。

```
hub run pyramidbox_lite_server_mask --input_path "/path/images"
```

准备预测的图像存放在文件夹 images 中，执行完预测后，预测的可视化结果会保存在当前路径下的./result/下。

（2）方法 2：代码行方式。先通过以下代码安装指定版本的模型。

```
module = hub.Module(name='pyramidbox_lite_server_mask',version='1.1.0')
```

然后通过接口 face_detection 来检测人脸是否佩戴口罩，返回值为列表类型，每个元素为对应输入图像的预测结果，预测结果为字典类型，有 data、id 等字段。接口 face_detection 的参数说明如表 8-4 所示（以 1.1.0 版本为例）。

表 8-4 接口 face_detection 的参数说明

参数名称	说明
data	字典类型，支持 data 和 image 两种键，其中：键为 data，表示值为待检测的图像数据，numpy.array 类型，形状为[H, W, C]（分别表示图像的高度、宽度和通道数），BGR 格式；键为 image，表示值为待检测的图像路径
use_gpu	布尔类型，表示是否使用 GPU 进行预测，需要配合环境变量 CUDA_VISIBLE_DEVICES 使用
batch_size	整数类型，表示批量预测时的大小，默认为 1，设置得越大，能够同时处理的图像越多，但是会带来更高的显存消耗
shrink	浮点数类型，范围为(0, 1]，用于设置图像的缩放比例，该值越大，则对于输入图像中的小尺寸人脸有更好的检测效果（模型计算成本越高），反之则对于大尺寸人脸有更好的检测效果
use_multi_scale	布尔类型，用于设置是否开启多尺度人脸检测，开启多尺度人脸检测能够更好地检测到输入图像中不同尺寸的人脸，但是会增加模型计算量，降低预测速度

说明：接口 face_detection 的参数随版本不同略有差异，可访问飞桨官网了解参数详情。

【引例 8-3】检测图像文件 pic1.jpg 中的人脸是否佩戴口罩。

引例 8-3

（1）引例描述

待处理人脸口罩检测的图像存放在目录./detect_images 下，如果人脸上有口罩，则用绿线框标识；如果人脸上没有口罩，则用红线框标识，其他情况不做任何处理。

（2）引例分析

首先安装人脸口罩检测与识别模型，为方便下次调用，可以将加载好的模型保存起来。然后将待检测图像作为模型的输入数据执行口罩检测，最后输出检测结果。

（3）引例实现

按照上述引例分析，编写如下代码（case8-3.ipynb），完成人脸口罩检测。

```
1  import paddlehub as hub
2  module =hub.Module(name='pyramidbox_lite_server_mask',version=
   '1.1.0')
3  module.processor.save_inference_model(dirname='data/models/')
4  input_data = {'image':['data/detect_images/pic1.jpg']}
5  results =module.face_detection(data=input_data,shrink=0.2,
   use_multi_scale=True)
6  for result in results:
7      print(result)
```

代码行 2 加载名为“pyramidbox_lite_server_mask”、版本号为“1.1.0”的人脸口罩检测与识别模型。代码行 3 将模型保存在指定目录“data/models/”下，以备后续随时调用。代码行 4 定义待检测的图像路径。代码行 5 按图像缩放比例 0.2 开启多尺度人脸检测方式，对图像进行人脸口罩检测，并返回检测结果 results。代码行 6～7 输出每张人脸的预测结果。代码的运行结果如图 8-19 所示。

```
image with bbox drawed saved as E:\jupyter-notebook\AI_basic\chapter8\detection_result\pic1.jpg
{'data': {'label': 'MASK', 'left': 591.0424673842565, 'top': 213.18847950602085, 'right': 761.644652519333
7, 'bottom': 435.4166295680475, 'confidence': 0.9838918}, 'id': 1, 'path': 'data/detect_images/pic1.jpg'}
{'data': {'label': 'MASK', 'left': 111.02472862870854, 'top': 58.886409966953394, 'right': 301.177234425963
4, 'bottom': 299.05302220572753, 'confidence': 0.9544361}, 'id': 1, 'path': 'data/detect_images/pic1.jpg'}
{'data': {'label': 'NO MASK', 'left': 816.0446803006804, 'top': 162.99423562682625, 'right': 975.7596197041
909, 'bottom': 360.7868409771515, 'confidence': 0.79807425}, 'id': 1, 'path': 'data/detect_images/pic1.jp
g'}
```

图 8-19　代码的运行结果

由运行结果可以看出，人脸口罩检测后的图像自动保存在 detection_result 文件夹中，检测结果显示：待检测图像中有 3 张人脸，其中 2 张人脸上有口罩，置信度分别约为 98.4%、95.4%，没口罩的人脸为 1 张，置信度约为 79.8%。打开图像 pic1.jpg，检测效果如图 8-20 所示。

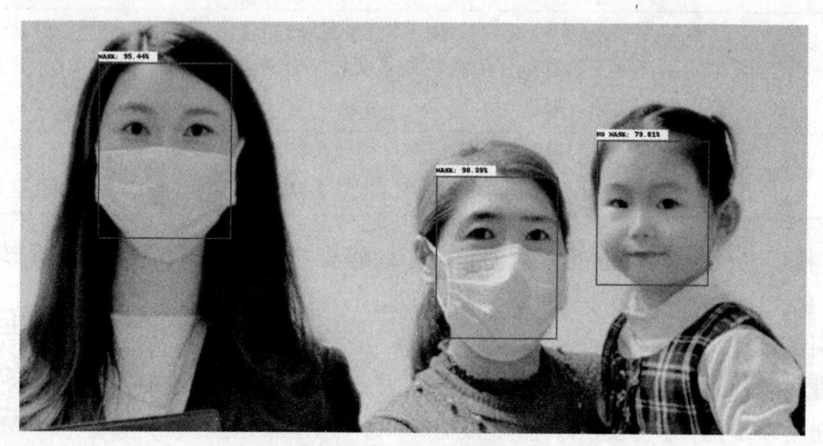

图 8-20　人脸口罩检测效果

8.4.4　任务 1——加载人脸口罩检测与识别预训练模型

8.4 任务 1

【任务描述】PaddleHub 口罩检测提供了两种预训练模型，即 pyramidbox_lite_mobile_mask 和 pyramidbox_lite_server_mask。二者的不同点在于，pyramidbox_lite_mobile_mask 是针对移动端优化过的模型，适合部署于移动端或者边缘检测等算力受限的设备；而 pyramidbox_lite_server_mask 部署在服务器端，适用于需要强大算力的场景。本案例采用服务器端的预训练模型来快速构建一个人脸口罩检测与识别模型。根据任务目标，按照以下步骤完成任务 1。

【任务目标】直接使用 PaddleHub 提供的预训练模型，构建一个人脸口罩检测与识别模型。

【完成步骤】

1. 导入 PaddleHub

执行如下代码，将百度飞桨的预训练模型管理工具 PaddleHub 导入应用程序。

```
import paddlehub as hub
```

2. 加载预训练模型

使用 paddlehub 包提供的 API 加载已经训练好的服务器端人脸口罩检测与识别模型，

代码如下。

```
module=hub.Module(name='pyramidbox_lite_server_mask',version='1.1.0')
```

执行上述代码，运行结果如图 8-21 所示。

```
[2021-02-04 16:28:50,311] [    INFO] - Installing pyramidbox_lite_server_mask module-1.1.0
[2021-02-04 16:28:50,336] [    INFO] - Module pyramidbox_lite_server_mask-1.1.0 already installed in C:\Use
rs\lenovo\.paddlehub\modules\pyramidbox_lite_server_mask
[2021-02-04 16:28:50,545] [    INFO] - Installing pyramidbox_lite_server module-1.1.0
[2021-02-04 16:28:50,563] [    INFO] - Module pyramidbox_lite_server-1.1.0 already installed in C:\Users\le
novo\.paddlehub\modules\pyramidbox_lite_server
```

图 8-21　代码执行结果

由此可见，此时 1.1.0 版本的预训练模型已经成功加载到计算机里。

8.4.5　任务 2——检测视频中的人脸是否佩戴口罩

【任务描述】加载好人脸口罩检测与识别模型后，打开摄像头，对视频中的每帧图像进行检测，并实时显示检测效果。根据任务目标，按照以下步骤完成任务 2。

8.4 任务 2

【任务目标】打开计算机的内置摄像头，对视频中的人脸进行口罩检测，如果人脸没佩戴口罩，则用红色框标识；如果人脸佩戴口罩，则用绿色框标识。

【完成步骤】

1. 打开摄像头

执行以下代码，打开指定设备的摄像头。

```
1   import cv2
2   capture = cv2.VideoCapture(0)
```

代码行 2 打开计算机内设备索引号为 0 的摄像头，如果参数是视频文件路径，则打开视频。

2. 预测每帧图像是否佩戴口罩

此预测过程主要包括数据帧的预处理、模型输入数据的定义、模型预测和预测结果的处理这 4 个环节。具体的实现代码如下。

```
1   scaling_factor=0.8
2   while(True):
3       ret,frame = capture.read()
4       if ret == False:
5          break
6       frame=cv2.resize(frame,None,fx=scaling_factor,fy=scaling_
    factor,interpolation=cv2.INTER_AREA)
7       input_data = {'data':[frame]}
8       results=module.face_detection(data=input_data,use_multi_scale=
    True)
9       for result in results:
10          label = result['data']['label']
```

```
11          confidence = result['data']['confidence']
12          top,right,bottom,left = int(result['data']['top']),
    int(result['data']['right']),  int(result['data']['bottom']),
    int(result['data']['left'])
13          color = (0, 255, 0)
14          if label == 'NO MASK':
15             color = (0, 0, 255)
16          cv2.rectangle(frame, (left, top), (right, bottom), color, 2)
17          cv2.putText(frame,label+':'+str(confidence),(left,top-10),
    cv2.FONT_HERSHEY_SIMPLEX,1,color,2)
18      cv2.imshow('Mask Detection', frame)
19      if cv2.waitKey(1)== 27:
20         break
21  capture.release()
22  cv2.destroyAllWindows()
```

代码行 1 定义帧图像的缩放比例。代码行 3 读取数据帧。代码行 4～5 判断是否读到数据帧，如果没有则退出读取视频。代码行 6 等比例缩小帧图像。代码行 7 定义模型的输入数据。代码行 8 对帧图像进行口罩预测，并返回预测结果。代码行 9～17 对预测的结果进行处理，其中代码行 10～11 分别提取每张人脸是否佩戴口罩的标签值和置信度值，代码行 12 计算人脸位置的坐标值，代码行 13～15 定义人脸框线的颜色，如果没佩戴口罩，框线为红色，反之为绿色，代码行 16～17 将框线、标签值和置信度值写到原视频帧中，并在代码行 18 显示该帧图像的预测效果。代码行 19～20 判断用户是否按下“Esc”键，如果是，则退出读取视频；如果不是，则等待 1ms 后继续读取下一帧数据。代码行 21～22 依次关闭摄像头和窗口。人脸口罩检测结果如图 8-22 所示。

图 8-22 中（a）是没佩戴口罩的检测结果，（b）是佩戴口罩的检测结果，由此可以看出模型的应用效果还是非常不错的。通过简单的 22 行代码，就可以构建一个实时口罩检测系统，让人工智能技术落地应用在卫生防护的前沿阵地。

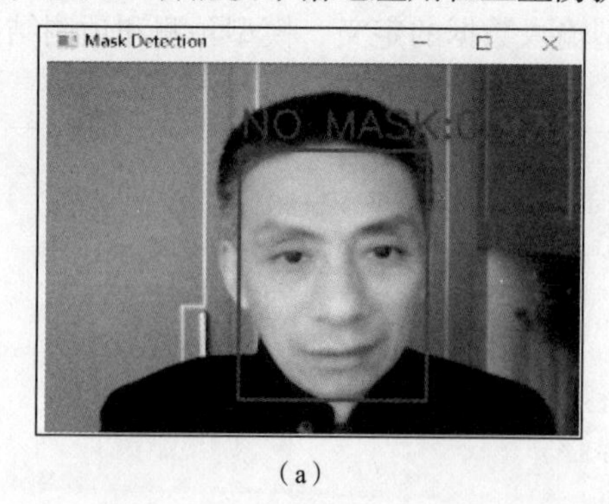

（a）

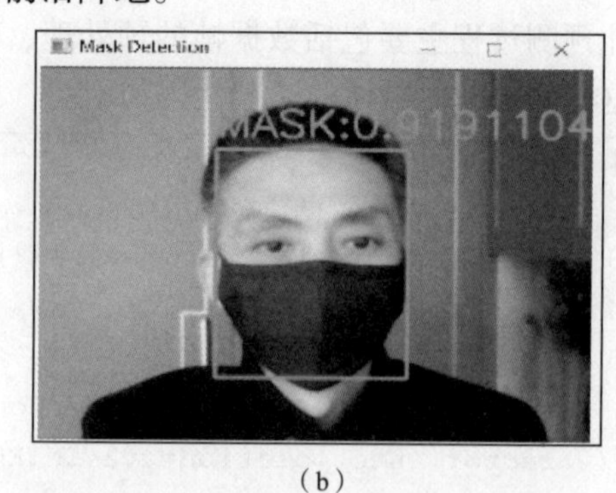

（b）

图 8-22　人脸口罩检测结果

本章小结

这一章学习了人脸识别的基本原理与关键技术。作为一种成熟的计算机视觉技术，人脸识别以其生物特征唯一性、非接触性、非强制性、高精度性的优势，已经广泛应用于人们工作、生活的方方面面，全球许多企业和普通民众都从中受益，靠一张脸就能走遍天下的愿景指日可待。在案例1中，运用OpenCV这个计算机视觉和机器学习库，设计了一个能帮助人们智能搜索照片的助手，该助手先根据要搜索的人脸进行自我学习，然后将“认识”的人脸与照片库中的人脸进行比对，如果匹配度较高，就认定该照片为要寻找的照片。整个搜索过程主要使用了OpenCV提供的人脸分类器和人脸识别算法，帮助人们从零开始构建一个人脸识别应用程序。案例2分享了百度飞桨带给人们的人脸口罩检测系统。利用PaddleHub这个预训练模型工具来安装百度公司开源的、已训练好的人脸口罩检测与识别模型，对视频中的图像进行实时的口罩检测。该模型集成了人脸识别和口罩分类的功能，协助解决了卫生防护的一些痛点问题，彰显了人工智能的科技力量和无穷魅力。

课后习题

一、考考你

1. 一个完整的人脸识别系统主要包含人脸图像采集及检测、_____、人脸图像特征提取和人脸图像识别4个部分。

   A. 人脸分类器　　B. 人脸图像预处理
   C. 人脸数据获取　　D. 人脸模型训练

2. 人脸支付对比传统密码支付，其突出优势是_____。

   A. 更快捷方便　　B. 更安全
   C. 更容易实现　　D. 成本更低

3. OpenCV主要应用于_____领域的人工智能开发。

   A. 计算机视觉和机器学习　　B. 人脸识别
   C. 深度神经网络　　D. 图像处理

4. 下列OpenCV的_____函数可定义一个人脸分类器。

   A. CascadeClassifier　　B. detectMultiScale
   C. predict　　D. LBPHFaceRecognizer_create

5. 关于百度PaddleHub，错误的说法是_____。

   A. 它是一个预训练模型管理工具，支持一键预测
   B. 它涵盖了图像分类、目标检测、词法和情感分析等许多主流模型
   C. 它有不同的版本，用户在安装时可以指定具体的版本
   D. 它的使用要有PaddlePaddle的支持

二、亮一亮

1. 人脸识别验证与传统密码验证相比有哪些优势？
2. 简述如何使用OpenCV提供的人脸分类器来识别人脸。

三、帮帮我

1. 人脸关键点提取是人脸识别的基础，请基于百度智能云开放接口编程实现人脸关键点提取并可视化效果，如图8-23所示。

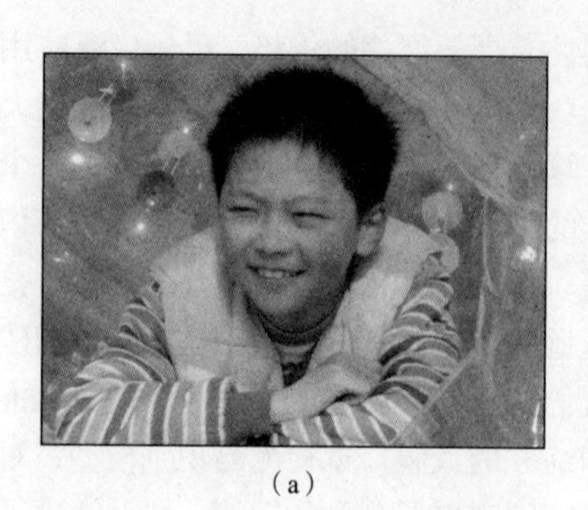
（a）

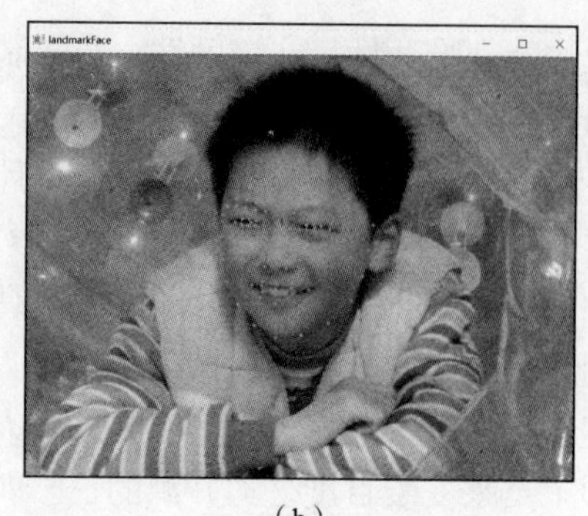

（b）

图 8-23　人脸原图（a）及人脸关键点可视化（b）

提示如下。

（1）将请求的图像经 Base64 编码处理形成字符串。

（2）在百度智能云上创建人脸识别应用，基于应用的 API Key 和 Secret Key 这两个值来获取访问令牌 access_token。

（3）将图像数据、图像类型、服务版本等请求参数发送给人脸关键点服务 URL，返回识别结果。

（4）解析识别结果，并将关键点坐标以圆点的形式标记在人脸的相应位置。具体实现方法可参考百度智能云官方说明文档。

2. 设计一个人脸验证系统，与现有的人脸库进行比对，来验证摄像头前的人是否为合法用户。

参考文献

[1] 腾讯研究院，中国信息通信研究院互联网法律研究中心，腾讯 AI Lab，等. 人工智能：国家人工智能战略行动抓手[M]. 北京：中国人民大学出版社，2017.

[2] ITpro，Nikkei Computer. 人工智能新时代：全球人工智能应用真实落地 50 例[M]. 杨洋，刘继红，译. 北京：电子工业出版社，2018.

[3] Pang-Ning Tan，STEINBACH M，KUMAR V. 数据挖掘导论（完整版）[M]. 范明，范宏建，译. 北京：人民邮电出版社，2011.

[4] 唐永华，刘德山，李玲. Python 3 程序设计[M]. 北京：人民邮电出版社，2019.

[5] 刘祥龙，杨晴虹，胡晓光，等. 飞桨 PaddlePaddle 深度学习实战[M]. 北京：机械工业出版社，2020.

[6] LANTZ B. 机器学习与 R 语言（原书第 2 版）[M]. 李洪成，许金炜，李舰，译. 北京：机械工业出版社，2017.

[7] 黄红梅，张良均. Python 数据分析与应用[M]. 北京：人民邮电出版社，2018.

[8] RUSSELL S J，NORVIG P. 人工智能：一种现代的方法：第 3 版[M]. 殷建平，祝恩，刘越，等译. 北京：清华大学出版社，2013.

[9] 尼克. 人工智能简史[M]. 北京：人民邮电出版社，2017.

[10] 李德毅. 人工智能导论[M]. 北京：中国科学技术出版社，2018.